现代农业技术推广与农学研究

朱春霞 李 奇 张剑中 著

吉林科学技术出版社

图书在版编目（CIP）数据

现代农业技术推广与农学研究 / 朱春霞，李奇，张剑中著. -- 长春 ：吉林科学技术出版社，2021.7

ISBN 978-7-5578-8324-9

Ⅰ．①现… Ⅱ．①朱… ②李… ③张… Ⅲ．①农业科技推广②农学－研究 Ⅳ．① S3

中国版本图书馆 CIP 数据核字（2021）第 124600 号

现代农业技术推广与农学研究

XIANDAI NONGYE JISHU TUIGUANG YU NONGXUE YANJIU

著	朱春霞　李　奇　张剑中	
出 版 人	宛　霞	
责任编辑	丁　硕	
封面设计	李　宝	
制　版	张　凤	
幅面尺寸	185mm×260mm	
开　本	16	
字　数	290 千字	
页　数	212	
印　张	13.25	
印　数	1-1500 册	
版　次	2021 年 7 月第 1 版	
印　次	2022 年 1 月第 2 次印刷	
出　版	吉林科学技术出版社	
发　行	吉林科学技术出版社	
地　址	长春市福祉大路 5788 号	
邮　编	130118	

发行部电话／传真　0431—81629529　　81629530　　81629531
　　　　　　　　　　　　 81629532　　81629533　　81629534

储运部电话　0431—86059116

编辑部电话　0431—81629518

印　刷　保定市铭泰达印刷有限公司

书　号　ISBN 978-7-5578-8324-9

定　价　55.00 元

前　言

　　从世界各国农业推广发展的历史来看，农业推广的含义是随着时间、空间的变化而演变的。在不同的社会历史条件下，农业推广是为了不同目标，采取不同方式来组织进行的，因此，不同的历史时期其含义也不尽相同。随着社会经济由低级向高级发展，农业推广工作由单纯的生产技术型逐渐向教育型和现代型扩展。

　　农业教育、农业研究、农业推广是构成农业发展的三种要素。没有发达的农业推广，便没有现代化的农业、繁荣的农村和富裕的农民。要全面建设小康，构建和谐社会，建设社会主义新农村和实现有中国特色的农业现代化，就必须将科学技术这潜在的生产力转变为农业生产中的现实生产力，农业推广正是这种转变的桥梁和纽带。在知识和信息日新月异、科学技术迅速发展的现代社会，研究和加强农业推广，满足农民的多种需要，主动为市场经济服务，显然是十分重要的。只有了解和研究农业推广理论、推广的方式方法、推广体制、推广计划和组织、推广教育、推广队伍和推广评价等方面的相关知识和问题，培养具有推广能力的农业技术人才，才能显著提高农业推广效率，促进农业科技成果从潜在的生产力迅速转化为现实的生产力，实现我国农业从传统农业向现代化农业的转变，使我国农业能够向高产、优质、高效、稳定、持续的方向发展。

　　由于编者水平与掌握资料有限，错误之处在所难免，敬请批评指正。

目　录

第一章 现代农业技术推广的含义与功能

第一节 现代农业推广的含义及其特征

一、现代农业推广的含义与特征

农业推广的发展趋势促使人们对"推广"概念有了新的理解，即从狭隘的"农业技术推广"延伸为"涉农传播教育与咨询服务"。这说明，随着农业现代化水平、农民素质以及农村发展水平的提高，农民、农村居民及一般的社会消费者不再满足于生产技术和经营知识的一般指导，更需要得到科技、管理、市场、金融、家政、法律、社会等多方面的信息及咨询服务。因此，早在1964年于巴黎举行的一次国际农业会议上，人们就对农业推广做了如下的解释：推广工作可以称为咨询工作，可以解释为非正规的教育，包括提供信息、帮助农民解决问题。1984年，联合国粮农组织发行的《农业推广》（第2版）一书中，也做了这样的解释：推广是一种将有用的信息传递给人们（传播方面），并且帮助他们获得必要的知识、技能和观念来有效地利用这些信息或技术（教育方面）的不断发展的过程。

一般而言，农业推广和咨询服务工作的主要目标是开发人力资本，培育社会资本，使人们能够有效地利用相应的知识、技能和信息促进技术转移，改善生计与生活质量，加强自然资源管理，从而实现国家和家庭粮食安全，增进全民的福利。

通俗地讲，现代农业推广是一项旨在开发人力资源的涉农传播、教育与咨询服务工作。推广人员通过沟通及其他相关方式与方法，组织与教育推广对象，使其增进知识，提高技能，改变观念与态度，从而自觉自愿地改变行为，采用和传播创新，并获得自我组织与决策能力来解决其面临的问题，最终实现培育新型农民、发展农业与农村、增进社会福利的目标。

由此，可进一步延伸和加深对农业推广工作与农业推广人员的理解：农业推广工作是一种特定的传播与沟通工作，农业推广人员是一种职业性的传播与沟通工作者；农业推广工作是一种非正规的校外教育工作，农业推广人员是一种教师；农业推广工作是一种帮助人们分析和解决问题的咨询工作，农业推广人员是一种咨询工作者；农业推广工作是一种协助人们改变行为的工作，农业推广人员是一种行为变革的促进者。关于现代农业推广的新解释，还可以列举很多，每一种解释都从一个或几个侧面揭示出了现代农业推广的特征。一般而言，现代农业推广的主要特征可以理解为：推广工作的内容已由狭义的农业技术推广拓展到推广对象生产与生活的综合咨询服务；推广的目标由单纯的增产增收发展到促进推广对象生产的发展与生活的改善；推广的指导理论更强调以沟通为基础的行为改变和问题解决原理；推广的策略方式更重视由下而上的项目参与方式；推广方法重视以沟通为基础的现代信息传播与教育咨询方法；推广组织形式多元化；推广管理科学化、法制化；推广研究方法更加重视定量方法和实证方法。

二、农业推广学的产生与发展

（一）农业推广学在国外的产生与发展

农业推广学是农业推广实践经验、农业推广研究成果和相关学科有关理论经过较长时间演变与综合的产物。农业推广学的研究活动与研究成果最早出现在美国。不过，早期的研究主要是针对当时农业推广工作中的一些具体问题而进行的，缺少学术性和系统性。从世界范围来看，对农业推广理论与实践问题系统而深入的研究是在第二次世界大战后才开始的。从 20 世纪 40 年代末到 60 年代，农业推广学的研究中不断引进传播学、教育学、社会学、心理学及行为科学等相关学科的理论与概念，对后来农业推广学的理论发展有着重要的影响。这期间的重要著作有：凯尔塞（L.D.Kelsey）和赫尔（C.C.Hearne）合著的《合作推广工作》；路密斯（C.Loomis）著的《农村社会制度与成人教育》；莱昂伯格（H.F.Lionberger）著的《新观念与技术的采用》；罗杰斯（E.M.Rogers）著的《创新与扩散》；劳达鲍格（N.Rauda-baugh）著的《推广教育学方法》；桑德尔斯（H.C.Sanders）著的《合作推广服务》以及哈夫洛克（R.C.Havelock）著的《知识的传播利用与计划创新》等。一般认为，桑德尔斯（H.C.Sand-ers）的《合作推广服务》一书可以正式代表农业推广学属于行为科学，这也标志农业推广学的理论体系基本形成。

20 世纪 70 年代以后，农业推广学的理论研究，继续向行为科学、组织科学和管理科学方向深入发展，而且经济学，特别是计量经济学、技术经济学、市场营销学也不断渗入到农业推广学的研究之中，这使农民采用行为分析以及推广活动的组织管理与技术经济评价方面有了新的突破，农业推广问题的定量研究和实证研究也不断得到加强。20 世纪 70 年代的主要著作有：莫荷（S.Molho）著的《农业推广：社会学评价》；博伊斯（J.K.Boyce）和伊文森（R.E.Even-son）合著的《农业推广项目比较研究案例》；贝内特（C.F.Bennett）著的《推广项目效果分析》；吉尔特劳（D.Giltrow）和波茨（J.Potts）合著的《农业传播学》以及莫谢（A.T.Mosher）著的《农业推广导论》等。

20 世纪 80 年代以来，农业推广学的理论研究进展极快，形成了空前的百家争鸣的学术风气。人们更注重从农业推广与农村发展的关系来研究农业推广学的理论与实践问题，研究方法上也更加重视定量研究和实证研究，研究活动与研究成果从过去以美国为主逐步转向以欧美为主，世界各地广泛可见的新局面。20世纪80年代以来，世界农业推广理论研究的主要著作有：克劳奇（B.R.Crouch）和查马拉（S.Chamala）合著的《推广教育与农村发展》；贝诺（D.Benor）和巴克斯特（M.Baxter）合著的《培训与访问推广》；斯旺森（B.E.Swanson）等编著的《农业推广》（第2版）；琼斯（G.E.Jones）主编的《农村推广投资的战略与目标》；阿尔布列希特（H.Albrecht）等著的《农业推广》；范登班（A.W.van den Ban）和霍金斯（H.S.Hawkins）合著的《农业推广》；罗林（N.Roling）著的《推广学》；布莱克伯（D.J.Blackburn）主编的《推广理论与实践》；阿德西卡尔雅（R.Adhikarya）编著的《战略推广战役》；勒维斯（C.Leeuwis）著的《农村创新传播学》；范登班（A.W.van den Ban）和（R.K.Samanta）合著的《亚洲国家农业推广角色的变化》；斯旺森（B.E.Swanson）著的《全球农业推广与咨询服务操作规范研究》。在长期的学术研究中，国际农业推广学界形成了若干流派，当代影响较大的学派主要有德国（霍恩海姆）学派、荷兰（瓦赫宁根）学派和美国学派等。德国霍恩海姆大学早在1950年就成立了农业推广咨询学院（后来名称不断拓展），通过菜茵瓦尔德（Hans Rheinward）、阿尔布列希特（HartmutAlbrecht）、霍夫曼（VolkerHoffmann）等教授的努力，霍恩海姆大学的农业推广咨询早在20世纪80~90年代就在推广咨询、传播沟通组织管理、农村社会与应用心理学等领域闻名于世了。荷兰（瓦赫宁根）学派的主要代表人物是范登班（Anne van den Ban）、罗林（Niels Roeling）、勒维斯（Cees Leeuwis）等教授，主要研究领域集中在农业推广原理、农业知识系统和农村创新传播等方面。美国学派的主要代表人物是伊利诺伊大学的斯旺森（Burton E.Swanson）教授，他在很多国际农业推广手册的编写、促进农业推广知识的传播以及国际农业推广合作方面功不可没。除此之外，欧美各国以及亚洲、非洲众多的农业推广专家都为推广理论的发展做出了贡献。与此同时，世界上许多国家在很多大学里都设立了农业推广系，开设农业推广专业的系列课程，即使在属于发展中国家的印度、孟加拉国、巴基斯坦、泰国以及非洲的很多国家，也能看到农业推广系比较普遍，这无疑促进了农业推广学科的发展、推广学知识的传播和农业推广专业人才的培养。

（二）中国的农业推广学研究

我国对农业推广理论与实践的研究在20世纪30年代和40年代就已开始。早在1933年唐启宇著有《近百年来中国农业之进步》，其中对农业推广相关的问题特别是农业教育问题做了很多论述。1935年由金陵大学农学院章之汶、李醒愚合著的《农业推广》，是我国第一本比较完整的农业推广教科书。1939年农产促进委员会出版《农业推广通讯》，不断报道国内外农业推广信息与工作经验。这种从民国时期发展起来的农业推广后来对台湾地区的农业推广研究产生了深远的影响。从某种意义上讲，台湾地区的农业推广一直受着美国农业推广的影响，因而农业推广学的研究也大体上与美国相似。台湾大学设有农业推广学系，著名社会学家杨懋春1960年任首任系主任，长期以来为台湾地区培养了大量的农业推广专业人才，为台湾地区的农业发展与社会进步做出了巨大的贡献。台湾大学农业推广学研究所编有《农业推广学报》，台湾地区的"中国农业推广学会"每年都选编有《农业推广文汇》，农业推广学的研究成果颇丰。主要著作有：1971年陈霖苍编著的《农业推广教育导论》；1975年吴聪贤著的《农业推广学》；1988年吴聪贤著的《农业推广学原理》；1991年萧昆杉著的《农业推广理念》以及1992年前后吕学仪召集编著的《农业推广工作手册》。

在我国大陆，农业推广学的发展以及农业推广专业人才的培养经历了曲折的历程。由于20世纪50年代以后，人们只重视农业技术推广工作，因此，农业推广学的研究甚少，农业院校也不开设农业推广学课程。20世纪80年代后，农村改革不断深入，人们重新认识到农业推广的重要性，因而不断开展农业推广研究工作。一些农业院校从1984年起，相继开设农业推广学课程。中国农业大学（原北京农业大学）于1988年设置农业推广专业专科，并且和德国霍恩海姆大学合作培养了我国最早从事农村发展与推广研究的两名博士研究生。1993年将农业推广专业专科升为本科，同年，在经济管理学院成立了农村发展与推广系。1998年，成立10年的农业推广专业被取消，农村发展与推广系和综合农业发展中心合并成立农村发展学院。鉴于实践中急需的农业推广专业人才极其短缺，1999年，在众多农业推广专家的建议下，国家决定招收和培养农业推广硕士专业学位研究生，运行15年，培养了数以万计的高层次农业推广的复合型、应用型人才，为我国的农业现代化建设、农村发展和生态文明建设提供了重要的人才智力支持。2014年7月，"农业推广硕士"被改为"农业硕士"。至此，我国大陆本科生和研究生培养中都无农业推广专业，这与世界很多国家大学里农业推广系的发展形成了鲜明的对照。在中国，一方面，人们普遍认识到农业推广的重要性，全国有大量的人员从事农业推广工作，科研项目立项和科研资源分配很多也集中在农业推广领域。另一方面，农业推广专业人才培养一直跟不上推广事业发展的需要。有些人错误地认为农业推广门槛低，什么人都可以加入，甚至很多人既没系统地学过推广理论知识，也无推广实践经验、更没从事过推广研究，也来给大学生甚至研究生开设推广课程，最后只会误导学科的发展。加之少数不懂学科发展的教育行政人员在少数不负责任者的建议下不断对农业推广专业进行随意撤销，这些都会对推广事业的发展和人才培养产生负面的影响。

2012年，为贯彻落实中央1号文件和《国家中长期人才发展规划纲要（2010-2020）》精神，加强农技推广人才队伍建设，提升科技服务能力，农业农村部决定组织实施万名农技推广骨干人才培养计划，每年在全国各地针对不同行业较大规模地举办农技推广骨干人才培训班，这在一定程度上缓和了农业推广人才短缺的局面。尽管农业推广专业的高等教育几经波折，但是由于中国农村发展实践的迫切需要，加之广大学者和实践工作者的不懈努力，农业推广学科发展、科学研究和农业推广学课程教学一直没有间断，农业推广学研究成果层出不穷，在国内外产生了重要的影响。自1987年出版《农业推广教育概论》以来，农业推广研究成果在全国范围内不断产生。仅中国农业大学就先后主持完成了国家博士点基金项目"农业推广理论与方法的研究应用"、国家教委留学回国人员科研项目"中国农业推广发展的理论模式与运行机制研究"、中华农业科教基金项目"高等农业院校农业推广专业本科人才培养方案、课程体系、教学内容改革的研究"、农业农村部软科学研究项目"农业推广投资政策研究"、国家自然科学基金项目"农业推广投资的总量、结构与效益研究"、国家社会科学基金项目"农业技术创新模式及其相关制度研究"、国家软科学计划项目"基层农业科技创新与推广体系建设研究"、国家自然科学基金项目"合作农业推广中组织间的邻近性与组织聚合研究"等重要项目。出版了《农业推广教育概论》(北京农业大学出版社,1987)、《农业推广学》(北京农业大学出版社,1989)、《推广学》(北京农业大学出版社,1991)、《农业推广》(北京农业大学出版社,1993)、《农业推广模式研究》(北京农业大学出版社,1994)、《农业推广学》(中国农业科技出版社,1996)、《现代农业推广学》(中国科学技术出版社,1997)、《推广经济学》(中国农业大学出版社,2001)、《农业推广组织创新研究》(社会科学文献出版社,2009)、《合作农业推广组织中的邻近性与组织聚合》(中国农业大学出版社,2016)、《现代农业推广学》(高等教育出版社,2016)等一系列重要的专著、译著和教材。目前有关农业推广研究的专著、译著和教材多达数十部。自从教育部在全国推行普通高等教育规划教材后,农业推广领域第一部普通高等教育国家级规划教材《农业推广学》于2003年由中国农业大学出版社出版,本书已经是修订后的第4版。2008年,出版了我国第一部用于农业推广硕士专业学位研究生教学的教材《农业推广理论与实践》,同年,在进行第一手调研的基础上出版了我国第一部《农业推广学案例》,2014年第2版发行。这一系列的工作与成果反映了我们在农业推广研究领域,经历了从了解与引进国外农业推广理论与经验,到全面、系统、客观地比较、评价国内外农业推广实践模式,再到建立我们自己的、对我国实践具有指导价值的理论体系、提出我们自己的专业人才培养与教育改革方案以及解决我国农业推广实践中的重大问题的过程。同时也表明,近40年来,农业推广一直是我国学界、政界和商界关注的一个重要领域,农业推广学研究在中国大陆进入了新的历史时期。

第二节 农业推广的主要社会功能

一、农业推广的社会功能和作用

农业技术推广的社会功能主要可以概括为:培养新型农民,保证农产品的供应;增进农业的产业化,实现农村经济发展,使农民收入提高;在满足社会需求的同时维护社会和生态的稳定,推动农业向可持续和多功能方向发展。

农业推广的作用主要体现在发展和加大力度解放农村生产力。对农业技术进行推广,还要组织、教育农民等从多方面提高农民生产生活质量,多渠道增加农民收入。立足于农村、农民，切实为农民利益着想，构建农村社会教育环境。

1. 是有利于建立新的关系，促进和谐关系

人员的详细过去的社会是一个基于私有制的社会。在伦理观调控主要是私人业主的主要私人利益之间的关系，私营部门和个人之间的关系，私人利益相关者之间的这个系统。在社会主义社会，建立公有制，道德主要是规范这个新的关系，那就是与社会主义建设者之间的关系的根本利益，是个人与个人的关系，或与人民群众的一部分国家，企业和人民之间的关系。

2. 促进各行各业的发展，促进社会主义

社会主义物质文明公有制为主体，道德利益的维护，虽然有私营业主的利益的一小部分，但是，与社会的整体利益直接相关的。

3. 推动新的道德观念，道德品质的传播

提高整个社会，以服务群众为社会主义道德的核心，是一种新的道德观。然而，作为一种新的道德观不为人民服务自发地出现在人们的心中。为了使这个新的道德在人们的心中牢牢地和蓬勃发展，它必须是一个长远的指导，教育，培训的过程。为此，政府的道德教育给予了极大的关注和指导。在一定意义上，这是一种道德革命。

二、农业推广的主要功能

农业推广的功能可以从不同的视角来理解。例如，从推广教育的视角，可以分为个体功能和社会功能，前者是在推广教育活动内部发生的，也称为推广教育的本体功能或固有功能，指教育对人的发展功能，也就是对个体身心发展产生作用和影响的能力，这是教育的本质体现；后者是推广教育的本体功能在社会结构中的衍生，是推广教育的派生功能，指教育对社会发展的影响和作用，特别是指对社会政治、经济、科技与文化等多方面产生的作用和影响的能力。

从前面对现代农业推广含义与特征的描述可知，农业推广工作仅就传播知识与信息、培养个人领导才能与团体行动能力等若干方面，足以对提高农村人口素质与科技进步水平从而推动农村发展、增进社会福利产生极其重要的影响。农业推广工作以人为对象，通过改变个人能力、行为与条件来改进社会事物与环境。因此，在实践中，农业推广的功能可以更通俗地分为直接功能和间接功能两类。直接功能具有促成推广对象改变个人知识、技能、态度、行为及自我组织与决策能力的作用，而间接功能是通过直接功能的表现成果再显示出来的推广功能，或者说是农业推广工作通过改变推广对象自身的状况而进一步改变推广对象社会经济环境的功能，因此，间接功能依不同农业推广工作任务以及不同农业推广模式而有所差异。下面详细阐述各项功能的意义。

（一）直接功能

1.增进推广对象的基本知识与信息

农业推广工作旨在开发人力资源。知识和信息的传播为推广对象提供了良好的非正式校外教育机会，这在某种意义上讲就是把大学带给了大众。

2.提高务农人员的生产技术水平

这是传统农业推广的主要功能。通过传播和教育过程，农业技术创新得到扩散，农村劳动力的农业生产技术和经营管理水平得到提高，从而增强了农民的职业工作能力，使农民能够随着现代科学技术的发展而获得满意的农业生产或经营成果。

3.提高推广对象的生活技能

农业推广工作内容还涉及家庭生活咨询。通过教育和传播方法，农业推广工作可针对农村老年、妇女、青少年等不同对象提供相应的咨询服务，从而提高农村居民适应社会变革以及现代生活的能力。

4.改变推广对象的价值观念、态度和行为

农业推广工作通过行为层面的改变而使人的行为发生改变。农业推广教育，咨询活动引导农村居民学习现代社会的价值观念、态度和行为方式，这使农民在观念上也能适应现代社会生活的变迁。

5.增强推广对象的自我组织与决策能力

农业推广工作要运用参与式原理激发推广对象自主、自力与自助。通过传播信息与组织、教育、咨询等活动，推广对象在面临各项问题时，能有效地选择行动方案，从而缓和或解决问题。推广对象参与农业推广计划的制订、实施和评价，必然会提高其组织与决策能力。

（二）间接功能

1.促进农业科技成果转化

农业推广工作具有传播农业技术创新的作用。农业科技成果只有被用户采用后才有可能转化为现实的生产力，对经济增长起到促进作用。在农业技术创新及科技进步系统中，农业技术推广是一个极其重要的环节。

2.提高农业生产与经营效率

农业推广工作具有提高农业综合发展水平的作用。农民在改变知识、信息、技能和资源条件以后，可以提高农业生产的投入产出效率。一般认为，农业发展包括的主要因素有研究、教育、推广、供应、生产市场及政府干预等，农业推广是农业发展的促进因素，是改变农业生产力的重要手段。

3.改善农村社区生活环境及生活质量

农业推广工作具有提高农村综合发展水平的作用。在综合农村发展活动中，通过教育、传播和咨询等工作方式，可改变农村人口对生活环境及质量的认识和期望水平，并进

而引起人们参与社区改善活动，发展农村文化娱乐事业和完善各项基础服务设施，以获得更高水平的农村环境景观和生活质量，同时促进社会公平与民主意识的形成。

4. 优化农业与农村生态条件

农业推广工作具有促进农村可持续发展的作用。通过农业推广工作，可以改变农业生产者乃至整个农村居民对农业生态的认识，使其了解农业对生态环境所产生的影响，树立科学的环境生态观念，实现人口、经济、社会、资源和环境的协调发展，既达到发展经济的目的，又保护人类赖以生存的自然资源和环境，使子孙后代能够永续发展和安居乐业。

5. 促进农村组织发展农业推广工作具有发展社会意识、领导才能及社会行动的效果。通过不同的工作方式，推广人员可以协助农民形成各种自主性团体与组织，凝结农民的资源和力量，发挥农民的组织影响力。

6. 执行国家的农业计划、方针与政策

农业推广工作具有传递服务的作用。在很多国家和地区，农业推广工作系统是农业行政体系一个部分，因而在某种意义上是政府手臂的延伸，通常被用来执行政府的部分农业或农村发展计划、方针与政策，以确保国家农业或农村发展目标的实现。

7. 增进全民福利

农业推广工作的服务对象极其广泛，通过教育与传播手段普及涉农知识、技术与信息，可以实现用知识替代资源，以福利增进为导向的发展目标。

二、农业技术推广中存在的问题

1. 技术推广体系存在诸多弊端

技术推广体系相对落后，技术人员偏老龄化，知识结构不合理。部门间的职责划分不清楚，缺少有效的考核和激励机制等，使农技人员不能积极主动地投入到工作中。此外，大部分农民由于文化素质偏低，对于现代农业技术不能很好地掌握与理解，严重制约了农业现代化的发展。

2. 缺乏自主创新意识

科研部门的相关人员缺乏创新理念，推广机构的相关设备也相对落后，评价和考核等制度不完善。农业企业、专业合作组织对科技研发缺少自觉性，自主创新能比较薄弱，尚处在起步阶段。

3. 农业科技缺少新型人才

人才资源匮乏，缺少复合型、管理型人才，现代农业生物技术等学科领域的人才非常短缺，有些农业单位已经好几年没有招收进技术人员。在农业生产中，很少有经过专业技能培训的人员，而一些刚从院校毕业的技术人员不能很好地胜任工作，只照搬书本，不会实践，无法在农户的心目中树立威信，在一定程度上制约了推广工作的进行。

4. 农业科技资金投入力度不够

近些年来，虽然已经增加了农业科技的资金投入，但是总额仍然偏小，相关政策很难落实到位等问题依然存在，致使一些业务工作难以开展。此外，农业企业普遍依赖政府支持，缺乏自主科技投入的意识。地方政府没有对落后的农村基础设施及时进行建设，导致病虫害、旱涝灾害给农田带来危害。由此可以看出，充足的资金支持对农业发展有着重要的作用。

三、加强农业技术推广的相应措施

1. 完善农技推广体系，注重现代农业推广人才的培养

对基层农业推广体系进一步深化改革，各级农技部门必须清楚自己的职责，制订实施责任制，使农技人员等充分发挥其指导、规划等方面的才能，形成有效的农业科技服务体系。对于可行性项目要加大资金投入力度，设立专项推广和科研项目经费，积极开展技术、成人等教育培训模式，提高农民的科学文化素质。制定农业科技产业发展的相关规定以及法律、法规，加强监管力度，使农技推广工作得以顺利的发展。

2. 以农业主导产业为中心，明确农技推广向

以农业主导产业为出发点，农技推广要注重品种的选育、研发的新技术、生产无公害农产品等方面，重点必须放在确保粮食的安全性上，对农产品质量和安全、农作物病虫害以及畜禽疫病等方面知识的攻关上面。

3. 积极推动农业向多方面发展

积极开发农业的相关产业，例如农产品的深加工、储藏、运输等方面的产业，推动农业结构不断的优化，并积极发展多种形态的产业，立足于自身的发展优势，建立起自己的品牌，有效地促进经济效益增长。通过培训、指导农业的各项专业技能，以及电视、网络等多种信息传播方式，让农户能够及时获取农业政策、新的市场行情等诸多有效信息，让农业科技成果的转化和推广能够真正落到实处，促使农业各相关产业得到显著提升。

4. 拓宽农业投资渠道，改善农技推广的相关条件

加强对资金的投入力度，拓宽资金来源渠道。财政部门]要加大农技推广和基础设施建设资金的比重，并进一步加强对资金的监管力度，使之真正落实到位，对于农业机械设备要进行积极推广，并给予一定的购置补贴，促进农机设备水平提高，使农业生产效率随之提升，从而把农机推广向蔬菜、畜牧等方向有计划性的逐步延伸。随着市场经济的不断发展与进步，在以往的家庭联产承包责任制的基础上积极的创新，建立并不断完善土地流转的方式、内容和经营体制，让农户和合作组织能够确立起互惠互利的双赢经济机制，让土地和劳动力资源能够更加充分有效地利用起来。

我国作为人口和农业大国，粮食生产是重中之重，而要想稳固农业生产使其健康持续的发展，就必须重视科技对现代农业生产的重要作用，不断地提高农业的技术含量，进一步做好农业技术推广工作，切实发挥其对现代农业的推动作用。

第二章 农业技术推广模式的特点

2006 年，湖州市与浙江大学的市校合作共建社会主义新农村，走出了一条现代农业建设与可持续发展的湖州道路。这条道路的主要内容是：在浙江大学的大力支持与合作的基础上，搭建现代农业建设的科技创新平台，培育创新型科技载体、创业型科技载体、服务型科技载体，通过农业科技园区的示范作用，推进农业科技自主创新建设，带动湖州现代农业的发展，提升农业可持续发展能力；搭建现代农业建设的科技型人才培养与成长平台，为农业培养了一批永远不走的科技与经营管理人才，提升农业人力资本水平；搭建现代农业建设的体制机制创新平台，实行农业生产要素向现代经营主体集中的体制机制创新，实行农业长效投入机制建立的创新，激发农业发展的活力，推动农业全面发展。10 年来，市校合作的一个重要成果就是形成了新型农技推广体系———"1+1+N"农技推广模式。那么这种模式的特点是什么？是否已经形成了可复制、可推广的创新"范式"？本章对"1+1+N"农技推广模式的特点进行详细阐述和讨论。

第一节 坚持地方政府与高校协同创新

所谓协同，是指协调两个或者两个以上的不同资源或者个体，使其一致地完成某一目标的过程或能力。在农业科技创新推广链中，政府和高校两者有着不同的利益诉求，如果不能做到共赢，不能形成利益共同体的话，那么就无法长久地合作。所以说，充分调动地方政府、高校、科研机构以及农业经营主体等各类创新主体的积极性和创造性，跨学科跨部门、跨行业组织实施深度合作和开放创新，对于加快不同领域、不同行业以及创新链各环节之间的技术融合与扩散，显得尤为重要。

浙江大学走出象牙塔，服务地方战略，和湖州市地方政府借助科研院所致力发展社会经济战略，是一个必然的趋势。只不过双方在湖州找到了一个"三农"契合点，从点对点到面对面，举全校之力，举全市之力，达到协同创新。

合作才能共赢。合作有多种层次，有战略层面的协同，有战役层面的配合，有战术层面的支持。当然，在具体实施过程中，三者之间不是绝对分离的，它们相互渗透、相互转化。

一、从供给侧改革看协同创新

如果从农技推广供给侧改革视野来看协同创新。供给方面主要取决于协同的双方——地方政府和高校所具有的职能、掌握的资源、对科技创新现状的认知水平，以及推进产学研合作的技术手段等。需求方面则主要取决于市校合作的本区域产学研合作中存在的急需解决的问题。

（一）协同创新的含义

协同创新（collaborative innovation）最早由美国麻省理工学院斯隆中心（MIT Sloan's Center for Collective Intelligence）的研究员彼得·葛洛（PeterGloor）给出定义，即"由自我激励的人员所组成的网络小组形成集体愿景，借助网络交流思路，信息及工作状况，合作实现共同的目标"。

协同创新是以知识增值为核心，企业、政府、知识生产机构（高校、研究机构）、中介机构和用户等为了实现重大科技创新而开展的大跨度整合的创新组织模式。

协同创新是通过国家意志的引导和机制安排、促进政府、企业，高校。研究机构发挥各自的能力优势，整合互补性资源，实现各方的优势互补，加速技术推广应用和产业化，协作开展产业技术创新和科技成果产业化活动，是当今科技创新的新范式。

协同创新是各个创新要素的整合以及创新资源在系统内的无障碍流动。协同创新是以知识增值为核心，以企业，高校科研院所、政府、教育部门为创新主体的价值创造过程。基于协同创新的产学研合作方式是区域创新体系中重要的创新模式，是区域创新体系理论的新进展。合作的绩效高低很大程度上取决于知识增值的效率和运行模式。知识经济时代，传统资源如土地、劳动力和资本的回报率日益减少，信息和知识已经成为财富的主要创造者。在知识增值过程中，相关的活动包括知识的探索和寻找，知识的检索和提取，知识的开发，利用以及两者之间的平衡，知识的获取、分享和扩散。协同创新过程中知识活动过程不断循环，通过互动过程，越来越多的知识从知识库中被挖掘出来，转化为资本，并且形成很强的规模效应和范围效应，为社会创造巨大的经济效益和社会效益。

（二）协同创新的意义

2014年10月25日，浦江创新论坛在上海开幕，国家主席习近平和俄罗斯总统普京分别致信祝贺。领导人在致信中指出，"协同创新"是指围绕创新目标、多主体、多元素共同协作、相互补充、配合协作的创新行为。无论是制度创新、文化创新，还是科技创新都必须全面贯彻"协同创新"这个理念。"协同创新"是一种致力于相互取长补短的智慧行为。

协同创新已经成为地方政府和高校提高科技创新能力的全新组织模式。随着技术创新复杂性的增强，速度的加快以及全球化的发展，当代创新模式已突破传统的线性和链式模式，呈现出非线性、多角色、网络化、开放性的特征，并逐步演变为以多元主体协同互动为基础的协同创新模式，受到各国创新理论家和创新政策制定者的高度重视。纵观发达国家创新发展的实践，其中一条最重要的成功经验，就是打破领域、区域和国别的界限，实现地区性及全球性的协同创新，构建起庞大的创新网络，实现创新要素最大限度地整合。

二、市校合作长效共生机制建设

资源要素的互补性决定了不同资源要素整合的可能性。高校拥有的资源与地方政府拥有的资源具有互补性，资源的互补性为高校与地方政府之间资源供给与需求的有效联结创造了机缘，为资源的有机整合提供了可能。地方政府引入大学的智力、技术与人才等资源，可以有效缓解新农村建设中的资源不足，优化地方经济资源的配置效率，增加地方经济社会发展在人才、技术、信息等方面的资源存量。

在2005年的湖州，"三农"工作面临两个方面的挑战：在经过了结构调整和粮食市场化等一系列的改革之后，农民收入如何实现快速可持续的发展；在率先推进农村环境建设基础上，实践中央提出的新农村建设，如何持续走在全省乃至全国前列，发挥示范和引领作用。信息、技术、人才、智慧、创新力的瓶颈制约日渐显现，而背后城市与乡村社会结构的二元，政府与市场作用力发挥的两只手，硬实力建设与软实力提升的两张皮，机制创新与体制改革的双重阻力在实践中凸显出来。

此时的浙江大学，目光聚焦在紫金港。四所高校的合并、新校区建设并投入使用，在浙大人心中激荡起新的追求。从国内一流走向世界一流的目标定位和世纪担当，催动人才培育、科学研究、服务社会、传承文化四大功能的拓展，资源的重组与配置触及利益格局的调整。按常理来说，政府和高校是"两条道上跑的车"，但此时双方都急需找到一个支点。在新农村建设的号角声里，在中央新农村战略。"创新驱动战略"和省委"八八战略"的大背景下，双方走到了一起，举全校之力，举全市之力，进行了长期的、全方位的全面合作。

地方政府与高校之间建立协同机制，促进协同创新，协同发展。地方政府与高校共建省级社会主义新农村实验示范区是一个合作博弈过程，这一博弈具有联动性，要维持长久合作共建必须使市校之间形成的合作伙伴关系走向长效、共生的发展关系。

（一）市校合作长效共生机制的特点

所谓长效机制，就是指能长期保证制度正常运行并发挥预期功能的制度体系。长效机制不是一劳永逸、一成不变的，是随着时间、条件的变化而不断丰富、发展和完善。理解长效机制，要从"长效"和"机制"两个关键词上来把握。机制是使制度能够正常运行并发挥预期功能的配套制度，有两个基本条件：一是要有比较规范、稳定、配套的制度体系；二是要有推动制度正常运行的"动力源"，即要有出于自身利益而积极推动和监督制度运行的组织和个体。所谓共生机制又叫互利共生，是两种生物彼此互利地生存在一起，缺此失彼都不能生存的一类种间关系，若互相分离，两者都不能生存。有生物学家提出了一个叫作"共生起源"的理论，认为共生是地球上复杂生物起源的关键。在物种的进化过程中，日益多样的生物逐渐形成了一系列共生关系。不同的生物在共生关系中发挥不同的作用，来维持生存，这些共生关系逐渐发展成一个关系紧密的互利网络，每种生物都好像是机器上的一个齿轮。

从市校合作的 10 周年来看，浙江大学和湖州市共建省级社会主义新农村建设实验示范区已经形成长效共生机制的特征。

1. 建立市校合作的长效机制

从顶层来看，建立浙江大学和湖州市共建省级社会主义新农村实验示范区工作领导小组，领导小组办公室具体负责日常工作的联系和沟通。通过市校合作年会制、季度例会制，在实验示范区领导小组成员之间建立合作共建的定期协商机制，及时沟通共建情况，商讨解决实验中出现的问题。在县（区）建立相应机构内，形成从上到下、层级负责的领导体系和协调机制。

从中层来看，建立现代农业产学研联盟，联盟理事会和联盟领导小组具体负责"1+1+N"农技推广体系运作。

浙江大学新农村发展研究院以农村建设和发展的实际需求为导向，以机制体制改革为动力，以服务模式创新为重点，充分发挥学校人才培养、科学研究、社会服务和文化传承创新的综合能力，组织和引导学校广大师生积极投身社会主义新农村建设；切实解决农村发展的实际问题，在区域创新发展和新农村建设中发挥学校的带动和引领作用；以建设"世界一流大学"和"服务三农"有机融合为目标，通过若干年努力，将浙江大学新农村发展研究院建设成为具有一定国际影响力、引领支撑新农村建设的综合性科技创新，技术服务和人才培养平台，模式创新和战略咨询的服务平台，实现从源头创新到产业应用的科学技术支撑、从政策研究到模式创新的宏观理论支撑、从专业人才培养到职业农民培训的人才队伍支撑、从体制创新到机制创新的政策研究与咨询体系支撑。在区域创新发展和新农村建设中发挥带动和引领作用，构建以高校为依托，农科教紧密结合的综合社会服务平台。按"统一规划设计、统一组织实施、统一考核管理"的基本思路，立足东部，面向全国，坚持"以服务为宗旨，在贡献中发展"的理念，通过"学科交融、科教结合、农工互动、农医联动"，不断强化农科教的有机交融，大力推进校 - 校、校 - 院 / 所、校 - 地、校 - 企的深度合作，继续提升"顶天立地，纵横交错，高强辐射"的综合服务"三农"能力，形成"世界水平、中国特色、浙大特点"协同服务新农村建设的新模式。新农村发展研究院强化综合示范基地建设，在继续加强学校永久性基地建设的同时，建设若干个具有区域特色的现代农业或农业新品种、新技术和新产品试验示范基地及一批分布式服务站；深化和完善高校依托型的新农村建设综合服务平台和农业技术推广新模式，促进科技发展和人才培养有机结合、成果转化和新型农民同步成长、科教平台向校外基地延伸发展；围绕我国新时期新农村建设重大理论问题和实践需求，研究新农村建设机制和模式创新，创新新农村建设理论与技术体系；以生产发展为基础，构建 7 个跨校和跨地区的资源整合与共享平台，提高"三农"综合服务能力；开展体制机制改革和"准入机制"等内部制度建设，改革学校办学和人才培养模式，为新农村建设提供技术支撑和人才保障。

2. 建立稳定的运行机制

湖州市与浙江大学以"合作共建新农村实验示范区"协议的形式确定了战略合作伙伴关系。在市校合作共建框架下，市直各部门、县（区）、乡镇、企业、其他组织、农民等主体与高校、研究院所（中心）、专家合作在搭建科技创新服务平台、人才支撑平台和体制机制创新平台的过程中结成合作伙伴关系。这些主体或通过具体研发项目解决企业技术难题或通过建立农业科技推广中心、农业科技示范园区、农业高新技术产业孵化园等载体实现现代农业科技的推广与转化，或通过建立社区教育中心、教学科研基地等培育新型农民，提高农民科技文化素质。各主体之间的合作遵循自愿原则，按照市场规律就具体项目进行洽谈并签订合同，双方按照合同约定内容进行合作。政府与高校对项目合作进行牵线搭桥，并提供政策与制度支持，对重大的、效益好的合作项目进行扶持，政府对新农村建设的政策引导与市场运作的有机结合。

3. 形成良好的共生机制

湖州市与浙江大学层面的合作建构了合作共建新农村实验示范区的组织架构，这是实验示范区建设形成整体合力的基础。地方政府不仅获得了来自高校的智力资源与技术支持，而且为区域内社会力量参与新农村建设提供了制度供给和新的参与路径。浙江大学在合作中也不仅获得了地方资源支持，为科研成果转化为现实生产力搭建了一个直接平台，而且在服务地方经济社会发展的过程中实现了自我价值，通过与地方政府合作共建新农村找到了促进高校学科发展的支点之一。

4. 不断发展完善市校合作长效机制

2006 年，浙江大学和湖州市紧紧围绕社会主义新农村实验示范区建设，共同签署了"1381 行动计划"，2011 年底，市校又共同签署了"新 1381 行动计划"，以全力打造美丽乡村升级版，加快建设全省美丽乡村示范市为目标。

（二）市校优势互补共赢

浙江大学和湖州市这种市校合作的长效共生机制，使双方取长补短，形成共赢，是一种有利的嫁接，双方都从中获得了发展机遇。

湖州市借助浙江大学丰富的人才、科技、教育等资源优势，推进了新农村建设。湖州农业现代化综合水平得到提升，2014 年湖州市农业现代化发展水平综合得分达到了 85.43 分，比 2013 年提高了 2.6 分，继续位列全省 11 个地市第一，领跑全省农业现代化建设进程。同时，在农业农村部国家现代农业示范区建设水平监测评价中，湖州市 2014 年国家现代农业示范区建设水平综合得分 78.39 分，超农业现代化基本实现阶段 3.39 分，已经率先迈入基本实现农业现代化阶段。浙江大学则进一步强化了服务社会的功能，为创建世界一流大学提供支撑。通过与地方政府协同创新，在为地方社会经济发展做出积极贡献的同时，浙江大学涉农学科也获得了自身发展所需的广泛社会资源。师资队伍考核机制更趋合理化，人才培养更"接地气"，加快了科技成果的转化。

此外，政府治理能力也得到了提升。湖州"三农"工作始终走在浙江省前列，并形成了可复制、可推广的"三农"经验。

第二节　注重顶层设计和市场导向相结合

一、农技推广顶层设计和市场导向的关系

从现代政府治理角度来看，顶层设计强调的不只是从宏观，全局、战略角度去规划、设计，更主要的是指如何顺应基层的强大发展冲动。从湖州"1+1+N"农技推广新型体系的形成过程来看，起初好像是行政推动的结果，事实上，它的每一步发展都离不开自下而上的动力。

应该说，在我国农业科技创新体系改革中，我们并不缺顶层设计，各种法规，意见层出不穷，但是长期以来，我国农技推广"线断网破"和"最后一公里"的问题始终得不到根本解决，农技研发和推广与农村需求，市场需求相脱节。大多数高校也仍然局限于"象牙塔"中，服务社会功能没有得到充分体现。中国农村发展仍然是一种"问题应对型"发展，即根据农村当前发展所面对的挑战和问题，制定有关"权宜之计"，缺乏系统性思考和整体性策略。此问题根源在于对"顶层设计和市场导向关系"的认识发生了偏差。从字面上理解，顶层设计好像是自上而下，再加上官本位的传统思维，顶层设计演变成了上级设计，自上而下的行为。于是，我们常常处于面对问题、等待设计的尴尬境地。改革的动力不足，创新的意识薄弱，特别是协同创新的氛围不浓，深化改革演化为被动的工作落实，创新同样演化成了同一起跑线上比拼速度的兴奋剂。

事实上，顶层设计不是闭门造车，更不是拍脑袋决策，而是源于实践的创新，实践的需求。改革开放30多年的成功，恰好说明了顶层设计是顺应了基层强大的发展冲动。

传统农技推广体系只注重农技研发而忽视推广和市场需求；只注重生产而忽视营销；只注重初级农产品面忽视产业链。当解决了农业技术问题，提高了农产品产量和质量时，农业又陷入了另一困境—增产并不能带来增收，增产并不能带来环境优美。随着农业现代化基本实现，影响农业现代化全面实现的因素也越来越复杂，积累的深层次矛盾问题也越来越多。传统农技推广面临的问题并不仅仅是"一公里"的问题，牵涉面更广。从纵向看，有产业链问题；从横向看，有价值链问题。这时候，农技推广改革和创新必须有"顶层设计"。

1. 农技推广体系顶层设计要突出前瞻性

顶层设计关注的问题，往往是覆盖面广、带动性强或具有全局性、战略性影响的领域。因此。创新农技推广体系的顶层设计必须重视问题导向，从造成农技推广"线断网破"和"最后一公里"问题出发，找出症结，对症下药。如何创新和完善农技推广链？如何解决

推广链中的各方利益？农技推广是公益性的政府行为还是市场主体行为？农技研发与推广如何才能促进农业现代化？如何才能真正惠民，让农民有获得感？农技推广与产业链、价值链、生态链关系到底如何？农技推广与农业、农村、农民"三农"的作用如何？创新农技推广体系需要全面、系统、协调推进。要处理好眼前与长远、局部与整体的关系，所以需要顶层设计。"不谋万世者，不足谋一时；不谋全局者，不足谋一域。"探讨的这些问题，不仅是重要的学术问题和理论问题，而且对于中国政府在农村领域的政策选择和中国农村发展具有重要的影响意义。

"1+1+N"产学研联盟，无论是体制创新还是机制创新，都具有超前性和前瞻性，有些探索在全省乃至全国都起到了引领作用。如浙江大学新农村发展研究院，是全国高校第一批新农村发展研究院之一；浙江大学和湖州市共同组建的浙江大学湖州市南太湖推广中心平台，是全国第一家市校共建的农技研发和推广平台；浙江大学湖州市现代农业产学研联盟、农业技术入股的探索，农业科技创新团队和产业研究院的探索等，都具有开创性。如果没有农技推广顶层设计，也就不可能有这些创新。

2.农技推广体系顶层设计要形成共识

顶层设计一般具有普遍性，必然会影响到不同利益体。无论是市校共建社会主义新农村体制，还是在整个农技推广链建设中，浙江大学湖州市高校院所专家、本地农技推广专家、农业经营主体等之间利益的分配、调整，都是必须考虑到的。如果没有责任担当意识，遇到问题就绕着走，遇到阻力就选择妥协，那么也就不可能形成"1+1+N"产学研联盟的"湖州模式"创新；如果没有浙江大学和湖州市对社会主义新农村战略形成共识，那么就不可能形成"合作共建"，不可能举全市之力和举全校之力；如果没有对"1+1+N"产学研联盟创新的认识，没有形成农业经营主体的内生性需求，没有对高校院所专家的激励机制，那么参与创新改革的积极性就不高、主动性就不强。

3.农技推广体系顶层设计要实现落地

改革是发展的动力之源，改革落地是决定改革见效的关键所在。顶层设计要有高度和前瞻性，但更重要的问题是如何变成基层动力——落地。

创新落地，就必须突出问题导向。效果导向，建立完善创新工作机制。在"1+1+N"农业技术推广体系创新过程中，非常重视农技推广链的"传导机制"建设。农技推广中的"线断网破"和"最后一公里"，关键在于没有建立健全农业推广链。湖州设计新型现代农业科技推广链时，始终坚持传导链。通过南太湖农推中心，现代农业产学研联盟。湖州农民学院、基层公共服务中心、高校院所专家和本地农技专家等平台，联结农推专家教授与经营主体、联结科研成果与生产应用。

通过建章立制，明确主体责任，健全创新体系全流程高效可考核可评价的责任链条体系。建立浙江大学和湖州市高层的每年一次的年会制度，截至2015年已举办了浙江大学和湖州市主要领导参加的九次年会；在具体执行层面，有市校分管领导参加的市校合作工作推进会，浙江大学湖州市现代农业产学研联盟和各主导产业联盟的季度工作例会；针对市校合作专项资金项目，建有会商制度；对高校院所专家和本地农技专家组分别制定详细的考核制度，甚至还建立了高校院所专家组在湖州开展技术研发，技术示范推广，技术指导及技术培训的工作日志；建立联盟专家进驻基层农业公共服务平台制度，提高了联盟服务的有效性。

二、农技推广联盟顶层设计和市场导向路径

2. 政策供给与基层探索相结合

众所周知，政府的最大优势是政策资源，因而，当政府支持或反对某一经济活动时，最惯用也是最有效的手段便是政策供给。在"1+1+N"农技推广联盟形成发展过程中，湖州市和浙江大学充分发挥政策资源优势，从制度供给上保障"1+1+N"农技推广联盟的正常运行。当然，在产学研合作发展到一定程度时，地方政府支持和鼓励产学研合作的行为应逐渐从"供给角度"转向"需求角度"，即针对当地产学研合作的实际需求，侧重从需求角度发挥政府作用（胡继妹，黄祖辉，2007）。

2011年9月，湖州市被浙江省确定为农业科研与技术推广体制创新的专项改革试验市，要求湖州市通过积极探索。创新改革努力突破体制机制性障碍，建立健全完善强化农科教、产学研结合的农业科技创新与技术推广新机制新模式。争取为全省、全国做出更多的探索示范，首先，从机制创新来看，加强新型农技推广体系制度建设，构建"1+1+N"农技推广联盟的组织，明确了浙江大学湖州现代农业产学研联盟的工作职责，及现代农业十大主导产业联盟的管理与运行机制；完善了现代农业产业联盟专家考核机制；健全了农技研发和推广的激励机制，推行农业技术入股；进一步夯实了农业科技创新投入保障机制。浙江大学也专门成立了新农村发展研究院和农业技术推广中心，并完善了"技术推广系列"教师的考核、晋级制度；校长办公会定期听取社会主义新农村建设工作汇报，及时解决工作中的困难和问题，社会主义新农村建设的重大项目由学校领导亲自抓落实。各学院责任到人，把开展社会主义新农村建设的绩效纳于各涉农学院或相关学院班子考核指标体系。同时，把参与社会主义新农村建设作为发现、培养后备干部的重要途径，通过压担子、压任务，在实践中锻炼干部，提高干部的综合素质水平。

其次，从体制创新来看，新型农技研发与推广体系共建立了农村新型实用人才培养平台、农业科技研发和创新平台、农业科技公共服务平台三大配套体系，以支持整个系统的高效运转，提供有效的配套支撑服务。依靠湖州农民学院和产业联盟搭建农村新型实用人才建设平台；市校合作共建农技研发和创新平台，培育本地主导产业的研发平台；同时，完善了农业科技公共服务平台建设。

3. 政用产学研一体化

农业技术推广联盟以政府为主导，以产业发展为方向。以高校、科研院所和企业为主体，以科研攻关和成果转化项目为纽带，整合社会科技资源，实现农技推广公益服务功能、

科研攻关课题创新、成果转化效率效益提高互促共赢。浙江大学与湖州市政府成立合署的现代农业产学研联盟领导小组，市级层面、县区层面分别围绕当地主导产业成立相应的产业联盟。各级产业联盟均由高校院所专家团队，本地农技专家和县乡镇相关部门，责任农科人员所构成的农技推广服务小组，若干农业龙头企业、农民专业合作社、生产经营大户等"政产学研、农科教技、省市校乡"人员组成。

"四位一体"的创新体制为政、用、产、学、研多方协作下紧密整合资源，奠定了组织框架和制度基础。

4. 农民参与，多元化推广

从 20 世纪 70 年代开始，许多西方国家的农业科研与推广逐步采取了"农民参与式"，其优点一是充分尊重农民意愿，创造多方合作的互动式研究和推广方式；二是科研人员直接推广成果，消除研究、推广与生产的脱节，及时了解农民需求，吸收农民本土知识和经验，尊重农民的评价筛选，及时改进提高科研成果；三是建立农民的自信心，发挥农民的主观能动性和主体作用，提高农民的科学意识，推动农民参与科技创新；四是农民是志愿者和积极参加者，也是三合一的生产者、研究者和推广者，农民参与的过程，就是螺旋式循环式升华研究和推广农业科技成果的过程（景丽等，2010）。

农业经营主体是"1+1+N"产业联盟的受益者，同时也是建设主体。在建设中，充分尊重农民意愿，广泛调动农业经营主体的积极性、主动性和创造性。

"1+1+N"农技推广联盟的"N"就是核心示范基地（各类农业经营主体），通过核心示范基地带动和辐射其他现代农业经营主体。截至 2015 年，湖州市十大产业联盟联结经营主体 1289 家，人驻基层农业公共服务中心 58 家，实现对主导产业、规模经营主体和基层农业公共服务中心的全覆盖，为湖州市现代农业发展做出了重要贡献。其中，浙江清溪鳖业有限公司等 96 家服务主体成为首批联盟示范基地，德清县新安镇农业公共服务中心等 10 家农业公共服务中心为首批示范性服务中心。

多元化推广是构建农业新型社会化服务体系，建设现代农业的客观要求，也是市场经济发达国家农业推广的主要做法。多元化推广的本质是要从以"政府为主导"，转向"政府指导、多元发展"的农业/农技推广，即"一主多元"。多元化推广的核心是充分发挥政府公益性推广和企业经营性推广两方面的积极性。政府公益性推广通过提供基础性服务，为多元推广奠定工作基础。政府通过项目政策支持等方式，带动多元推广提供相关服务；通过发挥桥梁纽带作用，聚合多元推广力量，围绕建设现代农业产业体系开展一体化技物结合服务。从政府层面看，既有湖州地级市，还有县区，甚至乡镇形成行政链；从高校科研院所层面看，以浙江大学为主体，联合其他院校和科研院所，包括基层农技研发和推广的湖州农科院，提供"三农"智库的湖州市农村发展研究院、提供新型职业农民培训的湖州农民学院等，形成推广链；从经营主体层面来看，既有各类农业专业合作社，农业龙头企业，又有家庭农场、农户等形成客体链。

第三节　突出高校院所与本地农技专家紧密合作

一、耦合——破解线断

"线断"实际上就是说农技推广网络没有实现"纵向到底"，高校科研成果"养在深闺人未识"，过于"高大上"而不"接地气"，由于首席专家人数有限，难以面对面广量大的农推工作，难以常年走进千家万户，所以会影响专家们的基础研究、技术开发，这就迫切需要推广链的中间环节，一个由本地农技专家组担当"二传手"的传导机制。

与现有我国其他高校农技推广模式不同，湖州新型现代农业科技推广链在设计时，始终坚持传导链的建设。最初通过南太湖农推中心和示范基地，把高校科研成果与经营主体的需求有机联结起来，即"1+1+N"产业联盟形成的第一个阶段—"1+1"模式。但在实践过程中发现，仍然没有完全解决整个推广链的无缝对接。所以第二阶段发展过程中，增加了本地农技专家小组，这个"二传手"发挥了至关重要的"传帮带"作用。通过本地农技人员传导机制，有效解决了"最后一公里"的难题。熊彼得认为，创新就是建立一种新的生产函数，生产函数即生产要素的一种组合比率，也就是将一种从来没有过的生产要素和生产条件的"新组合"引入生产体系。如果把熊彼得的创新理论应用到"1+1+N"农技推广体系中，"1+1+N"模式中的第二个"1"即本地农技推广小组，就是整个推广链中的"新的生产函数""新组合"。正是引入本地农技专家，才使得整个推广链产生了"裂变"，产生了"新的生产函数"。

知识沟通或信息传播，是指人与人之间相互信息的交流，人们借助共同的符号系统（语言、文字、图象、记号及手势等）交流各自的观点、思想、兴趣、情感等。沟通的关键是接受者是否接受、理解和了解信息，而不在于沟通者是否发出了信息。

能造成沟通障碍的因素有许多，既有传递编码（信息传递方式）的可接受性，也有可能是传递的渠道阻塞，还有可能是接受者的接受能力所造成的，甚至于高校专家教授在沟通过程中，很可能由于语言的障碍而导致沟通阻塞。

新型推广体系非常重视培育新型经营主体，把核心示范基地（家庭农场、专业合作社、重点农业龙头企业）作为联盟推广网络的重要节点。同时，借助现代信息技术，在构建农推网络时，建设并充分发挥信息网络的作用。借助信息网络实现农技专家与千家万户农民的联结。

通过本地农技专家组，可联结"N"个经营主体。通过"N"（可以是核心基地，可以是经营大户，也可以是农业龙头企业），让技术源头与用户终端直接对接，最终才能使更多农民得到实惠。

二、链网——破解网破

网，在《说文》意指"罟"。（广雅）则谓：网疏则兽失。凡"网"皆有系统性、皆有支点，也就是说既要有纵向，也要有横向。所谓农技推广的"网破"，就是整个农技推广网络没有支撑点，没有形成纵横合力，没有系统性。农技推广网络，形象地说就是"横向到边、纵向到底"，最好是一竿子插到农户家里，插到田间地头。

过去我们理解推广链，是线性思维方式，只重视"纵向到底"——从源头农技研发到生产、推广，但由于信息不对称，导致高校科研成果无法与市场对接。湖州新型农技推广体系在创新建设过程中，非常重视"节点"建设。通过浙江大学南太湖现代农业技术推广中心、核心示范基地、基层服务公共平台、农民学院等"节点"，围绕本地现代农业主导产业建联盟、培育创新团队、组建主导产业研究院。有了这些支点，就撑起了整个农技推广网络，就实现了农技推广网络的"横向到边"。这就是湖州模式"1+1+N"产业联盟的耦合机制。

三、支撑——形成立体

湖州还创新了体制机制和"三位一体"的平台建设。湖州新型农业科技创新体系之所以新，还表现在围绕农技推广链，完善了农技推广联盟的体制机制建设。考核和激励机制，科技投入的保障机制，健全了新型职业农民培养、农技研发推广平台和基层公共服务平台等支撑体系建设，组成了立体的新型农业科技推广体系网络。

新型农技推广体系实现了四个转变：从"点对点"推广到"面对面"辐射、从自发推广到有组织推广、从个体推广到团队推广、从技术推广到农业推广和咨询决策。

第四节　农技推广与本地主导产业发展深度融合

一、围绕生态循环农业发展趋势

1.做活"生态+"文章，助推产业转型升级

现代生态循环农业是以生态。循环、优质、高效、持续为主要特征，通过节约集约投入、全程清洁生产，废弃物资源利用，实现经济、生态、社会效益相协调的一种现代农业发展方式。

"1+1+N"产学研联盟后期重点方向结合湖州生态文明示范区建设，紧紧围绕品质农业，生态循环农业开展农技研发和推广。在生态循环农业的具体推进过程中，由于通过节约集约投入、全程清洁生产、废弃物资源利用，对不少农业主体来说，既降低了生产成本，

增加了经济效益,同时还能保证农产品的质量安全,利于品牌打造和市场拓展,一举多得,因此颇受欢迎。被称为"湖羊达人"的费明锋在湖羊产业联盟帮助下,2010年10月开展了生态循环农业示范基地建设,流转土地450亩,种植小麦80亩,搭建玉米育苗大棚700平方米,分批育苗50万棵,建立起一个省级"湖羊—玉米"种养结合循环示范基地,实现废弃物资源化利用,促进生态农业的发展。2011年,他又成立紫丰生态农业有限公司,注册了"明锋"牌湖羊商标和"循丰"牌玉米商标,提升了湖羊产品品牌的影响力和知名度,丰富了基地产品种类。为了促进湖羊产业发展,费明锋又积极与浙江大学合作开展湖羊养殖技术研究,优化湖羊种质资源,养殖场成为浙江大学教学实践基地,实现了湖羊生产与教育实践的双赢。

2. 推广新型种养模式,实现高效生态农业"核聚变"

现代农业产学研联盟在加快推进现代生态循环农业发展过程中,积极发展清洁生产型、种养结合型、废物利用型的生产主体,已基本建成"水稻秸秆-蘑菇-芦笋"和"猪-沼液-瓜果菜"等一批废弃物资源化利用模式,全面推广化肥农药减量增效技术、测土配方施肥技术、病虫害统防统治等,规模畜禽场排泄物治理效率、农作物秸秆综合利用率.农村清洁能源利用率分别达到97%、92.39%和73.8%;大力推广间作套作、水旱轮作、粮经轮作等新型种养模式,成功创建一批"农牧对接、农渔共生,农林结合、农游共享"的生态循环农业示范点,新型农作制度覆盖面不断扩大,生态保护与产业发展实现互促共进。

"稻鳖共生"模式是水产产业联盟重点推广的循环种养结合新技术,即通过水稻吸收养鳖中的剩余富集的养分,实现水稻、鳖的双绿色生产。水产产业联盟还总结形成了一套符合湖州本地实际、切实有效的池塘生态养殖模式。如塘底种植水草、放养螺蛳,混养鱼虾、利用生物制剂改善水质,并推行池底设备增氧,控制放养密度、适时上市等新技术和环境友好型健康养殖新模式等,实现从大养蟹向养大蟹,养好蟹方向的转变,还制定了《湖州南太湖毛脚蟹池塘生态养殖技术操作规程》市级地方标准,推广应用面积3.2万亩。

从"太湖鹅"的水禽旱养,到"稻鳖共生"的生态共养;从稻菜轮作的复种模式到"三生葡萄"的根域限制……产业联盟为湖州市高效生态农业注入了科技的因子,不仅改变了传统农业"靠天吃饭"的窘境,更使得高效生态农业产生了前所未有的"核聚变"。

二、紧扣农业全产业链价值链

1. 发展休闲农业,实现三产融合

产业融合发展是农业产业化的高级形态和升级版,其业态创新更加活跃,利益联结程度更加紧密,经营主体更加多元,内涵也更加丰富多彩。拓宽农业产业多环节的"增收之道",是发展现代农业的应有之义。发展休闲农业,就是湖州解决农业产业高效问题的主要途径。因为,休闲农业紧密联结农业、农产品加工业和服务业,随着人们生活水平的提高和向往大自然愿望的回归,其有着巨大的发展前景;而另一方面,湖州区位条件优越、生态资源丰富、文化积淀深厚、产业基础扎实，发展休闲农业具有得天独厚的条件。

休闲农业产业联盟紧紧抓住湖州休闲农业良好的资源禀赋，在发展休闲农业时，不走"大园区、大景区"的道路，而是坚持将特色优势主导产业作为依托，突出"园区即景区"的理念，通过农旅结合，加快休闲农业的集聚发展。湖州吴兴金农生态农业发展有限公司，是吴兴区首个试水采摘游的农业园区，也是"1+1+N"产业联盟的核心示范基地，如今其所产的半数产品由采摘消化，不仅省去了人工费用，价格还提升不少，同时带动了园区内餐饮、住宿等消费项目。这正是休闲农业的优势所在，其通过三产、三生、三农融合发展，将农业的各个环节做大、做强、做长，能有效地提高收入，堪称农民增收的快车道。

2. 文化创意植入，提升价值链

湖州素有蚕丝文化、鱼文化、湖笔文化、茶文化、竹文化等传统文化优势，在休闲农业园区的打造过程中，产业联盟大力引导主体注重植入具有当地特色的文化创意产品和人文景观，以增强园区对游客的吸引力。

创意方面，湖州的不少主体按照"什么来钱种什么""什么漂亮添什么""市场需要什么就开发什么"的思路，将创意经济引入农业，大大提高了农业的附加值。现代农业产业联盟专家不仅推广新品种、新技术，而且送文化、种文化，帮助企业打造品牌形象，发展企业文化。浙江安吉龙王山茶叶有限公司与联盟专家一起培育茶叶新品种，引进茶叶自动化生产线、改良茶生产工艺、开发茶叶新包装、推出茶文化展示厅，年产凤形、龙形等"龙王山"牌安吉白茶 2.5 万公斤；建立良种茶苗培育基地，年出圃茶苗 1500 万株，启动了安吉白茶品质研究基地科研项目，形成了以"团结协作一精心打造茶品牌，携手同行一合力提升安吉白茶产业"为核心的企业文化。产业联盟核心示范基地湖州玲珑湾生态农业示范园占地 2000 余亩，主要从事热带水果生产，致力于发展休闲观光农业，先后引进了台湾水果品种、台湾精致农业团队、台湾休闲食品、台湾的风味美食，处处体现台湾文化元素，彰显台湾风情，吸引着越来越多的观光、休闲、体验的游客，成为吴兴妙西特色乡村旅游线路上的重要节点。

3. 发展产业新业态，推进产业深度融合

现代农业产学研联盟根据目前农业与二三产融合度还相对较低的现状，充分发挥技术优势，积极探索互联网＋现代农业的业态形式，推动互联网＋现代农业的产业新业态，推动互联网、物联网、云计算、大数据与现代农业相结合，构建依托互联网的新型农业生产经营体系，促进智慧农业、精准农业的发展。农业物联网试验示范基地是集新兴的互联网、移动互联网、云计算和物联网技术于一体，依托部署在设施农业生产现场的各种传感节点（环境温湿度、土壤水分、二氧化碳、光照度等）和无线通信网络，实现农业生产环境的智能感知、智能预警、智能决策、智能分析、专家在线指导，为农业生产提供精准化种植、养殖、可视化管理、智能化决策。目前全市已建成"农业物联网试验示范基地"27 个，其中包括产学研联盟核心示范基地安吉县正新牧业有限公司、吴兴金农生态农业发展有限公司、德清绿色阳光农业生态有限公司等。各产业联盟结合产业特色，做好"互联网＋现代农业"文章。如水果联盟充分开展"互联网＋水果"活动,邀请电子商务企业与湖州市水果企业对接,取得了良好效果。像德清新田农庄水果通过"檬果生活"电商销售的产品达到38%。

联盟专家协助核心示范基地引入历史、文化及现代元素,对传统农业种养殖方式,村庄设施面貌等进行特色化的改造,发展创意农业、景观农业、农业文化主体公园等。联盟专家积极参与湖州"美丽田园"建设。在联盟专家的指导下,"玉米 - 湖羊""稻 - 蟹共生""猪 - 沼 - 茶""瓜果立体种植"等一批绿色生态农作模式正在湖州连线成面地推广开来。笋竹联盟专家与国家竹研究中心合作,在长兴县筹建集优新竹种繁育研究、竹子科普宣传、竹子景观应用示范多功能为一体的竹子主题生态文化示范基地。

联盟专家利用生物技术、农业设施装备技术与信息技术相融合的特点,发展现代生物农业、设施农业。如蔬菜产业联盟大力发展以钢管大棚为主要内容的设施蔬菜,通过"设施换地"稳定蔬菜面积,保障蔬菜供应。

第五节 农技推广与培育经营主体创新创业互促共赢

一、创新新型职业农民培养模式

"1+1+N"新型农技推广体系,始终把新型职业农民培育作为一个重要任务来抓,国外把农技推广更多地理解为农业推广,对农民的教育培训,是农技推广组织中的一项重要功能。

新型职业农民培育要达到预期目的,必须解决几个问题:一是选择什么人培训;二是培训什么内容;三是想达到什么效果;四是通过什么机制体系来达到效果;五是注重过程性评价和结果性评价。

1.创办全国首家农民学院

户籍制度的改革,使农民由原来的社会身份转化为职业身份,即农业从业人员。农业现代化的发展,对农业从业人员综合素质提出了很高的要求。农业从扩大要素投入的粗放式经营向技术、资本密集型的集约化经营转变;服务外包和多元合作成为经营主体降低劳动力成本、提高农业综合效益的必然选择;机械化和智能化成为占绝对地位的农业生产方式;"互联网＋"成为农业经营的崭新形式;文化创意、品牌经营和个性化服务成为提升农业附加值和竞争力的主要手段;技术嫁接、功能拓展、产业融合成为创新创业、实现跨越式发展的主要路径。适应这样一种新变化、新趋势、新常态,传统农民必须从经验型向知识型、从体力型向智慧型、从生产型向经营型转变,通过完成这样的转变,不断提高来自农业生产和经营的收入,实现收入的持续稳定增长,使农业成为一种受人尊重的职业,使从事农业职业的人过上体面的生活。

加快传统农民向新型职业农民的转变，必须加强新型职业农民的培育，构建具有地方特色的农业职业教育体系。

正是在这样的大背景下，由湖州市和浙江大学市校共建的全国第一所地市级农民学院—湖州农民学院成立，为解决农民缺技术、农业缺经营、农村缺社会治理和服务的问题探索了一条有效途径，这种创新的做法和经验在浙江省得到了推广。

湖州农民学院经过几年的探索发展，形成了特色鲜明、卓有成效的新型职业农民培育办法和经验。目前，湖州农民学院已经建立起了一支"高校院所专家＋农民学院教师＋本地农技人员＋创业成功人士"相结合的"四位一体"的专家教师队伍，形成了"农技推广专业硕士教育（浙江大学）＋高职、本科教育（湖州农民学院）＋中等职业教育（现代农业技术学校）＋普训式教育（农民创业大讲堂、农业实用技术培训）"相结合的"四位一体"人才梯度培养结构，以及"学历＋技能＋创业＋文明素养"的农民大学生培养模式。

2. 创新农推硕士联合培养模式

农推硕士联合培养模式，是湖州农技研发与推广人才培育的一大创新。培养目标是满足湖州现代农业发展的需要，培养针对新农村建设的领军型、高端型、实用型人才，这一模式是湖州市对培育现代农业高端领军型人才的探索与尝试，也是湖州市第一个主要面向大学生"村官"和农村基层一线工作者提升专业水平和学历层次的硕士学位教育班。

二、培育经营主体创新创业氛围

1. 农民大学生创业基地成为农村创业平台

随着我国工业化、城镇化的加快发展，农户群体快速分化，出现了种养大户、科技示范户、经营和服务型农户、半工半农型农户和非农产业农户等，相应的农民也快速地职业化，出现了产业工人、专业技能人员、社会服务型人员、家庭农场主等。培育新型职业农民，确保能有相当一部分高素质农民留在农村以农业为职业，是破解今后"谁来种地"和"如何种好地"等难题的制度性变革。

湖州市依托湖州农民学院，以国家现代农业示范区建设为抓手，紧紧依托本地产业特色，突出重点强主体，整合资源做加法，积极探索符合实际、行之有效的新型职业农民培育之路。通过提升湖州新型职业农民的素质，来激发创业热情，着力破解"谁来种地""如何种好地"的难题。现湖州农民大学生已成为湖州农村创新创业的主体力量。农民大学生创业基地是搭建农民大学生创业实践、促进农技推广落地、激发农村内生力量的有效平台，是"1+1+N"产业联盟的重要载体。2011年，湖州农民大学生创业基地正式挂牌。农民大学生创业基地是由湖州市农办和湖州农民学院共同确立的农民大学生创业实践平台与创业培育基地，经营主体为湖州农民学院大学生。农民大学生在读期间，农民学院组织"省、市、校、乡、农、科、教、技"四级专家教授对其开展指导，并对其经营的基地给予政策扶持。

2. 强化家庭农场典型示范带动作用

政府在培育新型经营主体创业上，以家庭农场为抓手，通过政策扶持、示范引导以及完善服务积极稳妥地推进家庭农场创业创新，重点是扶持种养结合、生态循环示范性家庭农场。湖州市不仅出台了《创新主体培育机制，推进生态循环家庭农场发展的实施方案》，还出台政策规定家庭农场发展生态循环农业的，给予专项资金扶持。如：家庭农场湖羊年存栏 100 头以上或生猪年存栏 500 头以上，配套种养面积 100 亩以上进行资源循环利用的，给予 5 万元奖励；对应用稻鳖共生、鱼（虾）菜种养结合等生态循环模式 3 年以上，规模 50 亩以上的，给予 5 万元奖励。

在（创新主体培育机制，推进生态循环家庭农场发展的实施方案）中，湖州市政府积极引导农场从业人员成为新型职业农民，要求市级示范性家庭农场主必须取得新型职业农民资格证书，并且家庭农场的技术人员中新型职业农民占比须达 50% 以上，引导农场主成为有文化、懂技术、会经营的符合现代农业要求的新农民。

此外，湖州市政府大力支持新型职业农民创办家庭农场。对现代职业农民兴办家庭农场，在土地流转、技术支持、政策支持等方面给予重点倾斜，并按项目管理要求，给予资金扶持。在符合规划要求前提下，新型职业农民新建家庭农场，在粮食生产功能区内新发展粮食规模经营，面积 100 亩以上且流转期限在 5 年以上的，连续两年按每亩 100 元的标准给予粮食生产奖励，发展设施农业，新建标准钢管大棚设施面积在 10 亩至 30 亩的，参照省有关政策，按每亩不超过 5000 元给予补助。

在家庭农场培育中，湖州市政府充分发挥基层农业公共服务中心和"1+1+N"农推联盟的作用，建立农推联盟、基层责任农技员联系家庭农场的制度，积极主动地为家庭农场提供技术培训、技术指导和现场服务，积极提供政策咨询和市场信息，帮助家庭农场经营人员参加职业技能鉴定，不断提高家庭农场经营人员职业技能和经营管理能力。

现代农业产学研联盟在培育核心示范基地时，把家庭农场作为今后一个时期的重要任务来抓，鼓励家庭农场主动"触电"。大力推进"互联网＋农业"行动，积极开展农业生产物联网基地建设，推进"机器换人"计划，利用物联网技术和人工智能技术创造农产品生长的最佳环境，实现农业生产智能化控制，使家庭农场节约大量人力，通过抓主体培训、平台对接、信息引导、试点示范，搭建农产品产销对接的平台，创新对接模式和机制，让产销双方通过面对面交流的方式，相互了解沟通、优势互补，积极引导家庭农场发展电子商务业务。

第三章 农业推广方式与方法

第一节 农业推广的基本方法

一、农业推广方法的类型与特点

农业推广方法是指农业推广人员与推广对象之间沟通的技术。农业推广的具体方法很多，其分类方式也很多。根据受众的多少及信息传播方式的不同，可将农业推广基本方法分为个别指导方法、集体指导方法和大众传播方法三大类型。

（一）个别指导方法

个别指导方法是指在特定时间和地点，推广人员和个别推广对象沟通，讨论共同关心的问题，并向其提供相关信息和建议的推广方法。个别指导法的主要特点是：针对性强。农业推广目标群体中各成员的需要具有明显的差异性，推广人员与农民进行直接面对面的沟通，帮助农民解决问题，具有很强的针对性。从这个意义上讲，个别指导法正好弥补了大众传播法和集体指导法的不足；沟通的双向性。推广人员与农民沟通是直接的和双向的。它既有利于推广人员直接得到反馈信息，了解真实情况，掌握第一手材料，又能促使农民主动地接触推广人员，愿意接受推广人员的建议，容易使两者培养相互信任的感情，建立和谐的农业推广关系，信息发送量的有限性。个别指导法是推广人员与农民面对面的沟通，特定时间内服务范围窄，单位时间内发送的信息量受到限制，成本高、工作效率较低。在农业推广实践中，个别指导方法主要采用农户访问、办公室访问、信函咨询、电话咨询、网络咨询等形式。

1. 农户访问

农户访问是指农业推广人员深入到特定农户家中或者田间地头，与农民进行沟通，了解其生产与生活现状及需要和问题，传递农业创新信息、分析和解决问题的过程。

农户访问的优点在于推广人员可以从农户那里获得直接的原始资料；与农民建立友谊，保持良好的公共关系；容易促使农户采纳新技术；有利于培育示范户及各种义务领导人员；有利于提高其他推广方法的效果。其缺点在于费时，投入经费多，若推广人员数量有限，则不能满足多数农户的需要；访问的时间有时与农民的休息时间有冲突。

农户访问是农业推广人员与农民沟通、建立良好关系的好机会。针对其成本较高的特点，为了提高效率，访问活动过程中，必须认真考虑，掌握其要领。

（1）访问对象的选择

农户访问是个别指导的重要方式，但是因为农户访问需要农业推广人员付出较多的精力和时间，因此不是对所有的农户都经常进行访问的。农户访问的主要对象有以下几种：①示范户、专业户、农民专业合作组织领办人等骨干农户。②主动邀请访问的农户。③社区精英。④有特殊需要的农户。

（2）访问时间的选择

现在几乎所有的农户都有电话或手机等通信工具，在入户访问前都要与农民约定时间。在约定时间时，要考虑农民的时间安排和推广技术的要求。与生产、经营推广有关的专题农户访问要安排在实施之前，或生产中的问题出现之前。如果是了解农户生产经营或生活中遇到的问题，为将来的推广做准备的，最好安排在农闲时节。另外，访问时间也要与农民的生活协调好，应在农民有空且不太累的时候进行访问。

（3）访问前的准备工作

访问前的准备工作主要包括：①明确访问的目标和任务。②了解被访问者基本情况。③准备好访问提纲。④准备好推广用的技术资料或产品，例如说明书、技术流程图、试用品等。

（4）访问过程中的技巧和要领

①进门。推广人员要十分礼貌，友好地进入农户家里。进门坐下后，就要通俗易懂地说明自己的来意，使推广人员与农户之间此次的互动，从"面对面"的交谈，很快转化为共同面对某一问题的"肩并肩"的有目标的沟通。

②营造谈话气氛。在谈话的开始和整个过程中都要营造融洽的谈话气氛，这需要推广人员考虑周全：采用合适的谈话方式；运用合适的身体语言；注意倾听。

③启发和引导讨论。在谈话过程中，推广人员应适时地引入应该讨论的话题，通过引申、追问等方式，将要沟通的内容进行讨论。

④现场指导。和农民一起观察圈舍、田地或机械，向农民询问生产过程或长势、长相，及时和农民讨论生产过程中的问题。若能当时给出建议的就马上给出并写出建议，若需要再咨询的，也向农民说明。

（5）访问后的总结与回顾

每次访问农户时，不但要在访问中做好适当的记录，而且在农户访问结束后，还应就一些关键性的数据和结论进行当面核实，以消除误差，尤其是数据，更应这样。回到办公室后，应立即整理资料建库，以保证资料完整和便于系统保存。此外，做好每日回顾，写出访问工作小结也是必要的，记录和小结包括访问的时间、内容以及需要解决的问题，每日回顾应按一定的分类方式保存，成为今后工作的基础。

2. 办公室访问

办公室访问又称办公室咨询或定点咨询。它是指推广人员在办公室接受农民或其他推广对象的访问（咨询），解答其提出的问题，或向其提供有关信息和技术资料的推广方法。办公室访问的优点：一是来访者学习的主动性较强；二是推广人员节约了时间、资金，与来访者交谈，密切了双方的关系。办公室访问的缺点主要是来访者数量有限，不利于新技术迅速推广，而且来访者来访不定期、不定时，提出的问题千差万别，可能会给推广人员的工作带来一定的难度。

来访者来办公室访问（咨询）总是带着问题而来，他们期望推广人员能给自己一个满意的答复。因此，搞好办公室访问除对在办公室进行咨询的推广人员素质要求较高外，还应该注意其对要领的掌握。

（1）方便来访者咨询的办公室

什么样的办公室是适合给农民或其他特定来访者来咨询的呢？第一是来访者方便来的，例如在城镇的集市附近，交通便利的地方。第二是来访者来了方便进的，大楼不要太高，装修不要太豪华，保安不要太严厉。第三是进来找得到人的，若是找不到人也可以留言的或留话的。

（2）办公室咨询的准备

农业推广人员的办公室是推广人员与来访者交流的场所，要让来访者能进、能放松、能信任、能咨询。因此，办公室咨询前要做些必要的准备：①办公室设施布置要适当。②推广人员在与来访者约好的咨询时间、赶集日、来访者可能来的其他时间，要尽可能地在办公室等待。若是不得不离开，要委托同事帮忙接待或在门口留言。③准备好必要的推广资料。

（3）办公室咨询过程中的注意事项

①平等地与来访者交流。要关心来访者，尊重来访者，要营造良好的沟通氛围。要主动询问来访者有什么需要帮助的，要主动帮助来访者表达清楚他们的意愿。

②咨询过程尽可能可视化。要让来访者看得见讲解的东西。墙上的图片、资料页的信息、计算机上的信息等，都可以用来呈现推广人员和来访者沟通过程中的知识或技术要点。

③为来访者准备资料备份。在咨询过程中所发生的信息交流，尤其是技术流程、技术要点、关键信息等，要为来访者变成纸上的信息。可以在边讲解边讨论后，为来访者打印出一份资料，用彩笔在其上画出要点。也可以为来访者手写一份咨询信息的主要内容，帮助来访者回去还能够回忆起咨询的内容，从而帮助他们应用这些信息。在这个备份上，最好留下推广人员的联系电话，让来访者能够随时咨询你，也能让来访者感受到被尊重。

④尽可能给来访者满意的答复。来访者进入办公室咨询，往往都是带着问题来的，这对推广人员有更高的要求，推广人员的业务熟练程度、与人沟通的能力都影响办公室咨询的效果。一次办公室咨询应尽可能地给来访者满意的答复，找到解决问题的方法。但是，推广人员毕竟也有专业、知识面和经验的限制，也有不能当场解决的问题。这种情况下，

推户人员应诚恳地向来访者解释目前不能解决的原因，承诺自己将要如何寻求解决方案，约定在什么时间、通过什么方式把答案回馈给来访者。

⑤做好咨询记录和小结。每天发生的咨询过程都要做好记录，记录的信息包括来访者的姓名、性别、社区，咨询的问题，解决方案等。这些基本信息的收集和积累，可以帮助推广工作者积累经验，积累来访者的信息，积累生产经营中发生问题的种类和频度，以提高推广工作的针对性和准确性。

3. 信函咨询

信函咨询是个别指导法的一种极其经典的形式，是以发送信函的形式传播信息，它不受时间、地点等的限制。信函咨询曾经是推广人员和农民沟通的重要渠道。这些信函，尤其是手写的信函对于农民来说，不仅是一份与技术有关的信息，也是与推广人员亲密关系的表征。农民对这些认真写的信函会有尊重的心理，因而也有较好的推广效果。

进行信函咨询时应注意：回答农民问题应尽可能选用准确、清楚、朴实的词语，避免使用复杂的专业术语，字迹要清晰；对农民的信函要及时回复。

信函咨询目前在我国应用较少。其原因主要有以下几点：农民文化程度低；农业推广人员回复信件要占用许多时间，效率低；函件邮寄时间长；信函咨询成本变得越来越高。随着农业生产的多样化和产业化，每个推广人员要面对的推广对象更多，手写信函几乎成为不可能，面印刷信函不太能够得到农民重视，印刷信函也不太有针对性。另外，随着电视、电话和网络的普及，乡村邮路变得越来越被边缘化。

4. 电话咨询

利用电话进行技术咨询，是一种及时、快速、高效的沟通方式，在通信事业发达的国家或地区应用较早而且广泛。但使用电话咨询也受到一些条件限制，一是电话费用高；二是受环境限制，主要只能通过声音来沟通，不能面对面地接触。随着通信技术和网络技术的发展，运用电话不但可以进行语音咨询，而且也可以通过手机短信和手机彩信咨询。

5. 网络咨询

网络咨询不仅可以促成个人与确定个人通过网络的联系（例如电子邮件，在线咨询），而且也可以进行个人和不确定个人的在线咨询，例如通过网络发布求助信息，可以获得别人的帮助。不同地区不同类型的农业生产经营者，在年龄、文化程度、接受新事物的能力上都有很大差异，接触和使用网络的情况也是相当不同的。然而总的发展趋势是网络将越来越成为农业推广的重要渠道。

（二）集体指导方法

集体指导方法又称群体指导法或团体指导法，它是指推广人员在同一时间、同一空间内，对具有相同或类似需要与问题的多个目标群体成员进行指导和传播信息的方法。运用这种方法的关键在于研究和组织适当的群体，即分组。一般而言，对成员间具有共同需要与利益的群体适合于进行集体指导。

集体指导法的主要特点是：指导对象较多，推广效率较高。集体指导法是一项小群体活动，一次活动涉及目标群体成员相对较多，推广者可以在较短时间内把信息传递给预定的目标群体，易于双向沟通，信息反馈及时。推广人员和目标群体成员可以面对面地沟通。这样在沟通过程中若存在什么问题，可得到及时的反馈，以便推广人员采取相应的方式。使农民真正学习和掌握所推广的农业创新，共同问题易于解决，特殊要求难以满足。集体指导法的指导内容一般是针对目标群体内大多数人共同关心的问题进行指导或讨论，对目标群体内某些或个别人的一些特殊要求则无法及时满足。

集体指导方法的形式很多，常见的有短期培训、小组讨论、方法示范、成果示范、实地参观和农民田间学校等。

1. 短期培训

短期培训是针对农业生产和农村发展的实际需要对推广对象进行的短时间脱产学习，一般包括实用技术培训、农业基础知识培训、就业培训、社区发展培训等。要提高农业推广短期培训的效果，关键是要做好培训前的准备工作以及在培训过程中选好、用好具体的培训方法。

（1）培训前的准备工作

在培训之前，需要设定培训目标、了解培训对象、确定培训内容、准备培训资料、安排培训地点、确定培训时间与具体计划。

（2）培训过程中培训方法的选择

选择培训方法的出发点是使培训有效而且有趣。培训的方法有很多，在农业推广培训过程中，经常使用的有讲授、小组讨论、提问、案例分析、角色扮演等。

2. 小组讨论

小组讨论可以作为短期培训的基本方法之一，也可以单独作为农业推广的方法使用。小组讨论是由小组成员就共同关心的问题进行讨论，以寻找解决问题方案的一种方法。小组讨论可以促进互相学习，加深小组成员对所面临的问题和解决方案的理解，促进组员合作，使组员产生归属感。这种方法的好处在于能让参加者积极主动参与讨论，同时可以倾听多方的意见，从而提高自己分析问题的能力。不足之处是费时、工作成本较高，效果往往在很大程度上取决于讨论的主题和主持人的水平。如果人数太多，效果也不一定理想。

（1）小组的形成

在开展农业推广的小组讨论时，小组的构成会影响到讨论的效果。在形成小组时，要考虑人群本身的特点和讨论问题的性质，考虑小组的人数、性别构成、年龄构成等。一般而言，小组的人数在 6~15 人较为合适。人数太少，难以形成足够的信息和观点，而且容易出现冷场。人数太多，难以保证每个人都能参与讨论。人数较多时，可以将参加的人群分为几个小组，避免出现语言霸权以及部分人被边缘化的情况。

（2）小组内的分工

为了提高小组讨论的效率，小组内部的成员需要分工。小组讨论可以在整个推广活动或者培训过程中多次进行，小组成员在培训期间轮换担任：①小组召集人，负责组织这次小组讨论，鼓励人人参与，避免个别人的"话语霸权"。②记录员，负责记录小组每一个人的发言。应准确地记录每个观点，不要因为自己的喜好多记录或少记录，以免造成信息丢失。③汇报员，负责代表本组汇报讨论结果，汇报时注意精练、概括，不要"照本宣科"。

（3）做到有效的讨论

为了做到有效的讨论，需要集中论题，互相启发，注意倾听与思考，同时要重视讨论后的汇报。

（4）小组讨论的场景设置

好的小组讨论不但需要一个适当的时间，而且也需要一个适当的空间。安全的、放松的、平等交流的环境，需要从空间布局、座位设置、讨论氛围等各个方面来形成。围着圆桌面坐的设置是小组讨论的最好布局。圆桌周围的人，没有上位与下位的区别，也没有人特别近或特别远，容易形成平等的感受。圆桌还有助于人们把自己的身体大部分隐藏在圆桌下面，避免因为暴露和不自信而带来紧张感。圆桌周围的人互相都能对视或交流目光，容易形成融洽的气氛。圆桌还能让部分爱写写画画的成员写下他们的想法，或者把某个讨论的主要问题写成较大的字放置在圆桌中间让大家都能看见。圆桌周围只能坐一圈层讨论者，如果人数较多时，可以把凳子或椅子稍向外拉，扩大直径，就多坐几个人。任何时候，只要坐到第二圈层，这个参与者就已经开始被边缘化了，如果没有圆桌，在农户的院子或者其他较大的房屋里，也可以设置椅子圈，这时还要给记录员一个可以写字的小桌子。

3.方法示范

方法示范是推广人员把某项新方法通过亲自操作进行展示，并指导农民亲自实践、在干中学的过程。农业推广人员通过具体程序、操作范例，使农民直接感知所要学习的技术的结构、顺序和要领。适合用方法示范来推广的，往往是能够明显改进生产或生活效果、仅靠语言和文字不易传递的可操作性技术。例如果树嫁接技术、家政新方法等。方法示范容易引起农民的兴趣，调动农民学习的积极性。在使用方法示范时，需要注意如下事项：

（1）做好示范前的准备

在示范活动的准备阶段，要根据示范的任务、技术特点，学员情况来安排示范内容、次数、重点，同时要准备好必要的工具、材料及宣传资料等。

（2）保证操作过程正确、规范

如果示范不正确，可能导致模仿错误和理解偏差。因此，要求农业推广人员每次示范都要操作正确、熟练、规范，便于农民观察、思考和模仿。

（3）注意示范的位置和方向

在方法示范时，不同的观察者站的位置不同，他们所看到的示范者的侧面是不同的，他们获得的信息自然也有差别。因此，在进行方法示范时，要尽可能地让所有参与者都能看到示范者及其动作的全部，示范者可以改变自己身体的朝向，来重复同一个示范动作，这样所有的人都可以看到示范的完整面貌。

（4）示范要与讲解相结合，与学员的练习相结合

示范与讲解相结合，能使直观呈现的示范与学员自己的思维结合起来，收到更好的效果。尤其是在一些特别的难点和重要的环节，示范者可以用缓慢的语言，较大的声量重复描述要领，或者编一些打油诗、顺口溜来帮助学员记住和掌握要领，让学员动手练习，鼓励互相示范，可以增强学员学习的信心，同时也有助于他们发现将来可能在他们手中出现的问题。

（5）掌握示范人数

一次示范的人数，应该控制在 20 人以内。超过 20 人，就有可能站在圈层的第二层甚至更远，站在远处的学员，可能发生注意力的转移，甚至使示范流于形式。

4.成果示范

成果示范是指农业推广人员指导农户把经当地试验取得成功的新品种、新技术等，按照技术规程要求加以应用，将其优越性和最终成果展示出来，以引起他人的兴趣并鼓励他们仿效的过程。适用于成果示范的通常是一些周期较长、效益显著的新品种、新设施和新技术以及社区建设的新模式等。成果示范可以起到激发农民的作用，避免"耳听为虚"，落实"眼见为实"，真正体现出新技术、新品种、新方法的优越性，引起农民的注意。

成果示范的基本方式通常有农业科技示范园区示范、特色农业科技园区示范基地示范、农业科技示范户示范等。成果示范的基本要求是：经过适应性试验，技术成熟可靠；示范成果的创新程度适宜，成本效益适当；有精干的技术人员指导和优秀的科技示范户参与；示范点要便于参观，布局要考虑辐射范围。

（三）大众传播方法

农业推广中的大众传播方法是指农业推广人员将有关农业信息，经过选择、加工和整理，通过大众传播媒介传递给农业推广对象的方法。大众传播媒介的种类很多，传统上主要分为两大类，即印刷类和电子类。结合农业推广的特点，农业推广中的大众传播媒介可以分为纸质媒介、电子媒介和网络媒介 3 大类型。大众传播方法具有权威性强、信息内容宽泛、传播速度快，单位成本低，信息传播的单向性等基本特点。

1.农业推广中大众传播方法的主要应用范围

大众传播方法可以广泛地应用于农业推广的各个领域，包括技术推广、家政推广、经营服务和信息服务等。

从现阶段农业推广实践看，大众传播方法的主要应用范围是：介绍农业新技术、新产品和新成果，介绍新的生活方式，让广大农民认识新食物的存在及基本特点，引起他们的注意和激发他们的兴趣；传播具有普遍指导意义的有关信息（包括家政和农业技术信息）；发布市场行情、天气预报、病虫害预报、自然灾害警报等时效性较强的信息，并提出应采取的具体防范措施；针对多数推广对象共同关心的生产与生活问题提供咨询服务；宣传有关农村政策与法规；介绍推广成功的经验，以扩大影响力。

2.农业推广中大众传播媒介的主要类型

（1）纸质媒介

纸质媒介是以纸质材料为载体、以印刷（包括手写）为记录手段而产生的一种信息媒介，即主要利用纸质印刷品进行信息传播的媒介。农业推广中，经典的纸质媒介可以分为单独阅读型纸质媒介和共同阅读型纸质媒介两类。

单独阅读型纸质媒介包括正式出版的书籍（例如教材、技术手册、技术推广丛书等）、各种培训资料、期刊以及明白纸、传单、说明书等。

共同阅读型纸质媒介，指在公众场合使用的一类文字，图画等信息传递工具。共同阅读的纸质媒介也不一定是印刷在纸面上的，也可以写在黑板上，或者贴在白板上。这一类媒体最好设在村委会外面的公示栏里，集贸市场的墙上、公交车站等人群或人流量较多的地方。

（2）电子媒介

电子媒介是指运用电子技术、电子技术设备及其产品进行信息传播的媒介。在农业推广中，电子媒介主要是听觉媒介和听视觉兼备的电视媒介。此外，手机在一定意义上讲也可列入此类。

（3）网络媒介

网络媒介是以电信设施为传输渠道、以多媒体电脑为收发工具、依靠网络技术连接起来的复合型媒介。从某种意义上讲，网络媒介既是大众传播媒介，又是人际传播或组织传播媒介。

网络媒介具有时效性强、针对性强和交互性强的特点，日益成为农业推广极其重要的渠道。

二、农业推广方法的选择与应用

通过前面的阐述不难发现，每种农业推广法都有自己的特点，包括优点和缺点。农业推广是推广人员与推广对象沟通的过程，沟通的效果与沟通内容和方法的选用具有密切的相关关系。因此，在特定的农业推广场合，应该注意合理选择和综合运用多种农业推广方法。具体而言，在选择和运用农业推广方法时，至少需要考虑以下几个方面。

（一）考虑农业推广要实现的功能与目标

农业推广的基本功能，是增进推广对象的基本知识与信息，提高其生产与生活技能，改变其价值观念。态度和行为，增强其自我组织和决策能力。任何农业推广方法的选择和使用，都要有助于这些功能以及具体目标的实现。在农业推广实践中，每个特定的农业推广项目可能只涵盖一种或几种农业推广功能与目标，也就是说，每一次具体的农业推广工作要达到的目的会有所侧重，而每种农业推广法都有不同的效果，因此要使选择的方法与推广的功能与目标相匹配。

（二）考虑所推广的创新本身的特点

在农业推广实践中，应当针对所传播的某项创新的特点，选用适当的推广方法。例如，对可试验性及可观察性强的创新，应用成果示范的方法就比较好，对于兼容性较差的技术创新项目，就应当先考虑能否综合运用小组讨论、培训、访问、大众传播等方法使人们增进知识、改变观念。在农业技术推广中尤其要考虑技术的复杂性。对于简单易学的技术，通过课堂讲授和方法示范，就能使推广对象能够完全理解和掌握。而对于复杂难懂的技术，则要综合使用多种方法，如农户访问、现场参观、放映录像、技能培训等，以刺激推广对象各种感官，达到学习、理解和掌握技术的目的。

（三）考虑创新在不同采用阶段的特点

推广对象在采用某项创新的不同阶段，会表现出不同的心理和行为特征，因此，在不同的采用阶段，应选择不同的农业推广方法。一般而言，在认识阶段，应用大众传播方法比较有效。最常用的方法是通过广播、电视、报纸等大众媒介，以及成果示范、报告会、现场参观等活动，使越来越多的人了解和认识创新。在兴趣阶段，除了运用大众传播方法和成果示范外，还要通过家庭访问、小组讨论和报告会等方式，帮助推广对象详细了解创新的情况，解除其思想疑虑，增加其兴趣和信心。到了评价阶段，应通过成果示范、经验介绍、小组讨论等方法，帮助推广对象了解采用的可行性及预期效果等，还要针对不同推广对象的具体条件进行分析指导，帮助其做出决策和规划。进入试验阶段，推广对象需要对试用创新的个别指导，应尽可能为其提供已有的试验技术，准备好试验田、组织参观并加强巡回指导，鼓励和帮助推广对象避免试验失误，以取得预期的试验结果。最后的采用阶段是推广对象大规模采用创新的过程，这时要继续进行技术指导并指导推广对象总结经验，提高技术水平，同时，还要尽量帮助推广对象获得生产物资及资金等经营条件以及可能产品销售信息，以便稳步地扩大采用规模。

（四）考虑推广对象的特点

农业推广对象个体间存在多种差别，如年龄、性别、文化程度、生产技能。价值观等。这决定了推广对象具有不同的素质和接受新知识、新技术、新信息的能力。因此，在开展农业推广活动时要考虑推广对象的特点，适当选择和应用推广方法。进一步讲，基于采用者的创新性，可把采用者分为创新先驱者、早期采用者、早期多数后期多数和落后者 5 种类型，相应的推广方法也应当有所不同。研究表明，对较早采用者而言，大众传播方法比人际沟通方法更重要；对较晚采用者而言，人际沟通方法比大众传播方法更重要。一般而言，创新先驱者采用创新时，在其社会系统里找不出具有此项创新经验的其他成员，对后来采用创新的人不必过多地依赖大众传播渠道，是因为到他们决定采用创新时，社会系统里已经积累了比较丰富的创新采用经验，他们可以通过人际沟通渠道从较早采用创新的人那里获得有关的信息。人际沟通对较早采用者相对而言不那么重要的另一种解释是：较早采用者尤其是创新先驱者一般富于冒险精神，因此大众媒介信息刺激足以驱使他们做出采用的决定。推广研究还表明：较早采用者比较晚采用者更多地利用来自其社会系统外部的信息。这主要是因为较早采用者比较晚采用者更具有世界主义的特征。创新通常是从系统外部引入的，较早采用者更倾向于依靠外部沟通渠道，他们同时为较晚采用者开辟了人际沟通渠道和内部沟通渠道。

（五）考虑推广机构自身的条件

推广机构自身的资源条件，包括推广人员的数量和素质，推广设备的先进与否，推广经费的多少等都直接影响推广机构开展工作的方式方法和效果。经济发达地区的推广机构一般有较充足的推广经费和较先进的推广设备，应用大众传播推广手段较多；而经济欠发达地区的推广机构则限于财力和物力等条件，主要应用个别指导方法和要求不高的集体指导方法。目前，在推广人员数量普遍不足的情况下，电信和网络等现代化的推广手段无疑是一种不错的选择，但是相应的服务能力和条件也要跟上才行。

第二节　农业推广方式

一、教育式农业推广

教育式农业推广运用信息传播、人力资源开发，资源传递服务等方式，促使农民自愿改变其知识结构和行为技巧，帮助农民提高决策能力和经营能力，从而提高农业和乡村的公共效用和福利水平。教育式推广服务以人为导向，以人力资源开发为目标，注重培养农民在不同情况下应对和解决问题的能力。

目前，按照提供教育服务机构的不同，可以将教育分成以下3类：正式教育、非正式教育和自我教育。非正式教育又称成人教育或继续教育，农业推广一般属于非正式教育。教育式农业推广与一般推广工作具有一定差别。首先，从工作目标上来说，考虑到政府承担着对农村居民进行成人教育的责任，因此教育式农业推广的工作目标首先就是教育性的。其次，从教育形式和内容上说，教育式推广组织的推广计划是以成人教育的形式表现的，教育内容以知识性技术为主。最后，鉴于教育式农业推广工作与大学和科研机构的功能相似，都是要将专业研究成果与信息传播给社会大众以供其学习和使用。因而，教育式农业推广中的绝大部分知识是来自学校内的农业研究成果，而且教育式农业推广组织通常就是农业教育机构的一部分或是其附属单位。

（一）教育式农业推广的优点

教育式农业推广的本质在于通过组织农业推广活动达到开发农民人力资源的目的，其工作方法灵活多样。在农业推广过程中，人们可以将多种教育式方法与农业推广工作相结合，利用各类灵活的教育式手段，例如成人教育、大学推广、社区发展、乡农学校与乡村建设等，帮助农业推广工作顺利进行。教育式农业推广凭借长期以来的人力资源开发训练，能够使农民具备独立生存的技能，并将农民培养成拥有自主决策能力的经营主体，从而自发性地、根本地带动农业发展。也就是说，通过教育式农业推广开发农民人力资源的立意，是将农民视为一个独立完整的经营个体，培养农民的经营能力，创造其为自己谋利的最佳条件，从而能够长久而稳固地奠定农民生存和经营的基础。同时，在这个推广过程中，高校、科研机构与农村之间能够实现优势互补和成果共享，因此，教育式农业推广不仅使农民获益，而且对于推广过程中的各参与主体都有很大帮助。

（二）教育式农业推广的局限性

尽管教育式农业推广内涵丰富，对于农民、农业的高效和可持续发展有重要意义，但也有一定的局限性。

首先，改变过程漫长而艰辛。相比行政式农业推广的强制性和权威性力量、服务式推广的内在激励机制，教育式农业推广在短期内不易有立竿见影之效，而农民的生计问题却是紧急而迫切的，因此，怎样平衡好短期与长期的关系对于教育式农业推广来说是一个重大挑战。

其次，推广人员的能力素质和资源配置水平有待提高。教育式农业推广方式的实施离不开高素质的推广人员，然而实践中，推广人员的教学能力和资源配备水平参差不齐，不同目标群体的教育需求也存在较大差异，这都使得教育式农业推广工作在实施过程中困难重重。此外，我国的农业推广工作中对于高等农业院校不够重视，这在很大程度上是对高校的农业推广资源的浪费。而目前的大学推广组织体系建设也存在诸多问题，突出问题是农业推广责任主体不明确，机构设置混乱，多头管理和无人管理现象严重，许多院校将教学单位等同于推广单位，影响了推广工作的顺利开展。值得注意的是，美国大学的农业推广教育作为农业推广教育的典范，受到其他国家的争相模仿，但这些国家在仿效过程中往往遭到批评，成功的案例并不多见。对此，有学者提出，应用美国农业推广教育模式需要具备5项基本条件：完整而适用的技术；能有效地判别乡村地区和家庭的变迁差异；对于乡村生活和民众的真实信心和重视；足够的资讯资源；农业推广能影响研究方向和内容。这充分说明了美国农业推广教育制度的特色不仅在于集研究教学和推广于大学内部的有效运作，还在于在推广教育中密切关注社会环境的变化和需求，并将其作为确定其战略发展方向的依据。

最后，社会对教育式农业推广工作的功能期望越来越大。第一，从推广对象的范围来看，农业推广的对象范围在不断扩大。在日本和中国台湾省的农业推广教育中，都越来越把消费者纳入被推广的对象范围内，也就是说，将农业推广的对象从农民扩大到了所有消费者。第二，教育式农业推广的功能也扩大了，学者现在越来越倾向于认为教育式推广具有3大功能：教育性功能，培养农民经营农场和处理事务的能力；社会性功能，培养优秀公民，引导乡村居民参与公共事务和增进农民福利；经济性功能，降低生产成本，提高农业生产率，促进农业发展，提高农民收入。但从目前的情况来看，当前的教育式农业推广工作还难以胜任农民和消费者对其的要求。

二、行政式农业推广

行政式农业推广是指政府推广部门利用行政手段开展的农业推广，是政府运用行政和立法权威实施政策的活动。行政式农业推广工作是农业推广人员或农业行政人员依据法律法规和行政命令，让农户了解并实施有关农业资源使用和农产品价格保护措施，从而实现农业发展目标的过程。

从全球来看，农业推广功能与政府的农业施政有着密切的关系，尤其是对于发展中国家来说，农业发展是整个国民经济的基础，粮食是重要食物，农业部门内部就业较多，政府有足够的内在激励重视农业发展。而采用行政式农业推广能够有效规范农业生产行为，实现农业发展的各项目标，从而更好地进行宏观调控。因此，绝大多数国家的政府部门都在本国的农业推广活动中起主导作用，并对各级农业推广机构的活动进行直接干预。在20世纪90年代以前，绝大多数国家的农业推广经费和推广服务供给几乎完全是由政府推广机构承担，形成了以政府推广机构为主导的模式占多数的状况。其突出特点是，推广体系隶属政府农业部门，由农业部门下属的推广机构负责组织管理和实施相应级别的农业推广工作。

（一）行政式农业推广的优点

由于行政式农业推广大多由政府主导，因此其在资源利用、执行力度和宏观调控等方面具有其他方式无法比拟的优势，具体可以表现为以下几个方面：行政式农业推广的内容是经过严格的专家论证的，往往比较权威和可靠，并且自上而下的行政推广措施比较有力，能够有效保障推广内容的实施；政府拥有充足的推广资源和资金支持，能够运用政府力量干预农业生产活动，保证农业推广过程的连续性，例如，我国在基层大规模设置各级推广机构，可以将政府干预的触角延伸到几乎所有地区，这种高效的组织布局是其他私人组织和民办机构所难以做到的；行政式农业推广由政府制定规划，与国家总体的经济状况和宏观计划联系紧密，这在很大程度上有利于国家的宏观调控。事实上，很多时候基层农业推广人员和农民很难制订出有效的农业推广方案，而自上而下的行政式农业推广往往能够高效达到既定目标，行政式农业推广的强制性往往能减轻一些诸如自然灾害等不可抗力的影响，有效地达到推广目标，促进农业发展。

（二）行政式农业推广的局限性

行政式农业推广因其行政特点，一方而拥有其他推广方式无法比拟的优势，但另一方面也因为受工作方式、推广内容、资金条件等客观因素的限制，从而具有一定的局限性。

从工作方式上看，行政式农业推广是行政命令式的自上而下的推广模式，这种单向传递模式常常采用"输血式"推广方式，容易导致目标群体对政府推广部门的依赖性，削弱他们自身的潜力，不利于发挥目标群体的主观能动性和生产积极性，最终导致事倍功半。

从推广内容看，推广计划、项目决策等是由中央政府及相关行政部门自上而下制定和实施的，较少考虑不同地区的自然和社会经济条件差异以及目标群体的特定需要等问题，往往不能做到因时制宜、因地制宜，从而导致推广内容与农业发展需求脱节。此外，在行政式农业推广过程中，由于广大的农业技术采用者只能被动服从，因而推广过程中参与主体的积极性不够高，影响了整个推广工作的效率。

从资金条件看，行政式农业推广对资金的要求很高，面农业推广资金不足一直被放在农业推广问题的突出位置。各级政府对农业推广的经费投入相对较少，经费问题使我国的农业推广发展缓慢。农业推广资金不足直接导致了农业推广的不稳定性增加，比如，由于缺乏经费，农业推广，人员为维持生计，不能全身心地投入到农业推广工作，阻碍了农业推广工作的开展。自20世纪90年代以来，世界上农业推广改革的一个主流趋势是政府逐渐缩减对农业推广的投资。然而，许多发展中国家逐渐降低公共财政赤字的政策导致了对农业推广投资的限制，阻碍了有偿服务机制的引入。

随着我国市场机制的建立，农民对市场信息的需求更加强烈，这意味着政府将从生产资料投入品的供应市场营销以及农产品生产等经济活动中退出。目前，我国的农业推广体系正处于转轨阶段，面临诸多比较严重的问题，特别是基层农业推广体系在组织管理、人员结构、项目管理、推广方法、经费投入等方面的问题，这些都直接制约着农业科技成果的推广和转化。

三、服务式农业推广

服务式农业推广方式是应用最为广泛的一种推广方式，主要是推广人员为农户提供相应的农业技术、知识，信息以及生产资料服务，故也称为提供式农业推广。服务式推广背后的基本逻辑是，农业推广即农业咨询工作，推广的目的是协助和促使农民改变其行为方式以解决其面临的问题，推广方法是沟通和对话，与推广对象之间的关系是自愿、互相合作或伙伴关系，农业推广工作便是推广人员给农民或者农场提供咨询服务。推广服务包括收费推广服务和免费推广服务。服务式农业推广也可以粗略分为两种：一种是咨询式农业推广，另一种是契约式农业推广。

咨询式农业推广中，信息需求者主动向信息拥有者提出要求，农民就其农场或市场需要等方面存在的问题向专业机构申请咨询。信息供应者应具备非常丰富的信息、知识和实践技术。此类咨询工作不一定要收费，尤其是政府农业部门提供的技术服务很可能是免费的。收费服务则更多集中在农民或者农场的特定需求上，比如管理咨询、设施管理服务、专业技术服务等，需要这类服务的主体往往农业发展已经很成熟或者特定产业已经较为发达，这时，咨询式推广服务活动多由私人咨询公司或者非政府组织开展，政府或者农会组织与这些私人公司或者非政府组织签订合同，政府或者农会组织承担全部或者部分农业推广经费，推广活动的管理由政府相关部门负责。

契约式推广服务源于契约农业，通常表现为企业与农户签订订单，契约式农业推广的目的在于提高契约双方的经济收入，其过程主要为纯粹的生产输入与输出，按照契约规定，在多数情况下，由企业负责组织安排农产品生产，农民有义务接受企业的建议与技术操作规程，使用特定的品种和其他农资，并有权要求企业提供技术服务、产品处理和价格保障等。订单中规定的农产品收购数量、质量和最低保护价，使双方享有相应的权利、义务，并对双方都具有约束力。契约式推广服务使农民在生产过程中能够享受企业提供的技术或者商业服务，有利于保证农产品的产量或者质量，从而有利于双方经济利益的共同实现。契约式推广服务突出表现为产量或者质量的基本保障，因此，该推广服务可视为一种促进农民采用创新技术的策略工具。契约式推广服务在国际上较为普遍。许多公共部门的资金支持计划都意在培育一些私营部门或者独立服务提供者来提供农业咨询或商业服务。在我国的契约式农业推广实践中，农业合作组织和企业是最主要的角色。在有企业参与的契约式农业推广方式中，农户根据自身或所在的农村组织的条件同企业进行农产品或者农资方面的合作。企业根据契约为农户提供生产和市场流通方面的服务，工作主体以企业设置的农业推广机构为主，工作目标是增加企业的经济利益，服务对象是其产品的消费者或原料的提供者，主要侧重于专业化农场和农民，最终达到契约主体双赢的局面。农业合作组织在契约式农业推广中扮演重要角色。由于企业的趋利本性，目前，世界上很少看到纯粹以企业为主导的推广模式，而作为一种半商业性质的实体组织，农业合作组织既满足了农业推广的公共属性，又能使推广活动适应市场化的运作环境，农业合作组织能有效地组织农民学习科技、应用科技，提高规模化生产经营能力，增强市场竞争力和抗风险能力，成为市场机制下一种潜力巨大的农业技术推广中介机构，是一种适应契约式农业推广发展要求的民营组织。

1. 服务式农业推广的优点

（1）相比其他推广方式，服务式农业推广方式适应范围更广。无论推广服务主体的服务条件和能力如何，也不管目标群体的接受能力、需求强度或标准高低，只要对相应的服务项目进行有效管理，在一定程度上都能获得满意的推广效果即可。

（2）服务式农业推广的服务内容更加综合。不管是咨询式农业推广服务还是契约式农业推广服务，服务内容往往都比较综合。因此，服务式推广方式认为，要想提高农业生产率，仅有技术和信息扩散是不够的，还要将其制成资源和材料，通过市场流通提供给用户使用。这样，用户才能方便地获取综合性推广服务，从而获得立竿见影的增产效果。

（3）契约式农业推广有利于提高各经济主体的创新能力。契约式农业推广引进竞争机制，淡化行政干涉，因此在农业推广过程中各经济主体的创新能力均得到有效提高。同时，农业合作组织参与到农业推广过程中后。能打破现有的农业推广部门与政府挂钩的局面，通过资源重组，逐渐形成更具活力的独立农业推广企业。此外，契约式农业推广还能够有效缓解财政压力，改变直接拨款的财政分配体制。

2.服务式农业推广的局限性

（1）服务主体与服务对象之间可能存在利益冲突。尽管服务式推广尤其是契约式农业推广有助于向不同的农民团体提供范围更广的服务，但也可能产生服务主体与服务对象间的利益冲突问题。比如企业可能会为了宣传某种产品而向农民和农业组织提供虚假或夸大的信息，对此，农民和农民组织很难辨别。大部分企业也很少考虑他们的行为，比如诱导农民过度使用农药、化肥等可能对环境造成的负面影响。

（2）缺乏对目标群体需要与问题的关注。不论是咨询式服务还是契约式推广服务，均是以物为导向，强调生产资源、物质材料等对提高生产率的作用，但缺乏对目标群体需要与问题的关注。针对特定的用户，常常是先入为主地为其提供生产信息和资源材料，任其采用。

（3）实践中，契约产销也是相当具有争议性的。契约产销可能减少了农民面对的市场价格风险，但却增加了契约的风险与不确定性。在某些特定的情况下，契约产销有可能使农产品的买方借此增加操控市场的力量，例如，通过契约产销阻止其他买家进入市场或是趁机压低现货市场的价格。另外，农民教育水平普遍较低、缺乏有效监管（包括环境监管等）、农民与企业间的信息不对称等因素都会限制契约式农业推广的发展。

第三节　参与式农业推广

一、概念与内涵

（一）概念

参与式农业推广是指包括农业推广相关人员与农民在内的所有参与主体所进行的广泛的社会互动，能够实现在认知、态度、观念、信仰、能力等层面的互相影响，并通过有计划的动员、组织、协调、咨询等活动，实现农村自然、社会、人力资源开发等方面的系统管理的一种工作方式。参与式农业推广以农民需求为导向，同国家的宏观发展联系紧密。提倡将自下面上的推广途径和自上而下的推广途径相结合，在推广项目的选择、设计、实施以及检测评估中，农户都参与其中。参与式农业推广的原则包括：平等参与、团队工作、集体行动、重视乡土知识和人才、重视非技术因素以及关注社区异质性等。推广服务的理念是：以人为本，提倡赋权，以技术和组织创新为重点，注重人的能力建设。在参与式农业推广中，参与的各方，包括政府、农业创新机构、推广机构和农民是协同的。是积极的和主动的，农业推广人员与农民之间是一种平等的合作伙伴关系，因而整个推广过程是一项基于平等合作伙伴关系的互动式、参与式的发展活动。

（二）内涵

参与式农业推广中的"参与（participation）"这一概念是目标群体在发展过程中的知情权、表达权、决策权、收益权和监督权的集中表达，表示的是一整套把"参与"这一理念融入发展干预过程中的发展战略和方法体系，核心概念即为"赋权（empower）"，赋权不仅体现在赋予目标群体知情权、表达权、决策权、收益权和监督权等，更重要的是强调通过参与式推广的过程能够建立一套可操作的、规范的、可持续的制度规则，如参与式规划、参与式监测评估等，从而保证目标群体能够实质性拥有其本应拥有的发展权力和平等的发展机会。赋权的目标就嵌入在预置程序和方法等技术手段之中，只要发展干预过程能真正按照设定的程序和方法实现目标群体的参与，赋权的目标就一定能够实现。

参与式推广的核心是赋权，是指真正赋予参与者解决问题的决策能力和权利。真正地参与意味着参与者主动去行动，即社区群众共同讨论面对的困难或问题，发现解决问题的途径和方法，分享自己的生活、生产经验，并最终做出决策，共同承担风险。参与式推广过程的关键是能力建设，就是使目标群体的分析能力、决策能力、综合能力得到培养和发展，使开展的项目活动满足各种利益相关者的需求，从而能够得到广泛支持，最终使当地的传统知识、技能和经验得到充分利用。可以看出，参与式推广的赋权是对参与、决策、开展发展活动全过程的权利再分配，增进社区和居民在发展活动中的发言权和决策权。例如，政府和援助机构赋予社区权力，社区内部赋予弱势群体权力。

参与式推广在方式选择上也会结合农民实际情况，运用更加适宜的培训方式，并不断提高农民的参与能力，致力于将其培养成有文化、懂技术、会经营的新型农民。需要注意的是，农业技术推广"最后一公里"的重要主体—农民和基层推广人员，长期处于弱势地位，而参与式农业推广有利于保证他们充分表达自己的意愿和意见，充分参与到农业推广过程中。总之，在参与式推广中，从具体的自然、经济状况的分析到推广项目的选择、从推广方案的设计到实施计划的制订和监测，乃至最后推广项目效果的评估，都是参与各方平等参与，对话协商的结果。

二、基本特点

参与式农业推广方式与传统农业推广相比，在推广目标和内容、推广主体参与方式、推广过程以及监测评估等方面有较大的差异，其基本特点如下。

（一）推广内容丰富

在推广目标与内容方面，传统农业推广的核心目标和内容是进行生产技术指导，提高农产品产量进而提高农民收入，较少涉及其他领域。而参与式农业推广更强调赋权，在增加农民收入的同时，有更加丰富的内涵。参与式农业推广在提供生产技术指导的同时还注重与农业生产和生活有关的技术和信息，推广目标还包括追求农业的高水平可持续发展。

因此，参与式农业推广将农业推广工作的目标由单纯提高技术、产量和收入这些数量指标，向提高经济效益。社会效益和生态效益等综合效益转移，并强调促进农业生产的发展与农民生活的改善。推广内容所涉及的领域除农业生产外，还包括农民需要的其他诸如社会、市场、信贷、法律和文化等生产、生活领域，重视在农村社会市场经济发展的基础上对人力资源的开发，注重提高农民的综合素质，包括科学文化素质、思想道德水平以及生产生活观念等思想价值层面的转变。

（二）主体参与程度高

传统农业推广方式中的参与主体在输出与接受技术服务时只能机械地完成培训内容，且以政府行政命令为主导，农民参与度不高，基层推广人员常常吃力不讨好，因此，各参与主体均缺乏积极性，导致整体推广效果不佳。参与式农业推广则注重参与主体的有效参与，推动推广部门与推广对象之间的良性互动，进而有效地改善农业推广的效果。

参与式农业推广以农民的需要为基础，注重农业推广相关人员和农民的交流互动；强调各个参与主体全程参与推广的各个环节。当然，参与式农业推广并不否认政府的作用，而是为政府推广部门、农业相关创新机构和农民这些参与主体建设起一个以参与式发展为特征的共同参与平台。在这个平台上，相关科研机构、推广机构和社区农民代表都可以依据自身的特点来扮演不同的角色。参与式农业推广的讨论机制不再依靠政府的权力和命令，面是依赖各方平等参与的对话磋商机制，让利益相关方共同参与到推广项目中。参与式推广的科研人员不再是高高在上的专家，而是更加接地气的技术顾问。他们不仅仅关注实验室里诞生的某项技术和某个成果，还关注农业、农村、农民发展所面临的实际困难和发展需要，他们可以协助农民获取外部信息，帮助农民选择和实施相关推广项目，引导农民进行思考农业、农村的发展。

（三）重视推广过程

参与式推广彻底改变传统自上面下的工作方法，在工作理念和工作方式等方面完成从命令式向参与式的转变，推广工作主体逐渐形成"以人为本"的理念，成为参与式农业推广的宏观引导者，公共服务提供者和实施的保障者。在推广过程中，传统农业推广看重立竿见影的结果，如容易量化的生产率，产量等显性指标。而参与式农业推广不只看重结果，更加重视各主体参与推广的过程，包括推广项目的启动、规划、实施、监测及评估这些具体过程。各主体在全程参与的过程中能够相互交流和学习，积累宝贵的经验，最终实现农业推广目标，进而实现农村高效可持续发展的目标。

（四）监测评估方式新颖

参与式推广中的监测与评估过程实际上是一个参与式的学习和改进过程。这个过程的参与者不仅包括项目的管理人员，更包括项目的受益群体，即受益人成为项目的监测与评估者。在监测与评估项目产生的自然的、经济的和社会的变化中，注重所有相关群体的参与，尤其是当地人的参与。因此，参与式监测与评估是在"外来者"的协助下由受益人参与的监测与评估过程。监测与评估过程强调平等协商，尊重不同角色群体的认知，态度差异，以实现受益主体的最大意愿，达到受益成员共享项目成果以及项目成效可持续为目标。

三、基本程序

参与式农业推广的基本过程包括项目准备、问题提出、方案制定、试验示范、结果评价、方案反馈及成果扩散等阶段。每个阶段都具有特定的工作内容和活动预期，都是参与式农业推广理念的实践活动。

（一）项目准备

项目准备阶段包括建设核心团队、搜集资料和制订工作计划 3 个部分。核心团队建设是参与式推广工作的基础，建立分工合理，责权明确、氛围融洽的团队对项目的顺利进行有非常重要的作用。同时，团队还需要具有多学科、跨学科特征，这样才能在面对复杂问题时进行全面综合的考虑。例如，在运用参与式乡村评估法（PRA）时，需要就当地的社会经济基础，农业资源优势与劣势、农业经营现状与可能的发展方向等进行全面深入的调查评估，这就需要由农业行政部门、农业专家推广机构和农民代表等组成多方参与的核心团队。核心团队需要进行一定的专业训练和培训，培训内容包括项目背景、项目所在地背景、PRA 方法培训以及调查内容的讨论，包括访问提纲、索取资料提纲、调查问卷等。

在形成核心工作团队之后就要开始搜集资料，需要搜集的资料通常包括项目相关领域的已有研究、相关报告、新闻报道、历史档案、政策法规等。这样可以通过分析资料来了解已有研究进展，并明确接下来进展的大体方向，同时还能够更全面地把握项目实际操作中可能出现的各项问题。此外，为保证项目推广过程的顺利进行，明确的工作计划也必不可少，包括整个推广阶段的长期宏观计划和短期的实地工作计划。

此外，需要注意的是，参与式农业推广特别注重各个主体的共同参与。因此，为了更好地在实地开展工作，有必要进行社会动员。通过社会动员发动各个主体，使大家明确即将开展的项目与自己的关系和自己在项目开展过程中所扮演的角色，激发不同群体的参与热情。在社会动员阶段的任务目标包括取得相关利益群体的信任并建立合作伙伴关系、启动发展需求以及激发社区主动参与的积极性。具体实践中，可以尽可能多地创造信息交流的时间和相互来往的空间。比如，邀请具有专业知识的人做简洁的发言，以引发大家的讨论；或请有经验的会议主持人来主持会议，并鼓励各参与主体清楚地表达自己的目的并建立主体间的共识，也可以采用组织非正式的会议和小群体的会议等方式，具体来说，可以在农民家里聚会，一起讨论事务等。

（二）问题确认

在进行具体项目的选择之前，关键需要确认好要解决的核心问题。各个参与主体，如科研人员、推广人员及农民均可参与其中，集思广益，进行精准有效的问题分析。这一过程还需要分析所搜集的已有研究及政策法规，结合推广地区因地制宜，选择真正满足农业推广对象实际需要的科技成果或推广项目。

问题确认的具体过程包括：基本情况调查，问题识别、目标转化和目标分析、项目重点确定、深入问题分析、解决问题的突破口确定等内容。具体包括以下 3 个步骤。

1. 社区基本情况调查

在拟推广地区采用实地观察、二手资料搜集、知情人访谈等方法，从社会、经济、文化、发展等角度了解社区，为下面确认的问题提供分析的背景资料。

2. 问题识别

所谓的问题是指当事人现在状况与发展预期之间的差距，并用负面语言进行的描述。问题识别主要采用知情人访谈和小组访谈等方法开展参与性社区问题分析。具体步骤包括：问题征集；问题归类；问题树构建；问题筛选。在问题征集的过程中，对主持人的能力要求较高，既要善于引导，使发言者能够表达自我，又要能够有效地控制局面，使讨论有序进行，这就需要主持人具备较强的沟通技能、领导才干以及其他参与式方法需要应用的技能。否则可能会因为控制不好局面而使大家陷入问题的海洋难于自拔。需要注意的是，即使团队已经有明确的调研问题，也可以通过这个环节从不同利益群体视角重新进行问题确认和问题分析。

3. 目标转化和目标分析

一个问题是现在的某一点，而目标是某一问题得到解决后将来能够实现的状况。中间是项目要开展的活动，即项目手段。目标转化实际上是把问题树中对问题的负面描述转化为正面的目标描述。目标分析是指在现有资源条件下就实现目标的可能性而开展的分析。目标转化和分析的步骤是：所有的问题陈述转化为正面的目标陈述；按问题树的结构构建目标树；检验自下而上"手段 - 结果"的逻辑关系；目标筛选和优选。目标筛选是人为将项目难以控制的目标排除。优选是就筛选后的目标进行问题分析的过程。目标筛选和优选的目的是减少干扰因素，提高工作效率。为了提高社区人员的参与性，可以选择社区人熟悉的事务进行问题树和目标树的介绍。

4. 深入问题分析

深入问题分析是就项目开展的领域，从不同角度、不同学科和制度框架进行深入地因果分析过程。在问题分析过程中，应以平等的心态阐述自己的看法和理解，来实现对问题的深入理解和分析，这不仅为后面将要形成的项目目标体系建立一个问题框架基础，同时也为参与者提供了一个讨论他们所面临问题的机会。为了提高在问题识别阶段工作的效率，也可以将不同的要素如问题、现状、拟定的解决办法和问题的重要性排序等用一个逻辑框架进行分析，以加强不同要素之间的系统性、逻辑性。

（三）方案制订

在项目准备工作安排妥当并确认农业推广项目所要解决的问题后，核心团队可针对该问题分析问题产生的内外因和主次要矛盾，从各个层面征集解决问题的方案，然后比较各个方案所具备的优势、劣势、机遇与风险，提出备选推广项目及相应的推广方案，并广泛听取当地广大农民的意见，开展项目可行性论证。

在方案制定和选优的过程中，应从自然与社会基础、资源利用与潜力挖掘、项目的技术线路与关键技术、项目投资、经济效益、环境生态效益与社会效益等方面，进行系统综合、深入细致的分析，以保证推广项目具有技术上的先进性、关键技术的准确可靠性、推广实施过程的可操作性和项目与技术的当地适应性。以有利于乡村经济又好又快发展和可持续发展为原则，在尊重当地农民意愿的基础上，通过沟通与协调，按照综合权衡筛选出风险最低，最能有效利用政策、市场、科技成果及发挥自身潜力的有前途的方案。

（四）试验示范

为严格保障项目的可行性、可靠性和地方适应性，参与式农业推广的一般程序是先试验后推广。先进行小面积的实验，可以使项目进一步完善和优化，并让当地农民了解和掌握项目的相关技术、实施过程与实施要领，所以，它兼具试验和示范的双重性质。

在参与式农业推广的过程中，会在不同层次上应用科学的试验示范方法以及实施推广方案。因此，在实施过程中，农民与推广人员需要积极与科研人员沟通，不断优化实施方案，直至达到最佳的科技成果效能与示范效果。在试验示范阶段，各参与主体需要进行群体之间的信息交流和活动计划调整，以保证项目的顺利进行。

（五）结果评价

在农业推广不同阶段，针对试验示范过程中出现的不同问题，科研人员、农业推广工作者和推广对象一起对项目执行结果作合理有效的评估，而不再是传统的评估者与参与者严重分离，评估程序复杂漫长，评估结果滞后的评价方式。农业推广工作者一定程度上的自我评估和即时分享。通过赋权当地农民，激发农民的创造性行动，这样可以多方位地就产生的问题展开积极的沟通，找到解决问题的有效途径，从而进一步优化实施方案。

（六）信息反馈与成果扩散

项目完成以后，科研人员、农业推广工作者和推广对象对项目进行全面的评估，总结经验与不足，形成书面资料，为后期的项目执行提供可靠的参考依据。同时，把科技成果的实施效果、推广中发现的问题等及时有效地反馈给成果研发部门，帮助他们进一步优化科技成果，并将成功的经验和科技成果扩散出去，形成良性循环。

从以上参与式推广的操作过程中可以发现，参与式农业推广所要解决的核心问题是由农村社区自己定义、分析和解决的，推广项目的受益者则是参与成员本身，由此，各参与者都能积极参加项目的全过程。当然，我们所说的参与者包含那些没有权势的群体，那些受压迫的、贫穷的和边缘的群体。参与的过程可从首先利用并扩大自己的资源，过渡到为最终独立发展提供条件。研究人员在研究过程中应该以参与者、协调者和学习者的姿态出现，而非高高在上的专家学者。把社区看成一个有共同特征的整体，在社区内进行能力和资源的建设，让社区成员参与整个研究过程，为了大家的共同利益，将知识传播和行动结合起来，同时促进公平性，促进共同学习和赋权，这是一个循环往复的过程，最终把知识和结果传达给所有参与者。

四、决策方法

（一）访谈法

采用参与式方法进行工作时，参与式农业推广的主体首先应该熟悉社区，尤其要学会从农民的视角理解社区和社区的问题，以提高工作的目的性和有效性。因此，访谈法是农村发展工作者熟悉社区情况的一种至关重要的方法。

根据访谈时控制程度的不同，可分为结构访谈、非结构访谈和半结构访谈。在参与式农业推广实践中，半结构访谈最为常用。该方法根据项目任务和工作重点设计访谈的框架，根据访谈过程中获取的有价值的信息进行问题探究，因此，对访谈对象的条件、所要询问的问题等只有一个粗略的基本要求。至于提问的方式和顺序、访谈对象回答的方式、访谈记录的方式和访谈的时间地点等没有具体的要求，由访谈者根据访谈时的实际情况灵活处理。半结构访谈方法能够激励访者和被访谈者间的双向交流，创造和谐的访谈气氛，实现信息的获取与再创造。主要步骤是：设计一个包括讨论主题和主要内容的访谈框架；确定样本规模和抽样方法；熟悉访谈技巧，提高引导、判断、归纳总结等技能；实地访谈；分析访谈信息；共同讨论访谈结果。需要注意的是，半结构访谈需要双方在平和气氛中进行交流，并注意收集访谈中出现的许多事先没有预料到的额外信息，在访谈过程中只记录访谈要点，访谈结束后应及时整理访谈记录。此外，还需要注意对个人信息的保密。

（二）管理分析法

参与式农业推广会涉及 SWOT 分析、问题树、目标分析等管理分析方法，其中，SWOT 分析方法较为常用，S（ strengths ）、W（ weaknesses ）是内部因素，O（ opportunities ）、T（ threats ）是外部因素。既要分析内部因素，也需要分析外部因素。通过罗列 S、W、O、T 的各种事实作为判断依据，在罗列作为判断依据的事实时，要尽量真实、客观、精确，并提供一定的定量数据弥补 SWOT 定性分析的不足，以构造高层定性分析的基础，这就需要各参与主体掌握一定技能，防止因为主观因素而影响最终的判断。

问题树的具体操作如下：先将一个要分析的问题写在一张小纸片上并将其贴在一张大纸上方的中央；分析导致这个问题的一些直接原因，并将这些原因分别写在小纸片上，贴在大纸上问题的下方；用彩笔将每个原因与问题相连；将每个原因作为"问题"对待，再逐个分析出导致每个"问题"的主要原因，将它们写在小纸片上，贴在大纸上该"问题"的下面，用彩笔将它们与相应的"问题"相连；如此往复，进一步分析出每个原因下面的原因，将它们写在小纸片上，贴在相应的原因下面，用线条连接起来，直至最后分析出最根本的原因。参与式农业推广中涉及的管理分析方法不仅有助于解决具体推广项目问题，而且能够让基层人员和农民养成科学思考的良好习惯。

应用目标分析法要求参与者首先应在协调人的引导下将问题分析环节中的所有负面问

题陈述转化为正面的目标陈述；其次，按问题树的结构构建目标树，将其中的核心问题转变为核心目标，核心目标下面为目标实现的手段，核心目标上面为目标实现后产生的结果；最后，自下而上检验"手段 - 结果"的逻辑关系。

（三）排序择优法

在参与式农业推广过程中，由于参与主体较为多样化，因而往往涉及问题、方案和技术优先的选择问题，排序择优法有助于具体方案的选择和项目的有效进展，排序方法的运用能够更形象直观地反映出不同组别的人对某一事物的看法。充分体现群众的参与性，特别是在村民教育水平很低的地方，用当地能够理解的符号方式表达出矩阵排序，既能激发村民的感性认识，又能实现调查的目的。

排序方法对半结构式访谈是一个极好的补充。排序方法可分为简单排序和矩阵排序，简单排序是指对单列问题的排序，而不包含不同指标。矩阵排序通过把某一主题下的相关方面的事实，采用矩阵图的方法摆出来，可以揭示其内在的相关性及规律性，从而引发人们的参与、讨论、反思和批判。与简单排序不同，矩阵排序必须加入进行判断的指标，且要通过横向和纵向的综合比较才能得到最后的排序。例如，发展问题和发展优势排序，与项目相关的积极影响和消极影响排序，影响贫困程度与富裕程度的问题排序等。

（四）宣传法

为了更好地展示参与式推广的过程及成果，有效的宣传方法必不可少。如展板、墙报幻灯片等。宣传的具体方法可以多种多样，就地取材，关键是让各主体能够切实参与进来。典型的应用如社区参与式绘图，即 PRA（参与式农村评估）小组成员与社区村民一起把社区的概貌、土地类型、基础设施、教育资源、居民区分布等直观地反映在平面图上，这一过程既让核心团队对推广地有了更加深刻的了解，也让村民对自身状况有一个宏观认识。

（五）图示法

图示类工具也是参与式方法中最为常见的工具之一。它以直观的形式将社会、经济、地理、资源等状况以图表、模型的形式表现出来，能够很好地吸引参与者的注意力，进而引导参与者积极参加讨论。图示类工具主要包括社区图、剖面图、季节历和活动图等。

社区图是一种反映社区内不同事物分布状况的参与性工具。如社区内人口、居民户、商店、诊所、学校、水源、田地、娱乐场所等的分布。绘制社区图之前需确保制图场地空闲，可以使用，并想好要画的图形:河、桥、房子、男孩、女孩、山、路等，最后进行参与式绘图。制作社区图，有助于了解目标人群在社区的生存状态，从而为制订社区传播策略提供依据。

剖面图由参与式推广团队与村民一起把项目推广地区的概貌、土地类型、基础设施，教育资源、居民区分布等直观地反映在平面图上，是通过参与者对社区内一定空间立体剖面的实地勘查而绘制的，包括社区内生物资源的分布状况、土壤类型、土地的利用状况及存在问题的平面图，从而为探讨和开发其潜力提供相应的依据。具体步骤包括：组成实地踏查小组。由社区内和社区外的参与者组成小组（3~5 人）；选择勘查路线。要求勘查路线具有一定的代表性和问题的说明性；实地勘查。沿选好的勘查路线前进，边走边观察边记录，并进行必要的讨论；绘制剖面图。勘查结束后，要及时进行剖面图的绘制，以防信息遗失；剖面图的修改完善。将剖面图展示给其他村民，以征求他（她）们对剖面图的建议和意见，由此对剖面图做必要的补充和完善。

季节历常用来分析男性和女性劳动力在从事特定农事活动时的季节分布。在实际操作中，尽量体现不同性别在不同活动中的分工及数量投入的差异，可用多种方式表示各月男女农民相对的劳动量，参与者回顾，确认完成后的季节历应注明制作时间和地点。活动图就是将一个人一天中的活动内容、活动范围等连接起来形成的图。

（六）会议法

参与式农业推广经常会涉及不同想法的碰撞，这就需要以会议的形式进行磋商。与传统的政府会议不同，这里涉及的会议主要是村民大会和小组会议。基于参与式农业推广的共有平台性质，会议需要集思广益，这就要求各主体在会议中能简洁明了地表达其意见与建议，但须注意会议的有效性，防止出现文山会海影响项目进度。

第四章　农业推广服务

第一节　农业技术推广服务

一、农业技术推广服务的含义与内容

（一）农业技术推广服务的基本概念

根据 2012 年修订的《中华人民共和国农业技术推广法》,农业技术是指应用于种植业、林业、畜牧业、渔业的科研成果和实用技术。包括:良种繁育、栽培、肥料施用和养殖技术;植物病虫害、动物疫病和其他有害生物防治技术;农产品收获、加工、包装、贮藏、运输技术;农业投入品安全使用、农产品质量安全技术;农田水利、农村供排水、土壤改良与水土保持技术;农业机械化、农用航空、农业气象和农业信息技术;农业防灾减灾、农业资源与农业生态安全和农村能源开发利用技术;其他农业技术。农业技术推广是指通过试验示范、培训、指导以及咨询服务等,把农业技术普及应用于农业产前、产中、产后全过程的一种活动。

因此,可以说,农业技术推广服务是指农业技术推广机构与人员向农业生产者提供农业技术产品,传播与技术产品相关的知识、信息以及提供农业技术服务的过程,主要包含农业技术产品提供和农业技术服务提供两个方面。

（二）农业技术推广服务内容

1. 服务技术分类

从农业技术的性质和推广应用的角度进行分类,农业技术可分为 3 种类型。第 1 种类型是物化技术成果。这类技术成果具有一个明显的特点,即它们已经物化为技术产品,并已成为商品。这类技术成果包括优良品种、化肥、农（兽）药、植物生长调节素、薄膜、农业机械、饲料等。

第 2 种类型是一般操作技术。它是为农业生产和农业经营提供操作方法、工艺流程、相关信息等,以提高劳动者的认识水平和操作能力。主要通过培训、典型示范和发布信息进行推广,具有较为典型的公共产品属性。这类技术包括栽培技术、养殖技术、病虫害预

报预测及防治技术、施肥与土壤改良技术、育秧（苗）技术、畜禽防病（疫）治病技术等。第3种类型是软技术成果。它主要指为政府决策部门、企业（或农户）提供决策咨询等方面的服务。它不同于一般的管理理论和管理技术，具有较强的针对性。软技术成果主要有两个特点：一是服务对象的广泛性，既可为宏观决策服务，又可为微观决策服务；二是经济效益度量比较困难。如农业技术政策、农产品标准、农业发展规划、农户生产技术选择和生产决策、信息及网络技术等，很难测算其具体的经济效益。

2. 服务阶段与相应的服务内容

（1）产前。农业生产前期是农民进行生产规划，生产布局。农用物质和技术的准备阶段。在此阶段农民需要相关农产品和农用物资的种类信息、市场销售信息、价格信息和相关政策法规等。由此，农业技术推广部门可以为农民生产、加工、调运和销售优质合格的种子、种苗、化肥、农药、农膜、农机具、农用设施等农用物资，也可以从事土地承包、技术承包、产销承包、生产规划与布局的服务合同签订工作和农产品销售市场的建设工作，从而使农业生产有规划、有布局、有条件、有物质、有技术、有信息、有市场等。

（2）产中。农业生产中期是农民在土地或设施内利用农用物资进行农业产品再生产的具体过程。农业推广部门要继续提供生产中所急需的农用物资的配套服务，要保证农用生产物资的供给和全过程的技术保障，实现农业生产的有序化、高效化。同时，积极开展劳务承包，技术承包等有偿服务活动，从中获得经济效益，并继续联系和考察农产品销售市场，制定营销策略，积极扩大销路。

（3）产后。农业生产结束是农民收获贮藏和销售农产品的过程，此时农民最关心其产品的去向问题，因此，农业推广部门应开展经营服务。要保证农产品产销合同的兑现，要积极组织农民对农产品进行粗加工，为农民提供收购、贮运和销售服务并帮助农民进行生产分析、再生产筹划。此时开展这样的推广服务，正是帮助农民、联络农民感情、增强信任度和提高服务能力的好时机，可以为进一步开展技术推广服务奠定良好的基础。

二、农业技术推广服务的对象与组织

（一）农业技术推广服务对象

我国当前农业从业劳动力大致可以分为3类：传统农民，新型农民和农民工。其中，传统农民受教育程度普遍较低，对于新技术的接受能力较差，而农民工常年在外打工，对于农业生产热情不高。当前国家大力倡导培育新型农业经营主体，发展现代农业。目前新型农业经营主体主要有五大类：自我经营的家庭农业；合作经营的农民合作社；雇工经营的公司农业；农业产业化联合体和新型农民。新型农业经营主体中的农业从业者大多专门从事农业生产，愿意学习新知识，对于新技术的需求比较旺盛，因此，农业技术推广服务的重点对象应该是这部分新型农业经营主体。

（二）农业技术推广服务组织

我国现行的农业技术推广服务组织基本上由以下 3 部分组成。

1. 政府主导型农业科技推广组织

政府主导型农业技术推广体系分国家、省、市、县、乡（镇)5 级。县、乡两级的农业技术推广部门是推广体系的主体，是直接面向农民，为农民服务的。在一些地方，县、乡农业管理部门和农业技术推广部门联系密切，有的就是同一机构。

政府依据区域主导产业发展和生产技术需求，以政府"五级农业科技推广网"为主，以上级部门下达的项目任务为支撑，开展新技术、新成果、新产品的示范推广。政府主导型农业科技成果转移模式一般有 3 种："政府＋农业科技推广机构十农户"；"政府＋科教单位＋农户"；"政府＋企业＋农户"的模式。其经费主要来源于国家财政事业拨款，其次为科级单位自筹、有偿服务、企业资助和社会捐款等多种渠道。在管理上，政府负责宏观指导和管理，制定管理办法，出台相应的引导与激励政策，制订推广计划和中长期发展规划，确定总体目标、主要任务和工作重点。这种管理模式与运行机制较为完善，便于政府宏观管理和统一协调。但是，这种模式对政府的依赖性很强，不能很好地吸纳社会力量，与市场经济的衔接不够紧密。

2. 民营型农业科技推广组织

民营型农业科技推广组织可分为 2 种：一种是以农民专业合作经济组织为基础的农业科技推广组织，这种组织以增加成员收入为目的，在技术、资金、信息、生产资料购买产品加工销售、储藏、运输等环节，实行自我管理、自我服务、自我发展。目前，大多数农业合作经济组织不是由农民自发创建起来的，而是依靠诸如政府、科技机构、农产品供销部门等外部力量发展起来的。另一种是经营型推广组织，此类组织主要指一些龙头企业和科研、教学、推广单位等的开发机构所附属的推广组织。这种独立的经济实体一般具有形式多样、专业化程度高、运转灵活快捷、工作效率高、适应农户特殊要求等特点，主要从事那些营利性大、竞争性强的推广项目。

经营型推广组织是市场经济条件下的产物，是推广活动私有化和商业化的产物。

3. 私人农业科技推广组织

私人农业科技推广组织主要指以个人为基础的推广队伍。这种农业技术推广服务组织更多存在于发达国家，我国相对来说较少。

三、农业技术推广服务方式

农业技术推广方式是指农业推广机构与人员同推广对象进行沟通，将科技成果应用于生产实践从而转化为现实生产力的具体做法。各国由于其历史、文化、社会、经济体制和行政管理体制不同，形成了不同的农业推广指导思想和组织形式。随着我国的市场经济体制改革，农业推广工作也从由各级政府的技术推广机构主导，转向以政府为主导、政府专业技术推广机构、高等院校和农业科研单位、涉农企业、农业专业合作技术组织等多种主体共同参与的形式，农业技术推广工作也衍生出以多种不同单位为主体的推广模式，而其推广服务的方式也愈发多样。

（一）咨询服务

咨询服务是指在农民生产过程中为其提供各种技术，信息、经营、销售等方面的相关建议，帮助农民提高生产技术，发展自我能力，拓宽信息渠道的服务过程。在经济全球化进程加快和科学技术迅猛发展的形势下，农业和农村经济进入了新的发展阶段，农业推广的内容也发生了很大变化。由于农业生产具有时间长、分散程度高、从业人员受教育水平低等特点，信息获取具有一定的滞后性，农业经营方式难以跟上市场变化。作为推广对象的农民不仅需要产中的技术服务，更需要产前的市场信息服务和生产资料供应及产后的产品销售等信息和经营服务，这样就要求农业推广人员需要在生产的各个环节为其提供咨询服务，使一大批新技术能及时广泛地应用于生产，拓宽农民的信息渠道，扩大农民信息采集和发布面，促进农产品流通。

（二）经营服务

农业经营性服务是服务与经营的结合。从事经营服务的推广机构和推广人员，一方面，在购进农用生产物资并销售给农民的过程中扮演了销售中间商的角色，既是买方又是卖方；在帮助农民推销农产品的同时，又扮演了中介人的角色。另一方面，在兴办农用生产物资和农产品的生产、加工、运输、贮藏等实体企业中，则按照企业化的运行机制进行。因此，农业推广经营服务可以表述为：农业推广人员为满足农民需要，所进行的物资、产品、技术、信息等各个方面的交易和营销活动，是一种运用经济手段来进行推广的方式。

（三）开发服务

开发服务是指运用科学研究或实际经验获得的知识，针对实际情况，形成新产品新装置、新工艺、新技术、新方法、新系统和服务，并将其应用于农业生产实践以及对现有产品、材料、技术、工艺等进行实质性改进而开展的系统性活动。这种方式通常是农业科研或推广部门与生产单位或成果运用单位在自愿互利、平等协商的原则基础上，选择一个或多个项目作为联营和开发对象，建立科研 - 生产或技术生产的紧密型半紧密型或松散型联合体。它以生产经营为基点，然后进行延长和拓展，逐步形成产前、产中、产后的系列化配套技术体系。从单纯出售初级农产品转向农副产品的深度加工开发，从而提高农业经济的整体效益。这种方式既可以充分发挥科研与推广部门的技术优势，又可以充分利用生产单位的设备、产地、劳力、资金、原材料等方面的生产经营优势，使双方取长补短、互惠互利。同时，它可以使一项科技成果直接产生经济效益，缩短科技成果的推广路径。

（四）信息服务

农业推广信息服务是指以信息技术服务形式向农业推广对象提供和传播信息的各种活

动。农业推广信息服务的内容、方式和方法与过去相比均发生了很大的变化。农业推广信息服务由提供简单的信息服务，向提供深加工、专业化、系统化。网络化的农业信息咨询服务发展。现阶段，我国急需提高农业信息技术，加大信息网络建设，整合网络资源，丰富网上信息，实施网络进村入户工程，为农民朋友提供全方位服务，用信息化带动农业的现代化。

（五）科技下乡与科技特派员

科技下乡是把科学技术成果传递到农村，包括科学育种、科学管理、科学防灾等，以节省财力、物力、人力等来提高产品产量和质量，做到为农民服务。同时，科技下乡是新农村建设的一个重要环节，因此，也有利于为新农村建设提供坚实的基础。

2016年，国务院办公厅发布的《关于深入推行科技特派员制度的若干意见》要求，壮大科技特派员队伍，完善科技特派员制度，培育新型农业经营和服务主体，健全农业社会化科技服务体系。科技特派员是指经地方和政府按照一定程序选派，围绕解决"三农"问题和农民看病难问题，按照市场需求和农民实际需要，从事科技成果转化、优势特色产业开发、农业科技园区和产业化基地建设以及医疗卫生服务的专业技术人员。截至2016年，我国的科技特派员已达72.9万余人。

第二节　农业推广经营服务

一、农业推广经营服务的含义与内容

农业推广服务按其性质可分为公益性服务和经营性服务两个方面。根据《中华人民共和国农业技术推广法》，农业推广应当遵循"公益性推广与经营性推广分类管理"的原则。广义上讲，农业推广经营服务是指农业推广人员或农业推广组织按照市场运营机制，以获取利润为主要目的，为用户提供农资农产品生产环节、流通环节以及用户生活等各方面服务的一种农业推广方式，是相对于公益性农业推广的经营性农业推广组织主要采用的推广方式。狭义上讲农业推广经营服务是指农业推广人员为满足农民需要，所进行的物质、技术、信息、产品等各方面的交易和营销活动，是一种运用经济手段进行农业推广的方式。农业推广经营服务可以促进农资流通体制和农业生产资料经营方式的转变，增强推广单位的实力和活力，实现公益性推广机构和经营性推广机构的分设和合理运行，提高农业科技入户率，实现新成果的交换价值，促进技术推广效果和物质资金投入效益双重提高。

农业推广经营服务的范围虽然十分广泛，但在我国实践中主要还是围绕农业生产的产前、产中和产后3个环节来开展的。产前经营服务主要提供农业生产所必需的各种农业生产资料，如新品种、新农机、新种苗、新农药等；产中主要进行有偿或与生产资料经营相

配套的无偿技术服务，如进行新型技术承包或新产品使用技术指导；产后主要进行产品的贮运、销售、加工等。目前农业推广经营服务的产前和产中活动十分广泛，产中服务常常是产前和产后服务的衔接阶段，可以单独收费，也可以作为产前经营服务的附加服务，继而免费（如对购买新农资的用户免费提供农资使用及其他田间管理技术指导）。

二、传统农业推广经营服务模式

我国传统的农业推广经营服务主要有技物结合和农资农产品连锁经营两种类型。

1. 技物结合

技物结合型农业推广经营服务是在实行家庭联产承包责任制后，农民成为自主经营、独立核算、自负盈亏的生产者和经营者，他们在产前、产后的许多环节上，由于信息不灵、科学知识不足、生产资料不配套，产供销脱节，影响了生产力的发展和经济收入的增加，农业推广部门为解决以上问题而开展的一项农业技术推广与物资供应相结合的综合配套的农业推广经营服务模式。这种推广经营服务是从乡镇农业推广站开始，主要由基层农业推广部门开展的以经营新种子、新农药、新肥料、新农机、农膜、苗木等为主"既开方，又卖药"的活动。

农业推广部门开展技物结合配套综合经营服务，最大的好处就是增强了服务功能，加速农业新技术、新产品推广，壮大自身的经济实力，促进农技推广事业的发展，此外，农业推广单位开展技物结合经营服务可用物化技术为手段，加大农业技术推广力度，不仅立足推广搞经营，还通过搞好经营促推广，使农业推广在农业生产中的作用越来越大。技物结合型主要有以下4种类型。

（1）技术与物资结合式。这种方式通俗地讲就是"既开方，又卖药"，将农业推广和经营服务有机结合在一起，通过这种结合方式，在微利销售种子、农药、化肥、农机具等的同时给予耐心细致的咨询服务，将使用说明、技术要点和注意事项一同讲授，并随之发放生产材料的详细说明书或者"明白纸"，这样口头讲解和书面讲解双管齐下，便于农民学习，更容易得到农民的认可，实现技术的有效传播。此外，根据农民的生产项目，有针对性地帮助他们制订生产计划，提供技术服务，并将其所需的农业生产材料配备齐全，使农民获得实惠。

（2）产业化链条式。一些经济较发达的地区或名、优、特、稀、新产品的产地，在产品服务中，需要贮藏、运输、加工、资金、管理等方面的服务，为满足此需要，农业推广部门为推广对象提供产、供、销一体化服务。

（3）生产性经济实体。是指创办直接为农业服务的农场、工厂或公司，主要包括农副产品加工类、农用生产资料的生产类工厂（如各种化肥、农药、农机修配等工厂）。此外，还有其他非直接服务于农业的各种工厂或公司，以赚取利润支持农业推广事业，间接服务于农业。

（4）技劳结合型。是指一些农户自愿联合起来，组建各种农业服务队，既负责技术，又负责劳务。如植保服务人员，负责整个病虫害防治过程，包括病虫害测报、农药的供应和配制、喷洒农药等全过程，根据防治效果和面积获取技术服务费。

2. 农资与农产品连锁经营

针对我国农产品消费从数量型向质量型的转变，2003年农业农村部颁发了《关于发展农产品和农资连锁经营的意见》。农资与农产品连锁经营是我国农业推广经营服务组织建立的经营实体中的一种服务模式。连锁经营是指在总部企业的统一领导下，若干个经营同类产品或服务的企业按照统一的经营模式，进行采购、配送、分销等的经营组织方式。其基本规范和内在要求是统一采购、统一配送、统一标识，统一经营方针、统一服务规范和统一销售价格。农资、农产品连锁方式不但能使用户很方便地购买质优价廉的产品，而且也将大大减少假冒伪劣产品坑农事件。连锁经营通过总部与分店之间清晰的产权关系，形成了良好的市场分割、利益分享机制，将农资、农产品经营机构之间的竞争关系转化为合作共赢关系，促进各个机构之间利益联合，进而有利于规范市场秩序，形成良性竞争的市场环境。

连锁经营从连锁方式看，连锁经营一般分为正规（直营）连锁、特许（加盟）连锁和自由连锁3种形式。直营连锁是所有门店受总部的直接领导，资金也来自总部。这种模式能够实现更好的管理，但因为受总部的资金管理限制，有时失去其发展动力。

特许加盟是指总部根据合约关系对所有加盟店进行全面指导，门店按照总部要求协同运作，从而获得理想的效益。这种加盟方式要求总部必须拥有完整有效的管理体系，才能对加盟门店产生吸引力。

自由连锁即一些已经存在或发展成熟的企业或组织为了发展需要自愿加入连锁体系，商品所有权属于加盟店自己所有，但运作技术及品牌归总部持有。这种体系一方面需要各店为整体目标努力；另一方面要兼顾保持加盟店自主性运作，因此必须加强两者的沟通。

连锁经营从经营模式看主要有4种。一是"龙头企业＋基层供销社＋区域农资营销协会"模式，如甘肃省武威市凉州区以鑫富农农业生产资料有限公司为龙头，以基层供销社农资配送中心和区域性农资营销协会为骨干的全区农资连锁配送经营体系。二是"龙头企业＋农资超市＋基层农资点"的农资连锁经营模式，如江苏省靖江市以供销合作社系统为中心的农资一体化连锁经营网络。三是"龙头企业＋配送中心＋直营店＋加盟店"模式，如江西省宜丰县的农资连锁经营。四是"县级配送中心十乡级配送站＋直营店十连锁加盟店"的经营体系，如广西壮族自治区兴业县的农资连锁经营。近年来，我国农资农产品连锁经营从数量扩张向质量提升转型。

三、农业推广经营服务模式的创新

（一）农资农产品的绿色营销模式

绿色营销，即农资农产品生产者在经营农资农产品活动中使生态环境、消费者利益以及自身利益协调统一，使人类社会最终实现可持续发展的营销活动。绿色营销强调生产者在追求自身利益的同时，不能忽视消费者利益和生态效益，应该将三者有效结合在一起。

农资农产品绿色营销包括诸多内容，如倡导绿色消费理念，使人们形成绿色消费意识，营造良好的生态环境。减少自然资源的浪费，控制环境污染，维持人与自然环境的协调关系、生产绿色产品、保护消费者利益。除此之外，实行绿色营销策略的企业要在保护生态环境的前提下创新升级自己的产品，采取相应的定价策略和促销策略，减少环境破坏，节约资源，真正实现经济与自然环境之间的协调发展。

实施农产品绿色营销模式，必须坚持维持生态平衡原则和环境保护原则。将产品、价格以及营销策略等多种因素自由组合。包括开展绿色产品生产、建立绿色产品制度、设计绿色产品包装、打造绿色产品品牌、实行农产品绿色价格、进行农产品绿色促销、采用农产品绿色营销渠道，进而优化农产品结构，提升农产品经营效益。

（二）智慧农业经营模式

随着农村互联网的应用普及，一些政府部门搭建信息服务平台，定期举办产品交流会，让消费者和生产者直接进行对接，使生产者能够通过网络寻找客户、了解农产品的信息、实施网上交易。同时，政府部门加强指导和监督，制定相关的政策和措施，建立农产品质量标准体系，保证农产品能够顺利进行交易，形成了农业推广经营服务的新模式。

"智慧农业"就是充分应用现代信息技术、计算机与网络技术、物联网技术、音视频技术、3S 技术，无线通信技术及专家智慧与知识，实现农业可视化远程诊断、远程控制、问题预警等智能管理。智慧农业经营就是用先进管理办法来组织现代农业的经营，把农业生产、加工、销售环节连接起来，把分散经营的农户联合起来，有效地提高农业生产的组织化程度。把农业标准和农产品质量标准全面引入农业生产加工、流通的全过程，增强农业的市场竞争力。智慧农业在农业推广经营服务中的应用主要包括以下几种模式。

1. 农管家互联网服务平台

农管家是服务于专业大户、家庭农场、农民合作社等新型农业经营主体的现代农业生产 APP（安装在智能手机上的客户端软件），致力于用互联网整合农业供应链，打通上下游及周边服务，提升新型农业生产经营主体的经营理念和效益，帮助其快速发展的一种"互联网＋社群"服务平台。

农技 APP 平台通过设置权威专家、农艺师、一线专家的 3 层专家体系，将最先进、最实用的农技课程进行层层传递。农户可在平台上自由创建讨论群组，建立自己的交流圈子。并可通过手机上传图片，描述作物生长情况和病情，几分钟后便得到平台专家的解答，尤其通过农管家互联网服务平台，搭建农产品收购商和新型农业经营主体的桥梁，提供农业金融、农资团购等服务，逐渐形成以农技服务为切入口，以综合性农业生产服务为目标的移动互联网平台，让农产品高效地流通起来。

2. 农资农产品电子商务模式

农资农产品电子商务是指在互联网开放的网络环境下，买卖双方不谋面而进行的农资农产品商贸活动，实现消费者网上购物、商户间网上交易，在线付款或货到付款、线下配送的一种新型农资农产品商业运营模式。目前农资农产品电子商务平台很多，例如淘宝、阿里巴巴、三农网、中国农产品网、中国惠农网、中国蔬菜网、中国果品网、农业网、农批网、金农网、绿果网和农宝网等。

（1）农产品电商模式的类别。《我国农产品电商模式创新研究报告》对现阶段我国农产品电商交易模式进行了分类。从平台的角度看，农产品电商模式主要有政府农产品网站、农产品期货市场网络交易平台、大宗商品电子交易平台、专业性农产品批发交易网站和农产品零售网站5种（高启杰，2016）。

从农产品流通渠道，尤其生鲜农产品流通渠道看，电商模式主要有C2B/C2F模式（消费者定制/订单农业，consumer to business/customer to factory）、B2C模式（商家到消费者，bus-iness to consumer）、B2B模式（商家到商家，business to business）、F2C模式（农场直供，farmto consumer）、O2O（online to ffline）模式、CSA模式（社区支持农业，community supportedagriculture）、FIB模式（农户-中介组织农业企业）、FMC（农户农贸市场消费者）模式、O2C模式（政府通过涉农网站为农产品企业提供信息服务，governmenttocitizen）等。从采用的网络工具看，电商采用模式主要有自建电商平台、借助公共平台、委托电商平台代办，合作共建平台和"三微"（微博、微信、微店）5种。

结合各地农产品电商发展的具体情况，可总结出种类繁多、各具地方特色的农产品电商模式。目前主要有以"生产方+网络服务商+网络分销商（或协会+网商）"为特色的浙江丽水市遂昌模式，以"农户+网络+公司（或加工厂+农民网商）"为特色的江苏徐州市沙集模式，以专业市场+电子商务的河北邢台清河模式，以"农户+网商"为特色的甘肃陇南成县模式等。

（2）农资电商模式的类别。多年来，农资产品的客户主要有农资加盟连锁店、专业大户和专业合作社，农资产品的获得主要通过代销或直销渠道。随着信息化、城镇化和现代化的发展，农资的网络营销开始有了较大发展。现有的农资电商模式主要是B2B（企业与企业之间的电子商务，business to business）、B2C等，这些模式在农资行业存在一些不足之处，诸如物流、售后、配套的技术与信息不能满足客户的需求，在网络上进行的交易不能让文化程度普遍较低的农民信任。

农资电商模式发展的方向是打造打通农业上下游产业链的第三方O2O电子商务平台，发展适合我国农资网络营销的O2O和社会化服务相结合的多主体参与的新模式，如田田圈、一亩田、农商1号、京东农资等。

第三节 农业推广信息服务

一、政府农业信息网站与综合服务平台服务模式

政府农业信息网站与综合服务平台服务模式基本上是由政府主导的，信息服务内容和服务对象广泛，服务手段比较先进，服务的权威性较强。农业和科技系统发挥了较大的作用，早期是建立比较大型的权威农业信息网站，后来是创建综合信息服务平台。例如，针对安徽农村互联网普及率，农户上网率仍不高的现状，安徽农村综合经济信息网跳出网站服务"三农"，已实现互联网、广播网、电视网、电话网和无线网的"五网合一"，建立一个上联国家平台，下联基层，横联省级涉农单位，集部门网站、电子商务、广播电视、电话语音、手机短信、视频专家在线等多种媒体和手段等为一体，覆盖全省的互联互通"农业农村综合信息服务平台"，形成了政府省心、农民开心的农业农村综合信息服务体系，成为千家万户农户对接千变万化大市场的重要平台与纽带。

二、专业协会会员服务模式

农村专业技术协会是以农村专业户为基础，以技术服务、信息交流以及农业生产资料供给，农产品销售为核心组织起来的技术经济服务组织，以维护会员的经济利益为目的，在农户经营的基础上实行资金、技术、生产、供销等互助合作。它主要具有 3 种职能：一是服务职能，其首要任务就是向会员提供各种服务，包括信息、咨询、法律方面的服务；二是协调职能，既要协调协会内部，维护会员之间公平竞争的权利，又要协调协会外部，代表会员们的利益；三是纽带职能，即成为沟通企业与政府之间双向联系的纽带。如农村中成立的各类专业技术协会，专业技术研究会和农民专业合作社等。

三、龙头企业带动服务模式

龙头企业带动服务模式通常是由涉农的龙头企业通过网站向其客户发布信息，或者利用电子商务平台进行网络营销等活动，为用户提供企业所生产的某类农资或农产品的技术和市场信息，有时也为用户统一组织购买生产资料；在企业技术人员的指导下，农户生产出的产品由公司统一销售，实行产、供、销一体化经营；企业和农户通过合同契约结成利益共同体，技术支撑与保障工作均由企业掌控。目前，该类模式有"公司＋农户""公司＋中介＋农户"和"公司＋合作组织＋农户"等模式。

四、农业科技专家大院服务模式

农业科技专家大院服务模式是以提高先进实用技术的转化率，增加农民收入为目标，以形成市场化的经济实体为主要发展方向，以大学、科研院所为依托，以科技专家为主体，以农民为直接对象，通过互联网、大众媒体、电话或面对面的方式，广泛开展技术指导、技术示范、技术推广、人才培训、技术咨询等服务。农业科技专家大院服务方式促进了农业科研、试验、示范与培训、推广的有机结合，加快了科技成果的转化，促进了农业产品的联合开发，提高了广大农民和基层农技推广人员的科技素质。目前，该类服务模式也在不断创新，即具体化、多元化和市场化。主要表现在服务对象更加明确，服务内容也更加具体，并且高校、科研院所等积极参与，运作形式也越发多样，各类管理都趋向市场化的企业管理模式。

五、农民之家服务模式

农民之家服务模式是以基层农技服务为基础，经济组织、龙头企业等其他社会力量为补充，公益性服务和经营性服务相结合，专业服务和综合服务相配套，高效便捷的新型农业社会化服务体系。该模式主要活动于专业合作经济组织（或协会），能够适应农村经济规模化、区域性和市场化发展的要求，充分发挥协会组织的桥梁纽带作用，有利于形成利益联动的长效机制，具有投入少、见效快、运行成本低、免费为农民提供信息服务等特点。通过农民之家的建设和运行，基层政府也可从以前的催种催收等繁杂的事务管理中解脱出来，变为向农民提供信息、引导生产、帮助销售，也能够及时宣传惠农政策，了解村情民意，化解矛盾纠纷，转变了基层政府为农服务的方式。其中比较典型的如浙江省兰溪市的农民之家信息服务平台，该平台有效地整合了农业、林业、水利等各涉农部门的资源力量，通过建立"12316"等信息平台，改进服务手段，创新服务方式，建立了一站式、保姆式高效便捷服务平台，成为该模式推广的先进典型。

第五章　农业推广的心理

第一节　农民个性心理与农业推广

个性是指一事物区别于他事物的特殊品质。农民的个性心理是指农民在心理方面所表现出的特殊品质。从推广上讲，农民的需要、动机、兴趣、理想、信念、价值观和性格这些个性心理成分会直接影响对创新的态度及采用创新的积极性。

一、需要

（一）需要的概念、类型和特点

需要是人对必需而又缺乏的事物的欲望或要求。人的需要是多种多样的。根据需要的起源，可分为自然性需要和社会性需要。

自然性需要主要是指人们为了维持生命和种族的延续所必需的需要，表现为对衣、食、住、行、性等方面的需要。它具有以下特点：主要产生于人的生理机制，与生俱有；以从外部获得物质为满足；多见于外表，易被人察觉；有限度，过量有害。

社会性需要是在自然性需要的基础上形成的，是人所特有的需要，表现为人对理想、劳动道德、纪律、知识、艺术、交往等的需要。它具有以下特点：通过后天学习获得，由社会条件决定；比较内含，不易被人察觉；多从精神方面得到满足；弹性限度大，连续性强。

农业创新的增产增收结果，一定要在某种程度上满足农民的自然性需要，否则农民不会采用所推广的创新。在农业创新传播过程中，增加农民的科技文化知识，增加对创新的认识和了解，传授创新的操作方法，尊重农民的人格、风俗习惯、社会规范，与农民建立良好的人际关系，满足农民社会性需要，有利于他们对农业创新态度和行为的改变。

（二）需要的层次

美国心理学家马斯洛（A.Maslow）于1954年把人类的需要划分为7个层次：生理需要、安全需要、社交需要、尊重需要、认知需要、审美需要和自我实现需要。

1.生理需要这是人类最原始、最低级、最迫切也是最基本的需要，包括维持生活、延续生命所必需的各种物质上的需要。

2. 安全需要 当生理需要多少得到满足后，安全的需要就显得重要了。它包括心理上与物质上的安全保障需要。农村社会治安的综合治理、农村养老保险、医疗社会统筹、推广项目论证等，都是为了满足农民的安全需要。

3. 社交需要 包括归属感和爱情的需要，希望获得朋友、爱人和家庭的认同，希望获得同情、友谊、爱情、互助以及归属某一群体，或被群体所接受、理解、帮助等方面的需要。在农村，家庭、邻里、群团组织、文娱体育团体、农民专业合作组织、农民专业技术协会等，都是满足农民社交需要的组织和群体。

4. 尊重需要 是因自尊和受别人尊重而产生的自信与声誉的满足。这是一种自信、自立、自重、自爱的自我感觉。在农村，农民希望尊重自己的人格；希望自己的能力和智慧得到他人的承认和赞赏；希望自己在社会交往中或团体中有自己的一席之地。在推广中，一定要注意到农民的尊重需要，不要伤害了农民的自尊心。

5. 认知需要 对获取知识、理解知识、掌握技能的需要。农民主动参加教育培训，千方百计送子女读书，农民对不知事物的询问，对新奇事物或现象的聚群观看，主动探索解决生产问题的方法，创造新方法、新技能和新产品等，都是认知需要的表现。农村的学校教育、农业推广教育与培训、指导与咨询活动都在某种程度上满足农民的认知需要。

6. 审美需要 对秩序和美好事物的需要。不少农民房屋装饰美观，家里布局有序，逢年做客穿新衣，过节来客做清洁等都是农民生活上审美需要的表现。不少农民种植作物时，垄直行正，地平土细，清理田边，去除杂草，也是生产上审美需要的表现。

7. 自我实现需要 是指发挥个人能力与潜力的需要，这是人类最高级的需要。在农村，农民希望做与自己相称的工作，以充分表现个人的感情、兴趣、特长、能力和意志，实现个人能够实现的一切。

同一农民一般会同时存在几种强度不同的需要。不同农民对各层次需要的强度不同。对温饱问题没有解决的农户，穿衣吃饭满足生理需要是最重要的需要，而对温饱问题解决之后的农户，增加经济收入，解决子女上学，满足认知需要等变得更为重要。因此，农业创新传播时，要了解当地农民的需要层次和强度，有针对性地选择传播内容，才能引起他们的兴趣和采用动机。

（三）需要的阶段

社会经济发展的阶段性，导致人们需要结构出现阶段性变化的特点。在我国短缺经济年代，食品需要是主要需要，其他需要是次要需要。在社会物质条件丰富后，增加经济收入的需要是主要需要，其他需要变成次要需要。我国农户需要也出现阶段性变化的特点。胡继连（1992）研究表明，按照需要强度的大小，我国农民在 1952-1957 年，粮食需要＞其他生活资料需要＞合作需要＞其他需要；1958-1978 年，粮食需要＞经营自主权需要＞其他生活资料需要＞其他需要；1979-1991 年，货币需要＞就业需要＞口粮保障需要＞其他需要。在农业推广上，要根据农民需要结构的阶段性特点，在不同阶段，选择不同的推广项目，充分满足农民各阶段的第一需要。

（四）需要的差异

因自然生态和社会经济条件差异很大，农民之间的需要差异也很大。于敏（2010）对浙江宁波 511 户农民的培训需要调查，需要农业生产技术的占 43.0%，市场营销知识占 26.0%，政策法规占 13.0%，创业知识占 11.0%，进城务工技能占 5%。据刘海燕等（2010）对江西瑞金山区 196 个农村居民培训需求调查，需要农业实用技术的占 64.28%，法律知识等文化素养占 27.04%，市场营销知识占 17.86%，绿色证书培训占 16.84%，人力资源转移培训占 11.73%，其他知识占 1.02%。因此，农业推广要针对农民需要的差异性，对不同农民推广不同的内容。

二、动机

1. 动机的概念、作用、类型和特征

动机是行为的直接力量，它是指一个人为满足某种需要而进行活动的意念和想法。动机对行为具有以下作用：始发作用。动机是一个人行为的动力，它能够驱使一个人产生某种行为；导向作用。动机是行为的指南针，它使人的行为趋向一定的目标；强化作用。动机是行为的催化剂，它可根据行为和目标的一致与否来加强或减弱行为的速度。

人的动机非常复杂，按照不同的方式，可以分为不同的类型。根据动机的内容，可分为生理性动机（物质方面的动机）和心理性动机（精神方面的动机）。根据动机的性质，可分为正确的动机和错误的动机。根据动机的作用，可分为主导动机（优势动机）和辅助动机。主导动机是一个人动机中最强烈、最稳定的动机，在各种动机中处于主导和支配地位，而辅助动机能够对主导动机起到补充作用。根据动机维持时间的长短，可分为短暂动机和长远动机。短暂动机是为了短小的目标利益，作用时间较短；而长远动机是为了一个远大的目标利益，作用时间较长。根据引起动机的原因，可分为内部动机和外部动机。内部动机是由于活动本身的意义或吸引力，使人们从活动本身得到满足，无须外力推动或奖励。外部动机是一种因人们受到外部刺激（奖或惩）而诱发出来的动机。

由于人的需要是多种多样的，因而可以衍生出多种多样的动机。动机虽多，但都具有以下特征：力量方向的强度不同，一般来说，最迫切的需要是主导人们行为的优势动机。人的目标意识的清晰度不同，一个人对预见到某一特定目标的意识程度越清晰，推动行为的力量也就越大。动机指向目标的远近不同，长远目标对人的行为的推动力比较持久。

2. 动机产生的条件

（1）内在条件，即内在需要。动机是在需要的基础上产生的，但它的形成要经过不同的阶段。当需要的强度在某种水平以上时，才能形成动机，并引起行为。当人的行为还处在萌芽状态时，就称为意向。意向因为行为较小，还不足以被人们意识到。随着需要强度的不断增加，人们才比较明确地知道是什么使自己感到不安，并意识到可以通过什么手段来满足需要,这时意向就转化为愿望。经过发展,愿望在一定外界条件下,就可能成为动机。

(2)外在条件,即外界刺激物或外界诱因,它是通过内在需要而起作用的环境条件。设置适当的目标途径,使需要指向一定的目标,并且展现出达到目标的可能性时,需要才能形成动机,才会对行为有推动力。所以,动机的产生需要内在和外在条件的相互影响和作用。在农业推广中,要根据农民的需要选择推广项目和推广内容,这是农民产生采用动机的前提,也是搞好农业推广工作的基础。推广人员必须坚持:①深入调查,具体了解农民的实际需要。②分析农民当前最迫切的需要,借以引起能够主导农民行为的优势动机。③创新实现的目标与农民的需求目标一致。④进行目标价值和能够实现目标的宣传教育,发挥目标对满足需要的刺激作用,以促使产生采用动机。

三、兴趣

1.兴趣的概念和作用

兴趣是人积极探究某种事物的认识倾向。这种认识倾向使人对有兴趣的事物进行积极的探究,并带有情绪色彩和向往的心情。兴趣是在需要的基础上产生和发展的,需要的对象也就是感兴趣的对象。兴趣是需要的延伸,是人的认识需要的情绪表现。对事物或活动的认识愈深刻、情感愈强烈,兴趣就会愈浓厚。

兴趣与爱好是十分类似的心理现象,但二者也有区别。兴趣是一种认识倾向,爱好则是活动倾向。认识倾向只要求弄懂搞清这一现象,却没有反复从事该种活动的心理要求;而活动倾向则有反复从事该种活动的愿望。当兴趣进一步发展成为从事某种活动的倾向时,就成为爱好。

一个人对某事物或活动感兴趣时,便会对它产生特别的注意,对该事物或活动感知敏锐、记忆牢固、思维活跃、想象丰富、感情深厚,克服困难的意志力也会增强。所以兴趣是认识活动的重要动力之一,也是活动成功的重要条件之一。

2.兴趣的培养

兴趣不是与生俱来的,它和其他心理因素一样,都是以一定素质为前提,并通过后天实践活动中的培养训练而发展起来的。

(1)兴趣是在需要的基础上产生和发展的。所以,培养人的兴趣一定要设法与其需要相联系。要使农民对所传播的创新感兴趣,传播的创新要能满足他们的需要,解决他们面临的问题。

(2)胜任和成功能增强信心、激发兴趣,不断失败则会降低兴趣。所以,在推广某项创新时,帮农民创造有利于成功的条件,给予成功的经验,要使他们感到自己也能成功。一般来说,创新的实施难度与农民现有能力和条件相适应,易使他们产生兴趣。

(3)兴趣与人的知识经验有密切联系。熟悉和理解的事物容易使人产生兴趣。因此,提高农民科技文化素质,可以提高他们对农业创新的认识理解能力,有利于科技兴趣的培养。

（4）人们对有经历的事物因怀旧而产生兴趣，也对特殊事物因好奇而产生兴趣。在农业创新传播时，从农民经历的利益相关的事件说起，或从某些稀奇事物说起，都可能引起他们的兴趣。

（5）不同感觉方式产生兴趣的程度不同。一般来说，看比听、做比看更易使人产生兴趣。农业推广中，采用示范参观和亲自操作的方式，容易使农民产生兴趣。

四、理想、信念和世界观

1. 理想

理想是人对未来有可能实现的奋斗目标的向往与追求。理想包含三个基本要素：社会生活发展的现实可能性；人们的愿望和要求；人们对社会生活发展前景的或多或少的形象化的构想。这三个基本要素分别体现了人们的认知、意志和情感，即真、善、美三个方面。

理想是多层次的、复杂的追求系统。在这个系统中，生活理想、职业理想是个人理想，是低层次的内容。社会理想是社会成员的共同理想，是人类追求中最高层次的内容。在一个农村社会系统中，几乎所有农民都有着追求美好生活的理想，推广创新要能帮助他们实现这个理想。

2. 信念

信念是个性心理结构中较高级的倾向形式。它表现为个人对其所获得知识的真实性坚信不疑并力求加以实现的个性倾向。信念不仅是人所理解的东西，而且也是人们深刻体验到并力求实现的东西。实践表明，信念是知和情的升华，也是知转化为行的中介和动力。信念是知、情、意的高度统一体。

信念在生活中的作用是巨大的。信念给人的个性倾向性以稳定的形式。信念是强大的精神支柱，它可以使人产生克服艰难险阻的大无畏精神，是身心健康的基石。在农业推广中，坚定农民科学种田与科技致富的信念，可以帮助他们接受和采用创新。

3. 世界观

世界观是人对整个世界的总的看法和根本观点，是个性倾向的最高表现形式，是个性心理的核心，也是个性行为的最高调节器。

世界观对心理活动的作用主要表现在：它决定着个性发展的趋向和稳定性；它影响认识的深度和正确性；它制约着情绪的性质与情绪的变化；它调节人的行为习惯；它是个体心理健康最为深刻的影响因素。就农民而言，世界观的形成受个性心理、家庭、学校、社会舆论和自己经历的影响。不少老年农民因生产经验和经历的影响，对农业生产及其技术形成一套比较固定、保守的看法，这种观念增加了创新推广的难度。

五、性格

（一）性格特征

性格是指一个人在个体生活过程中所形成的对现实稳定的态度以及与之相应的习惯了的行为方式方面的个性心理特征。但并不是任何一种态度或行为方式都可以标明一个人的性格特征。所谓性格特征是指那些一贯的态度和习惯了的行为方式中所标明的特征。如一个农民具有诚实的性格特征，那么他就会在待人接物的各种场合都表现出这种特点，对他人诚心诚意，对农业生产严肃认真，对自己踏踏实实。人的性格是千差万别的，人的性格差异是通过各式各样的性格特征所表现出来的。

1. 性格的态度特征

人对事物的态度特点是性格特征的主要方面，表现为对社会、对集体、对他人的态度的性格特征。如富于同情心还是冷酷无情；是公而忘私还是自私自利；是诚实还是虚伪；是勤劳还是懒惰；是有创新精神还是墨守成规；是节俭还是奢侈等。

2. 性格的意志特征

性格的意志特征是指人对自己的行为进行自觉调节方面的特征。如在行为目的性方面，是盲目还是有计划，是独立还是易受暗示；在对行为的自控水平方面，是主动还是被动，是有自制力还是缺乏自制力；在克服困难方面，是镇定还是惊慌，是勇敢还是胆怯等。

3. 性格的情绪特征

性格的情绪特征指一个人经常表现的情绪活动的强度、稳定性、持久性和主导心境方面的特征。如在强度上，是强烈还是微弱；在起伏和持久性方面，是波动性大还是小，持续的时间是长还是短；在主导心境方面，是积极还是消极等。

4. 性格的理智特征

它是指人在感知、记忆、想象、思维等认识过程中所表现出来的个人的稳定的品质和特征。如在感知方面，是主动观察还是被动感知，是分析型还是综合型，是快速感知还是精确感知；在想象方面，是幻想型还是现实型，是主动还是被动；在思维上，是深刻型还是肤浅型，是分析型还是综合型，等等。以上各种性格特征在每个人身上都以一定的独特形式结合成为有机的整体，其中性格的态度特征和意志特征占主要地位，尤其态度特征又显得更为重要。

（二）性格类型

性格类型是指在某一类人身上所共同具有的或相似的性格特征的独特结合。目前较为常见的有以下几种分类：

1. 根据知、情、意三者在性格中哪一种占优势来划分的性格类型，有理智型、情绪型和意志型。理智型的人，一般是以理智来评价周围发生的一切，以理智来支配和控制自己的行动；情绪型的人，一般不善于思考，言行举止容易受情绪所左右，但情绪体验深刻；

意志型的人，行为目标一般比较明确，做事情主动积极。

2. 根据个人心理活动倾向性来划分的性格类型，有外向型和内向型两大类。外向型的人，心理活动倾向于外部；内向型的人，心理活动倾向于内部。在现实生活中，极端的内向、外向类型的人很少见，一般人都属于中间型。即一个人的行为在一些情境中是外向的，在另一些情境中则是内向的。

3. 根据个人独立性的程度来划分的性格类型，有独立型和顺从型两大类。独立型的人较善于独立思考，不容易受外来因素的干扰，能够独立地发现问题和解决问题，有时则会把自己的意见强加于别人；顺从型的人较易受外来因素的干扰，没有主见，常常会不加分析地接受别人的意见而盲目行动，应变能力较差。

在农业推广上，要了解受传者农民的性格特征，寻找那些具有热情、诚实、勤劳、主动、稳定、具有创新精神性格特征的农民作为科技户或示范户，对理智型和情绪型，内向型和外向型，独立型和顺从型等性格反差大的农民，应该采取不同的推广策略和方法。

六、选择性心理

受传者的个性心理特点影响对信息的接受，表现出对信息进行选择性注意、选择性理解和选择性记忆。

1. 选择性注意

选择性注意，指受传者会有意无意地注意那些与自己的观念、态度、兴趣和价值观相吻合的信息，或自己需要关心的信息。这种现象在农村很常见，如西瓜专业户的农民会对西瓜的技术、价格、销路等信息特别注意，种蔬菜的农民对相应的蔬菜信息很关注。因此，我们在传播农业创新信息时，一定要重视当地农民的需要，重视他们对信息的选择性注意。

2. 选择性理解

选择性理解，指不同的人，由于背景、知识、情绪、态度、动机、需要、经验不同，对同一信息会作出不同的理解，使之与自己固有的观念相协调而不是相冲突。我们在推广中发现，不少农民在采用新技术时会"走样"，"走样"的原因多与他们的选择性理解有关。他们对创新信息的理解是在原有技术和经验的基础上进行的，选择性理解使新信息与旧经验相协调，结果常常会产生许多"误解"。因此，推广人员在传播创新信息时，尽量使语言通俗易懂，不要产生歧义，要将新旧技术的不同点逐一比较，要及时收集不同类型农民的反馈信息，一旦发现信息被误解，要立即采取措施，消除误解。

3. 选择性记忆

选择性记忆，指受传者容易记住对自己有利、有用、感兴趣的信息，容易遗忘相反的信息。当然，选择性记忆并不全面，如生活中某些特别重要的信息（对已并非有利、有用或感兴趣）也会记得很牢。但就一般信息而言，选择性记忆还是反映了人们的某些记忆特征。农业创新信息许多属一般的农业生产经营信息，它们必须能引起农民的兴趣，使农民感到有用，并给自己带来好处时，才可能引发农民对它们的选择性记忆。因此，推广人员必须站在农民的角度收集和选择传播的信息，在传播时充分利用首因效应、近因效应和重复的原理，把重要内容放在突出的位置并给予强调，尽量增加选择性记忆在农业创新传播中的作用。

第二节　农民社会心理与农业推广

在农村社会系统中，农民心理受他人和社会现实的影响，在社会动机、社会认知和社会态度等方面形成相应的社会心理。社会心理是指人们在社会生产、社会生活、社会交往中产生的心理活动及其特征。

一、社会动机

社会动机是由人的社会物质需要和精神需要而产生的动机。社会动机与其他动机一样，是引起人们社会行为的直接原因。社会动机是有目标指向性的意识活动。意识性是社会动机的主要特点。社会动机决定于社会需要。社会需要的内容和满足方式随着社会历史的发展而变化。因此，反映社会需要的社会动机也具有社会历史性。例如，在我国加入WTO（世界贸易组织）后，农产品市场范围扩大，沿海许多农民由此产生了从事出口农业生产的动机。

社会动机可以分为交往动机、成就动机、社会赞许动机和利他动机。

1. 交往动机

交往动机表现为个人想与他人结交、合作和产生友谊的欲望。沙赫特（S.Schachter）的研究表明，交往动机与焦虑有关。威胁性的情境使人产生焦虑，而个人在焦虑的时候交往动机也较强烈，交往动机的满足可以增加安全感。在农村，当某个农民在农业生产中遇到困难时，与他人交往的动机就会增加，就会产生参加技术培训活动、参加专业技术协会、参加专业合作社的欲望。

2. 成就动机

成就动机是指个人或群体为取得较好成就、达到既定目标而积极努力的动机。成就动机是在与他人交往的社会生活中，在一定的社会气氛下形成的。在农村，营造一种科技致富的社会气氛，有利于农民成就动机的提高，有利于农村的发展。

3. 社会赞许动机

如果做了事情得到别人的许可、肯定和称赞，就会感到满足，这种动机称为社会赞许动机。为了取得别人的赞许，人们便会力图做好工作，减少错误。研究表明，通过赞许可以强化良好行为、削弱不良行为。社会赞许动机给人带来巨大动力，促使人们做出可歌可泣的英雄事迹。在农业创新传播中，对农民每一个正确理解，每一次正确的操作方法或做法，给予表扬和赞许，会强化他们对创新的采用动机。

4.利他动机

以他人利益为重，不期望报偿、不怕付出个人代价的动机叫利他动机。在农村，利他动机促使许多先掌握创新技术致富的农民，有意识帮助贫困落后的农民掌握创新技术，使后者通过创新技术的采用摆脱了贫困，这也使创新在农村得到了传播。

二、社会认知

认知就是，人们对外界环境的认识过程。在这个过程中，人们对事物的认识从感觉、知觉、记忆到形成概念、判断和推理，这就是从感性认识到理性认识的过程，也就是一个认知过程。通过认知过程，人们对客观事物有了自己的看法和评价。如果是对社会对象的认知，就称为社会认知。社会对象是人和人组成的群体及组织，所以社会认知还可分为对人的认知、对人际关系的认知、对群体特性的认知以及对社会事件因果关系的认知等。在农业推广中，农民对推广人员、推广组织有一个认知过程，对推广内容也有一个认知过程。他们认知的正确与否直接影响着对推广人员和推广内容的态度，也影响到推广工作的成效。人的社会认知一般具有以下特点：

（一）认知的相对性

每个人对社会事物的认识并不是完全清楚的，有的认识到事物的一些特性，有的认识到事物的另一些特性。人们往往根据自己对事物的认识形成一定的看法和评价。因此，当我们提供农业信息时，要注意到农民对信息的看法或评价都来自他所能认识到的那部分内容。

（二）认知的选择性

人们对社会事物的认识是有选择的。每个人主要注意到他感兴趣的或要求他注意的事物。生理和心理因素也促使人们对外界事物加以选择性的注意。农业推广人员要将推广的重点内容通过强调、重复等方式以引起农民的注意。

（三）认知的条理性

人们在认知过程中，总试图把积累的经验、学到的知识条理化，也试图把杂乱无章的知识变成有意义的秩序。因此，推广人员进行推广教育时，要条理清楚、层次分明，以便农民容易理解掌握。

（四）认知的偏差

这是人们在认知过程中产生的一些带有规律性的偏见。主要有首因效应、光环效应、刻板效应、经验效应和移情效应等心理定式所致。

1. 首因效应

指第一印象对以后认知的影响。这个最初印象"先入为主",对以后的认知影响很大。通常,初次印象好,就会给予肯定的评价;否则就会给予否定的评价。因此,推广人员在与农民交往时,注意在言谈举止等方面要给农民一个好印象;开始推广的创新要简单、便于掌握,能够获得明显的收益。

2. 光环效应

又称为以点概面效应,是人或事物的某一突出的特征或品质,起着一种类似光环的作用,使人看不到他(它)的其他特征或品质,从而由一点作出对这人或事物整个面貌的判断,即以点概面。例如,某个作物品种的产量很高,农民通常忽视它的品质、抗性、生育期等方面的不良性质,而认为它是一个好品种。

3. 刻板效应

指人们在认知过程中,将某一类人或事物的特征给予归类定型,然后将这种定型的特征匹配到某人或某事上面。具有这种偏见的人常常不能具体问题具体分析。例如,某农民知道不纯的杂种会减产,当推广人员说杂交种是利用杂种优势时,他就认为杂种只会减产,不会有优势。

4. 经验效应

指人们凭借过去的经验来认识某种新事物的心理倾向。如在推广免耕栽培技术时,不少农民一开始会用传统耕作经验来拒绝这项新技术。

5. 移情效应

指人们对特定对象的情感迁移到与该对象有关的人或事物上的心理现象。如农民对某个推广人员不感兴趣,常常对他所推广的创新也不感兴趣。认知的偏差存在于农民的社会认知过程中。作为农业推广人员,一方面要克服自己的认知偏差,另一方面还要帮助农民克服认知偏差。同时,还要善于推广,避免农民因认知偏差而对推广人员或推广内容产生误解,从而产生推广障碍。

三、社会态度

(一)社会态度的概念

社会态度是人在社会生活中所形成的对某种对象的相对稳定的心理反应倾向。如对对象(人或事物)的喜爱或厌恶、赞成或反对、肯定或否定等。人的每一种态度都由三个因素组成:认知因素。这是对对象的理解与评价,对其真假好坏的认识。这是形成态度的基础;情感因素。指对对象喜、恶情感反应的深度。情感是伴随认识过程而产生的,有了情感就能保持态度的稳定性;意向因素。指对对象的行为反应趋向,即行为的准备状态,准备对他(它)作出某种反应。在对某个对象形成一定的认知和情感的同时,就产生了相应的反应趋向。

（二）社会态度的功能

1. 对行为方向性和对象选择性的调节作用

态度规定了什么对象是受偏爱的、值得期望的、所趋向的或逃避的。例如，农民喜欢某个推广人员，就乐于接近他，而如果不喜欢，就尽量避开他。同时，农民总是选择采用他持肯定态度的新技术、新成果，拒绝采用持否定态度的农业创新。

2. 对信息的接受、理解与组织作用

一般来说，人对抱有积极态度的事物容易接受，感知也清晰，对抱有消极态度的事物则不易接受、感知模糊，有时甚至歪曲。研究表明，当学习的材料为学习者所喜欢时，容易被吸收，而且遗忘率低；否则，学习者容易产生学习障碍，难以吸收掌握。

3. 预定行为模式

有些态度是在过去认识和情感体验的基础上形成的，一经形成便会使人对某种对象采取相应的行为模式。例如，待人热诚、持宽容态度的人，容易与人和睦相处；而对人持刻薄态度的人，容易吹毛求疵，苛求于人。由此可见，态度不是行为本身，但它可预测人的反应模式。

（三）社会态度的特征

1. 社会影响性

一个人的态度受到社会政治、经济、道德及风俗习惯诸方面的影响，还包括受他人的影响。

2. 针对性

每一个具体的态度都是针对一个特定的对象来说的。

3. 内潜性

态度虽有行为倾向，但这种行为倾向只是心理上的行为准备状态，还没有外露表现为具体的行为。因此，人们不能直接观察到别人的态度，只有通过对其语言、表情、动作的具体分析，推论出来。

4. 态度转变的阶段性

人们社会态度的转变一般要通过服从、同化和内化三个阶段。服从是受外来的影响而产生的，是态度转变的第一阶段。外来的影响有两种：团体规范或行政命令的影响；他人态度的影响，主要是"权威人士"或多数人的影响。在农村中，所谓"权威人士"是指有名誉、有地位、在决策中起重大作用的人。如村主任、村民小组长、科技示范户、宗族首领、意见领袖等，这些人的态度对农民的态度影响很大。

同化比服从前进了一步，它不是受外界的压力而被迫产生的，而是在模仿中不知不觉地把别人的行为特性并入自身的人格特性之中，逐渐改变原来的态度。它是态度转变的第二个阶段。但这种改变还不是信念上、价值观念上的改变，因而是不稳定的。在农业推广中，有些农民头年采用了某项新技术尝到了甜头，第二年、第三年他可能还会继续采用，这就是处于同化阶段。但他尚未形成科学种田的新观念，因此，若遇某年出了风险，他就会开始对新技术产生怀疑了。

内化是在同化的基础上，真正从内心深处相信并接受一种新思想、新观点，自觉地把它纳入自己价值观的组成部分，从而彻底地转变原来的态度。这是态度转变的第三阶段。例如，农民已产生了科学种田、科技致富的观念，便会主动、积极地去引进采用新方法、新技术，即使受到挫折，也不改变自己的态度。这时，他对科学技术的态度便已进入内化阶段了。

（四）社会态度的改变

1.影响态度改变的因素

（1）农民需要状况的变化。农民的需求在不断变化，凡是能直接或间接满足农民需要的事物，农民就会产生满意的情感和行为倾向，否则，反之。因此，需要的变化会引起价值评价体系的变化，是态度变化的深层心理原因。

（2）新知识的获得。知识是态度的基础，当人接受新知识后，就改变了态度所依赖的基础，其情感因素和行为倾向有可能发生变化。

（3）个人与群体的关系。个体对群体的认同度越高，就越愿意遵守群体规范，群体态度转变，个体态度也可能跟着变化。否则反之。

（4）农民的个性特征。性格、气质、能力等个性特征作为主观的心理条件经常影响态度的改变。

2.改变态度的方法

（1）引导参与活动。引导农民参加到采用农业科技的活动中，使其尝到甜头。一方面通过行为方式的改变和习惯化，促使认知、情感、行为倾向之间出现失调而发生态度转变；另一方面通过行为结果的积极反馈，促使认识和情感的改变，进而改变态度。

（2）群体规定。通过村规民约、群体要求等，形成群体压力，逐渐改变农民态度。

（3）逐步要求，"得寸进尺"。将大改变分成若干小改变，在第一个小改变的要求被接受后，逐步提出其他改变的要求。

（4）"先漫天要价，后落地还钱"。先提出使对方力所难及的态度改变要求，再提出较低的态度改变要求，权衡之下，较低的要求会很容易被接受。

（5）说服宣传。利用威信高的媒介或个人，传播真实、符合农民需要、有吸引力的信息，从理智和情感两个方面去影响农民，容易促进农民态度的改变。

第三节 农业推广过程心理

一、农业推广者对农民的认知

1. 通过外部特征认知农民心理

外部特征主要指面部、体型、肤色、服饰、发型等方面的特点。根据这些外部特点，可以推测农民的性格、兴趣等心理特征。一般来说，肤色白皙、体型发胖、肌肉松弛的农民，具有好吃懒做的心理特点；肤色黝黑、体型中等偏瘦、手茧多的农民，具有诚实、勤劳的心理品质；奇装异服、独特发型、发染异色、手身文图的青年农民，具有外向性格、喜新厌旧、易变不稳的心理特点。

2. 通过言谈举止认知农民心理

言谈举止主要包括言语、手势、姿态、眼神、表情等。通过言语行为可以了解人的性格特点。喜欢说的农民常具有性格外向的特点；一被揭短就发火骂人的农民具有情绪性的性格特点；说话不慌不忙，待别人说完后，才一一道来的农民，常是理智型农民；不喜欢发言，一说话脸就红，言语结巴的农民，多具性格内向特点。通过言语内容可以了解农民的个性倾向性和社会心理。从农民的言谈内容中，可以知道他的需要、兴趣、动机、态度趋向，可以知道他的经历、认知等影响心理因素的情况。如果是在传播创新之后，还可从他的谈话内容知道他对该创新的认知和态度情况。手势能够反映人的自信与自卑。坚定有力的手势常是自信的表现；犹豫无力的手势，常不够自信。身体姿态多变、站坐不安、东张西望的农民，心神不宁，有事在心，听不进创新推广者所讲的内容，眼神无力、犹豫不定、怕接触推广者目光的农民，多性格内向或不够自信。舒展畅快的面部表情，常反映出一定程度的理解和喜欢；紧缩凝重的面部表情，常反映出一定的思考和犹豫。

3. 通过群体特征认知农民心理

物以类聚，人以群分。同一群体往往具有共同特点，通过这些共同特点可以推测其成员所具有的共同心理。例如，一个棉花专业协会会员，他对棉花技术的需求心理与其他成员大同小异；青年农民热情好学，喜欢交往，喜欢新事物，但许多不安心农村和农业，不喜欢见效慢的长效技术；老年农民常凭经验办事，接受新事物的能力较差，常对传播的创新持怀疑态度；农民妇女容易倾听与轻信，但行动上胆小谨慎，缺乏自信与坚持。当然，通过群体特征认识农民心理，这是从一般到特殊的认识方法，但不能据此肯定所面对的农民个体就一定具有这些心理特征。在现实社会中，也有许多与众不同的农民个体心理，这是农业推广中应该注意的。

4.通过环境认知农民心理

人的心理受遗传和环境因素的影响。通过环境状况，可以间接认知农民的心理状况。在东部沿海地区，农民处在经常与外界接触的环境下，具有开放包容心理，容易接受新事物；而在西部封闭的山区农民，很少有机会与外界接触交往，封闭的环境常使许多农民具有封闭、保守的狭隘心理，很难接受新事物。一个群体没有核心人物，没有严格的管理制度，在这种环境下，成员常缺乏群体意识，常不受群体约束。在一个乐善好施的家庭熏陶下，许多成员会以助人为乐；在一个科技致富的家庭环境中，成员感受到采用创新的好处，对创新常持积极态度。

人逢喜事精神爽，遇到不幸心力衰。突发事件是影响农民心理短期变化的因素。在农业推广中，农民在高兴时，对推广人员十分热情，也容易倾听和接受所传播的创新；农民在不高兴时，没有心情倾听传播，更不易接受创新，若遇这种情况，应待他心情恢复正常后再进行传播。

二、农业推广者与农民的心理互动

农业推广活动是推广者与农民的双边活动。在这个活动中，双方在认知、情感和意志等方面都会相互影响，彼此不断调整自己的心态和行为，使交往活动中断或加深。

1.认知互动

认知互动是双方都有认识、了解对方的愿望，并进行相互询问、思考等活动。农业推广者需要认识和了解农民以下几个层次的情况或问题：第一层次，农民的生产情况、采用技术情况、生产经营中的问题，目前和以后需要解决的问题等；第二层次，农民的家庭人口、劳力、农业生产资料、经济条件及来源等；第三层次是农民身体、子女上学或工作、父母亲身体、生活习惯等。推广农业创新的直接目的是解决农民第一层次的问题，但农民第二层次的问题又常常会影响到创新的采用及其效果，第三层次是生活方面的问题，也间接影响创新的采用。农民希望认识和了解推广人员以下几个方面的情况或问题：（1）所推广的创新情况，创新的优点与缺点，别人采用情况，所需条件等。（2）农业推广员的情况，诚实与虚伪、热情与冷漠、为民与为己、经验与技术、说做能力、吃苦精神等。（3）其他情况，如推广人员的单位、其他创新或技术、目前生产中问题的解决办法等。（1）（3）方面的问题可以从推广人员的谈话中认识和了解，问题（2）更多的是从推广人员的举止表情中认识和了解。

为了取得农民的信任，推广者可以注意以下几点：①服饰、发型等要入乡随俗，农忙时不要西装革履，在外观上给农民亲近感；②对农民的态度和蔼可亲，平易近人，在心理上让农民觉得是自己人；③谈话通俗易懂，多举农民知道的例子，让农民听得懂，相信你说的是实话；④多用演示、操作和到田间现场解决问题的方法，让农民觉得你业务精、能力强。

2. 情感互动

农业推广人员与农民的关系不同于售货员与顾客的关系。在我国，一个推广机构的推广人员常相对固定在一个县的一个片区（一个或几个乡镇）或试验示范基地从事推广活动，与农民感情距离越近，越有利于以后开展推广活动。即使进行一次性创新技术推广活动，也必须与农民建立良好的情感关系，因为有了情感就能拉近双方的距离，有了情感就能增加农民对推广人员及其推广的创新的信任程度。

为了与农民建立密切关系，拉近距离，可以注意以下几点：以共同话题开头。利用接近性原理，以双方认识的人、相似的经历、同乡同龄等开头，消除戒备心理；以关心对方的话题开头。如小孩读书、老人健康等；善于倾听。对对方的谈话即使不感兴趣，也要耐心听完，不要打断对方或心不在焉；心理换位。多从对方的角度考虑问题，多表示同情或理解，帮助他们寻求解决办法；信任对方。信任对方会使对方觉得你把他当自己人，也就增加了对你的信任。

3. 信念互动

当某些创新处于农民（如科技示范户）的某个采用阶段时，推广人员也许会碰到以下问题：推广人员任务重，无暇顾及；因市场变化，创新的效益不如期望的那样；采用农民因某种突发事件，暂时无钱购买创新产品或配套物质；农民迟迟不能掌握创新技术等。这些推广过程中的变故，常常会影响推广员或农民的采用信念。信念不坚定者，往往半途而废，信念坚定者，常常成功。实际上，农民信念是否坚定，是否有信心和毅力坚持下去，受推广员影响很大。同时，农民的需求、渴望、期待、厌烦、失望等心理也会影响推广员。信念互动，就是利用积极互动关系，防止消极互动关系。为此，推广人员应该注意以下几点：

（1）认真选择创新，科学制订方案，坚定成功信念。只要事先选择的创新符合农民、市场需要和政府导向，制订的实施方案合理可行，就一定要坚持下去，让农民采用成功。

（2）努力克服自身困难，不要让农民感到推广人员已经对他采用创新失去信心。推广人员因组织上的原因或家庭原因或个人原因影响所指导的农民采用创新时，要克服困难，要从农民的热情、信任、尊重、期待、盼望中吸取力量，克服困难，坚定信念。

（3）帮助农民提高认识水平和技术能力，增强他的成功信念。有些农民因认识不到位，或因技术不熟练，有时会对自己能否成功表示怀疑，推广人员应该帮助提高他们的认识水平和技术水平，带他们参观成功农户，以坚定他们的采用信念。

（4）帮助农民解决具体困难。当农民依靠自身力量不能解决有些困难时，他们采用创新的信念就会动摇。如果推广人员及时帮助他们解决了创新采用上、生产上或生活上的困难，农民就会对推广人员产生信赖感，坚定采用信念。

三、农业推广者对农民心理的影响方法

（一）劝导法

劝导就是劝说和引导，使被劝导者产生劝导者所希望的心理和行为。主要有以下几种方式：

1. 流泻式

这是一种对象不确定的广泛性的劝导方式。如同大水漫灌、自由流淌一样，把信息传遍四面八方，让人们知晓和了解。一旦传递的信息与接受者的需要相吻合，就会引起他们的兴趣，激发他们的动机，使其心理发生变化。利用大众媒介传播农业创新就属于这种方式。流泻式劝导的针对性差，靠"广种薄收"来获得劝导效果。

2. 冲击式

向明确对象开展集中的专门性劝导方式。具有对象和意图明确、针对性强、冲击力大等特点。在合作性技术传播中，对个别不配合的农民，常采用这种劝导方法。

3. 浸润式

是通过周围环境和社会舆论来慢慢影响传播对象的方法，作用缓慢而持久，使传播对象在周围环境的缓慢熏陶下，心理和行为逐渐发生变化。在农业推广上，采取集中成片示范、请采用创新成功者介绍经验、进行采用创新技术效果竞赛、表彰先进等措施，形成一个科技种田光荣、科技能够致富的环境氛围和舆论氛围，可以慢慢改变那些保守落后农民的心理状态。

（二）暗示法

暗示是用含蓄的言语或示意的举动，间接传递思想、观点、意见、情感等信息，使对方在理解和无对抗状态下心理和行为受到影响的方法。在推广人员明确告诉农民自己的看法而不起作用时，或在不方便明说时，常采用暗示的方法来表达自己的意见，从而影响农民心理。如让农民参观新旧技术的对比效果，暗示农民应该采用新技术；表扬某农民采用某创新增加了产量和收入，暗示其他农民应该向他学习；介绍某品种需肥多、易感病、易倒伏，暗示农民不要采用该品种；介绍某项技术省工省力、节本增收，许多农民都在采用时，暗示农民也应该采用。

暗示是间接传递信息，要使农民理解推广人员的真实意思，必须做到以下几点：暗示的方法对方能够理解。如一个眼神、一个表情等，对方知道代表什么意思；暗示事物的对比性强，能够被对方认识。如暗示农民采用的新技术，农民能够看出它明显好于其他技术；暗示的内容与对方的知识经验相吻合，才易被理解并接受。因此，要针对不同对象采用不同的暗示内容和方法。

（三）吸引法

在农业创新传播时，引起农民注意、兴趣等心理反应的方法称为吸引法。常见的有：

1. 新奇吸引

用农民不常见的传播方法和创新内容来吸引农民。如在 VCD 机面市后，马上用来播放农业创新碟片，吸引农民观看。农民一般以栽插的方式种植水稻，如果推广水稻抛秧技术，许多农民也会因好奇来参观学习。种棉花的农民都知道，棉铃虫常常使棉花减产，农民不得不大量施用农药来防治。如果向其传播一种抗虫棉，不需要施用农药，农民也会因好奇来接受传播。总之，好奇之心，人皆有之。推广人员要正确利用这种心理来影响农民，继而传播创新。

2. 利益吸引

推广的创新能给农民增加实在的经济收益，能够满足农民的需要，能够长期稳定地吸引农民采用创新。在创新传播上，从采用创新的直接利益和比较利益角度宣传创新的优越性，就是通过利益吸引来影响农民心理。

3. 信息吸引

如果推广人员能够为农民提供许多有用的信息，并帮助他们分析问题，提供解决问题的方法，农民会对推广人员产生信息依赖心理，增加对推广机构和推广人员的兴趣。

4. 形象吸引

推广人员热心服务、技术水平高，传播的创新效果好，在农民心中有强大的形象吸引力，农民就会对其产生崇拜和敬重心理。农资企业良好的产品形象，会吸引农民选用该企业的产品。总之，良好的组织形象、产品形象、服务形象，都会在农民心理上产生良好的影响。

（四）激励法

激励就是激发人的动机，使人产生内在的行为冲动，朝向期望的目标前进的心理活动过程。也即通常所说的调动人的积极性。

1. 适度强化

强化就是增强某种刺激与某种行为反应的关系，其方式有两类，即正强化和负强化。正强化就是采取措施来加强所希望发生的个体行为。其方式主要有两种：积极强化。这是利用人们的赞许动机，在行为发生后，用鼓励来肯定这种行为，如对农民每一个正确观念、想法和做法给予肯定和表扬，使他受到鼓励；消极强化。当行为者没有产生所希望的行为时给予批评、否定，使产生这种行为的心理受到抑制。在农业推广中，多用正强化，少用负强化，就能使更多的人心情舒畅、心态积极。

2. 恰当归因

海德（Heider）认为，人对过去的行为结果和成因的认识对日后的心理和行为具有决定性影响。因此可以通过改变人们对过去行为成功与失败原因的认识来影响人们的心理。

因为不同的归因会直接影响人们日后的态度和积极性。一般来说，如果把成功的原因归于稳定的因素（如农民能力强、创新本身好等），而把失败的原因归于不稳定因素（如灾害、管理未及时等），将会激发日后的积极性；反之，将会降低这类行为的积极性。

3. 适当期望

美国心理学家佛隆（Vroom）认为，确定恰当的目标和提高个人对目标价值的认识，可以产生激励力量。即：

激励力量（M）= 目标价值（V）× 期望概率（E）

其中，激励力量是指调动人的积极性，激发内部潜能的大小。目标价值是指某个人对所要达到的目标效用价值的评价。期望概率是一个人对某个目标能够实现可能性大小（概率）的估计。因此，目标价值和期望值的不同组合，可以产生不同强度的激励力量。

第六章　推广教育与集群传播

第一节　农业推广教育

农业推广的本质是教育，是通过教育改变农民的知识和态度，自觉自愿采用农业创新的过程。农业推广教育不同于学校教育，有自身的特点、原则和程序，农民学习不同于学生学习，有自身的心理特点和学习特点。

一、农业推广教育的特点与原则

（一）农业推广教育的特点

1. 普及性。表现在两个方面：对象上的普及性。农业推广教育以广大农民为对象，成年农民、农村基层干部和农村青少年，他们在年龄、文化水平、经济条件、职业内容、学习环境、爱好要求等方面与在校学生不同；内容上的普及性。农业推广教育内容在知识层次和技术层次上属于科普性内容，与学校教育的专门性、学术性内容也不同。

2. 实用性。农民学习的目的不是为了储备知识，而是解决他们生产经营中的问题，因此，农业推广教育的内容主要是农业生产技术和经营管理方法。这些技术和方法必须实际、实在、管用，能够解决农民的问题，能够取得良好的经济效益、社会效益或生态效益。

3. 实践性。农业推广教育不需要传授较多的理论知识，在教育方法和内容上，农民喜欢在"干中学"和"看中学"，这使得农业推广教育表现出很强的操作性和生产性。

4. 时效性。在教育内容上，一方面要选择新知识、新技术，不能选用过期失效的知识和技术；另一方面农业生产的季节性强，要选择农民当前需要，学了能够及时应用的知识和技术。

5. 综合性。农业推广教育会涉及农、林、牧、副、渔的生产、储藏、加工、运销、管理等方面的知识、技术和信息，综合性强。

（二）农业推广教学的原则

根据农业推广教育的特点，在进行推广教学时应该坚持以下原则：

1. 理论联系实际

在讲合理密植的增产原因时，应讲当地主要作物的合理密度和株行距配置方法，并说明没有合理密植引起倒伏减产的现象，使农民既知道怎么做，又知道为什么要这样做。

2. 直观形象

就是用农民看得见、想得到的方式进行教学。包括影像、实物、模型、图表等辅助教学工具的使用，也包括具体、生动、形象的描述和比喻等语言工具的使用。

3. 启发诱导

在教学中要充分调动农民学习的积极性和主动性，启发他们思考和发表意见，通过对话、交流，启迪思路，让他们自己发现问题并寻找解决问题的方法。例如，某农民把一高秆大穗型玉米按照中秆紧凑型玉米的方式栽培，没有发挥出大穗的优势。推广人员让他去看示范户的种植方法，再比较自己的方法，该农民就知道什么原因和该怎么办了。

4. 因人施教

农业推广教育在每次教学过程中，无论受教育人数有多少，都要调查了解受教育者的情况，根据他们的能力层次、个性差异、兴趣、需要以及文化程度的不同，选择不同的教学内容和教学方法。对那些学习热情不高的农民，不能要求过高，操之过急；对那些学习困难较多的农民，要坚定他们的学习信心，给予个别帮助；对学习热情高、接受能力强的农民，要增加理论知识的传授；使他们不仅知道怎样做，还知道为什么要这样做。

5. 灵活多样

教学内容和教学方式方法要根据生产、农民和地区特点，做到因人、因时、因地制宜，灵活多样。内容上要适应农事季节和农民需要的变化；方式上可集中、可分散，可在田间、可在教室；方法上可讲解、可观看、可讨论、可操作。总之，要把讲、看、干结合起来。

二、农业推广教育理论

（一）终身教育理论

构建中国特色的农村成人终身教育体系，是提高农民素质、科教兴农、建设现代农业的重要措施。终身教育思想是著名教育家保罗·朗格朗在20世纪50年代首先提出来的。黄秋香等（2009）认为，终身教育是指人们在一生中所受的各种教育的总和，包括从婴幼儿、青少年、中年到老年的正规与非正规教育和训练的连续过程。它打破了"一次教育定终身"的传统观念及其所垄断的教育格局，其核心要义就在于人们终生持续不断地学习以适应不断变化的社会需要和满足日益上升的个人需要。终生教育的基本观点是，人们为了适应社会的发展，需要做到"活到老，学到老"。农业推广教育与培训满足了农业推广人员和农民在生产中对农业新知识、新技术的不断需求，通过提高农民科技素质来促进农业科技的应用，促进现代农业建设。农业推广教育与培训是一种非连续的长期的科技教育，既是现代农业推广的重要方式，又是农业推广人员和农民终身教育一种重要形式，为我国建设学习型农村、培养新型农民提供了一种教育资源保障。

（二）人力资本理论

美国经济学家西奥多·舒尔茨是现代人力资本理论的创始人，他把对人的投资形成并体现在人身上的知识、技能、经历、经验和熟练程度等称之为人力资本。在经济增长中，人力资本的作用要大于物质资本的作用。人力资本的基本观点是：体是工作的本钱，素质是干好工作的本钱；人的素质包括知识、能力和思想观念；高素质的人才需要教育和培养。舒尔茨在长期的研究中发现，农业产出的增加和农业生产率提高已不再完全来源于土地、劳动力数量和物质资本的增加，更重要的是来源于人的知识、能力、健康和技术水平等人力资本的提高。他还测定，美国战后农业增长，只有20%是物质资本投资引进的，其余80%主要是教育及与教育密切相关的科学技术的作用。白菊红（2003）认为，农村人力资本积累越高，农业生产率就越高，农民收入增长就越快；教育和培训构成了农村人力资本的核心内容，两者对提高农民收入起着决定性的作用。农业推广教育既是对农民的科技培训，又是对农业推广人员的培训，是将农村人力资源变成人力资本的一种重要手段。

（三）农民学习的元认知理论

1. 元认知的概念元认知（Metacognition）就是对认知的认知。具体来说，是关于个人自己认知过程的知识和调节这些过程的能力，对思维和学习活动的知识和控制。包括了三方面的内容：

（1）元认知知识。是个体关于自己或他人的认识活动、过程、结果以及与之有关的知识，是通过经验积累起来的。

（2）元认知体验。即伴随认知活动而产生的认知体验或情感体验。积极的元认知会激发主体的认知热情、调动主体的认知潜能，从而影响其学习的速度和有效性。

（3）元认知监控。是指个体在认知活动进行的过程中，对自己的认知活动进行积极监控，并相应地对其进行调节，以达到预定的目标。在实际的认知活动中，元认知知识、元认知体验和元认知监控三者是相互联系、相互影响和相互制约的。元认知过程实际上就是指导、调节个体认知过程，选择有效认知策略的控制执行过程；是人对自己认知活动的自我意识和自我调节的过程。

2. 元认知和认知的区别

（1）活动内容。认知活动的内容是对认知对象进行某种智力操作，元认知活动的内容则是对认知活动进行调节和监控，认知活动主要关注知识本身，元认知活动更多关注掌握知识的方法。

（2）对象。认知活动的对象是外在的、具体的事物，元认知活动的对象是内在的、抽象的认知过程或认知结果等。

（3）目的。认知活动的目的是使认知主体取得认知活动的进展，元认知活动的目的是监测认知活动的进展，并间接地促进这种进展。元认知和认知活动在终极目标上是一致的，即：使认知主体完成认知任务，实现认知目标。

（4）作用方式。认知活动可以直接使认知主体取得认知活动的进展，而元认知活动只能通过对认知活动的调控，间接地使主体的认知活动有所进展。因此，从本质上来讲，元认知是不同于认知的另一种现象，它反映了对于自己"认知"的认知，而非"认知"本身。但在同时也应看到，元认知与认知活动在功能上是紧密相连的，不可截然分开，两者的共同作用促使个体实现认知目标。

农民学习是成人学习，除了具有认知学习的方式外，比学生具有更多的元认知学习。他们具有较多的经验积累、实践体验和较强的调节控制能力，元认知对农民学习活动起着控制、协调、反馈和激励作用。认识这些元认知特点，对搞好农业推广教育十分重要。

（四）成人转化学习理论

梅兹若（Jack Mezirow）认为，转化学习（Transformational Learning）是使用先前的解释，分析一个新的或者修订某一经验意义的解释并作为未来行动向导的过程。作为已经习得一种观看世界的方式，拥有一种诠释自身经验的途径以及一套个性的价值观的成人，他们在获取新的知识和技能的过程中，往往会持续不断地把新的经验整合到先前的学习中。当这种整合过程造成矛盾冲突时，先前的学习就必定会受到检验，并进行若干的调整以修正自己先前的看法。这个转变不是一般的知识的积累和技能的增加，而是一个学习者的思想意识、角色、气质等多方面的显著变化，其本人和身边的人都可以明显感受到这类学习所带来的改变。因此，成人转化学习的发生过程是成人已有经验与外部经验由平衡到不平衡再到更高层次的平衡的一个螺旋式上升的过程，是通过不断的质疑、批判性的反思、接受新观点的过程。

农民是有一定知识、经验、技能的成人，他们在学习新知识、新技术时，常将这些知识和技术与已有的知识和经验进行整合，在整合中不断检验、评判和修正过去的知识和经验，从而使自己的思想观念、科技水平、生产技术和经营方法等得到不断的提高。

三、农业推广教育的程序

农业推广教育是农业创新集群传播的一般表现形式，是农业创新推广的重要手段，同其他推广方法一样，它也有特定的程序。

（一）推广教育计划的制订

农业推广教育计划是推广机构对一定时间内要进行的教育培训工作的部署和安排。例如，农业农村部制定的《2003-2010年全国新型农民科技培训规划》，试图通过建立健全农民科技教育培训体系，全面提高农村劳动者的综合素质。已经实施的有"绿色证书""跨世纪青年农民科技培训""新型农民创业培植""农村富余劳动力转移就业培训"（阳光工程）、"农业远程培训"等五大培训工程，2012年农业农村部启动了新型职业农民培训工程。培训内容不仅包括提高农民生产技术水平的农业新知识、新品种、新技术，而且包括提高农民环保和食品安全意识的农业环境保护、无公害农产品、食品安全、标准化生产等知识；提高农民经营管理水平和适应市场经济能力的经营、管理和市场经济知识与技能；提高农民职业道德、法律知识和有关政策等；提高农民转岗就业能力的所需知识和技能。

基层农业推广教育计划的时间较短，通常为1~3年。在计划安排上应当与当地农民教育计划和创新推广计划紧密配合，一个基层推广教育计划一般包括以下内容：

1. 内容与对象

推广教育内容包括以下内容：

（1）推广创新的内容。当地正在或准备推广创新技术的知识和方法的培训，一般接受教育的对象是先驱者农民、早期采用者农民、科技示范户和乡村干部。

（2）科技知识普及的内容。提高科技素质和常规农业技术的采用能力的内容，接受教育的对象是愿意参加的广大农民。

（3）乡村管理方面的内容。当地有关部门为使乡村干部发挥更好的带头作用和管理作用，针对乡村干部进行专门教育培训，一般包括生产技术、经营管理和乡村行政管理方面的内容。每一次推广教育，针对不同的教育对象，应有不同的教学内容。

2. 规模与方式

确定每次接受教育的人员的数量与教育方式。一般来说，一次推广教育的规模越大，成本越低，效果越差；规模越小，成本越高，效果越好。根据规模的大小，可以采取集会宣传式教育，组班培训式教育，小群体讨论式教育等。

3. 时间与地点

确定每次教育的大致时间和地点。因为农业生产周期长，较早确定时间与地点以便对教学所需的示范现场或生产现场及早准备。

4. 设备与费用

根据教育内容和方式，确定需要哪些设备，如扩音器、幻灯机、电脑、投影仪等。进行经费预算，并制订经费筹措计划。

（二）推广教育的实施

1. 落实教师和教学方法。根据教学内容和方式，提前落实教师。推广教师既要有一定理论知识，又要有很强的实践能力，既善于表达，又善于操作。教师落实后，与之协商采取适当的教学方法，如室内教学法、操作教学法、现场参观法等。

2. 落实教学场所和设备。根据教学内容和方法，落实室内场地、操作场地和参观场地，准备好教学所需的仪器设备。

3. 教学内容的安排和通知。若是多门课程，应对每门课程的时间作出具体安排。准备工作做好后，对参加教育培训的人员，提前半个月进行书面通知或提前一周进行电话通知。通知太早，学员容易忘记；通知太晚，学员时间冲突，不能按时参加。

4. 教学过程的管理。授课教师在精心准备下组织教学，具体方法将在后面介绍。教育组织管理人员要检查学员的出勤情况、教师的授课情况和学生的听课情况，并进行适当的信息反馈，以便教学工作的顺利进行。

（三）推广教育的总结

每一次推广教育结束后，要组织学员座谈，了解培训内容是否合适，培训场所、设备、后勤保障是否满意，教学方式方法能否接受、教师是否胜任其职，组织工作的经验教训等。通过调查了解、分析评价，写出总结报告，既作为向上级汇报的依据，又作为以后改进提高的凭证。

四、农业推广常用教学方法

1. 集体教学法

集体教学法是指在同一时间、场所面向较多农民进行的教学。组织集体教学方法有很多，包括短期培训班、专题培训班、专题讲座、科技报告会、工作布置会、经验交流会、专题讨论会、改革讨论会、农民学习组、村民会等多种形式。这些形式要灵活应用，有时还要重叠应用两三种。

集体教学最好是对乡村干部、农民技术员、科技户、示范户、农村妇女、农村青年等分别进行组织。可以请比较有经验的专家讲课，请劳模、示范户、先进农民讲他们的经验和做法。集体教学的内容要适合农民的需要，使农民愿意参加，占用时间不能很长，要讲究效率，无论是讲课或讨论，内容要有重点，方法要讲效果，注意联系实际，力求生动活泼，使参加听讲和讨论的农民能够明确推广目标、内容及技术的要点，并能结合具体实际考虑怎样去实践。同时，注意改进教学方法，提高直观效果。

2. 示范教学法

示范教学法是指对生产过程的某一技术的教育和培训。如当介绍一种果树修剪、机械播种或水稻抛秧等技术时，就召集有关的群众，一边讲解技术，一边进行操作示范，并尽可能地使培训对象亲自动手，边学、边用、边体会，使整个过程既是一种教育培训的活动，又是群众主动参与的过程。这种形式一般应以能者为助手，做好相应的必需品的准备，以保证操作示范的顺利完成。要确定好示范的场地、时间并发出通知，以保证培训对象能够到场。参加人数不宜太多，力求每个人都能看到、听到和有机会亲自参与到。有的成套技术，要选择在应用某项技术措施之前的适宜时候，分若干环节进行。对技术方法的每一步骤，还要把重要性及操作要点讲清楚。农民操作后，要鼓励提出问题来讨论，发现操作准确熟练的农民，可请他进行重复示范。

3. 鼓励教学法

鼓励教学法是通过农业竞赛、评比奖励、农业展览等方式，鼓励农民学习和应用科研新成果、新技术，熟练掌握专业技能，促进先进技术和经验传播的方法。这种方式可以形成宣传教育的声势，有利于农民开阔眼界、了解信息和交流经验，能够激励农民的竞争心理，开展学先进、赶先进的活动。

各种鼓励性的教学方式，要同政府和有关社会团体共同组织。事前要认真筹备，制订竞赛办法、评奖标准或展品的要求及条件、并开展宣传活动。要聘请有关专家进行评判，评分应做到准确、公正，评出授奖的先进农民或展品，奖励方式有奖章、奖状、奖金、实物奖等。发奖一般应举行仪式，或通过报纸、广播等方式，以扩大宣传效果。

4. 现场参观教学法

组织农民到先进单位进行现场参观，是通过实例进行推广的重要方法。参观的单位可以是农业试验站、农场、农业合作组织或其他农业单位，也可以是成功农户。通过参观访问，农民亲自看到和听到一些新的技术信息或成功经验，不仅增加了知识，而且还会产生更大的兴趣。现场参观教学，应由推广人员和农民推举出的负责人共同负责，选择适宜的参观访问点，制定出目的要求、活动日程安排计划。参观组织人数不要太多，以方便参观、听讲、讨论。参观过程中，推广人员要同农民边看边议边指导。每个点参观结束时，要组织农民讨论，帮助他们从看到的重要事实中得到启发。每次现场参观结束，要进行评价总结，提出今后改进的意见。

第二节　农民学习的特点

一、农民学习的心理特点与期望

（一）农民学习的心理特点

1. 学习目的明确。农民学习的目的通常是把学习科学技术同家庭致富、改善生活、提高社会经济地位等紧密联系在一起，通常每次参加学习都带有具体的期望和解决某种问题的目的。

2. 较强的认识能力和理解能力。农民在多年的生产、生活中形成了各种知识与丰富的经验，从而产生了较强的认识能力和理解能力。他们常常能够联系实际思考问题，举一反三，触类旁通。

3. 精力分散，记忆力较差。农民是生产劳动者，也是家务负担者，还有许多社会活动要参加，精力容易分散，许多年龄较大，记忆力较差，这使他们学得快，忘得也快。只有通过不断学习、重复学习来帮助记忆，提高学习效果。

（二）农民学习的心理期望

在农业推广教学过程中，农民对农业推广人员的期望并不是为了获得求知感或好奇心的满足，而是有着更殷切的心理期望。

1. 期望获得好收成

当农民在生产上遇到了问题，或想改革又没有办法，想致富又没门路时，就抱着很大希望来找推广人员。这时，农民首先期待得到推广人员的热情接待，期望推广人员能关心他的问题、了解他的心情、耐心倾听他的问题，农业推广人员必须使教育的目标与农民致富的要求一致，从而激发农民学习的动机。

2. 期望解决实际问题

农民向推广人员请教，是期望推广人员能够针对他们的需要解决实际问题，而不是空发议论。另外，农民还期望推广人员所提的建议，是他们能够做到的，而不是给他们增加更多的困难。

3. 期望平等相待与尊重

农民是生产劳动者，他们有自己在生产实践中积累的经验，对农业生产有自己的看法和安排，不愿别人围着自己说教，特别是对一些年轻人和经验不多的人。他们不愿意别人指手画脚替他们做主，期望推广人员对他们平等对待，能提出几种可行性建议，帮助他们做决策分析，同时尊重他们的经验和看法。

4. 期望得到主动关心和鼓励

一些年纪较大的农民，对学习新技术缺乏信心，或感到年纪大了还当学生，心里有"屈就"的情绪，因为产生自卑感而不会主动表示对推广人员的期望。这些农民希望推广人员能主动关心他们的问题，同他们亲切地、平等地讨论问题，并且鼓励他们学习新的知识技术。因此，在组织和促进学习过程中，推广人员要为他们创造适宜的学习环境，激发、唤起和保护他们的学习兴趣，教学内容能激发他们的好奇心，使所学知识能够学以致用。

二、影响农民学习的因素

（一）个人因素

1. 学习需要与动机

如果农民对学习内容需要迫切，学习强烈，学习主动性和积极性就高。

2. 学习兴趣

如果农民对学习的内容、学习的方式方法感兴趣，学习的积极性就高。

3. 文化水平

文化水平影响农民对培训内容的理解程度，从而影响农民的知识掌握程度和学习兴趣。

4. 年龄

农民是异质群体，年龄之间差异很大，记忆能力、理解能力、心理和生理素质差异很大，不同农民学习的积极性和学习效果不同。

（二）客观环境因素

1. 家庭因素

不同农民家庭经济收入水平、产业结构、在家劳动力、老人和小孩情况等，均会影响学习时间、学习精力。一般来说家庭负担重的农民，学习时间有限，学习精力不足。

2. 教学因素

教学内容、教学方法的合理性、适宜性、教师的个性特征、教学水平和业务能力等，影响农民的学习效果和学习积极性。

3. 学习氛围

社区学习氛围、群体学习气氛影响学习积极性。农民学习行为也具有从众性和模仿性的特点。

4. 学习条件和要求

学习条件如就近就时的学习班、图书室、现场技术指导与咨询等，常能满足农民的学习需要，激发学习热情。政府倡导、乡村要求与鼓励，也能在一定程度影响农民学习的积极性。

三、农民学习的主要方式

1. 自我学习

自我学习是农民利用自身条件获取知识、技能和创造能力的过程。这些条件包括生产劳动、生活经历、书刊、广播电视、电脑网络等。国家和地方建立乡村图书室，送科技图书下乡，广播电视村村通工程，有助于农民自我学习。随着青年农民文化水平的提高，自我学习科学技术将是农民自我学习的重要内容。在农业推广上，张贴标语、办黑板报、散发小册子和明白纸，都是利用农民自我学习方式来传播农业创新。

2. 相互学习

相互学习是农民之间在社会交往、生产技术、生活经验等方面的相互交流，常在闲谈、询问、模仿等活动中进行，不少农民喜欢向那些科技示范户、种田能手、"土专家"或某方面的"大王"学习技术。在推广人员把一项农业创新传播到农村后，主要是农民之间相互学习，使创新在当地得到扩散。

3. 从师学习

从师学习是青年农民拜技术精湛的农民为师，学习专门技术的过程，如农村中的木匠、石匠、砖匠、泥瓦匠、理发匠等专门技术技能的学习，多是以师父带徒弟的方式进行。从师学习的技术比较专业化或专门化，一般的相互学习难以学会，需要较长时间进行专门学习。

4. 培训学习

培训学习是农民参加集会、培训班、现场指导等，学习科技、政策、法律等知识和技术的过程。农业推广教育是农民培训学习的重要形式。农业广播电视学校、农民成人学校农村职业技术学校、妇联、共青团、农业技术推广部门举办的各种培训班，为农民提供了大量的培训学习机会。

第三节　农民群体及其特点

一、农民群体的概念与类型

（一）农民群体的概念

群体是通过直接的社会关系联系起来，介于组织与个人之间的人群集合体。群体成员在工作上相互联系，心理上彼此在意到对方，感情上相互影响，行为上相互作用，各成员有"同属一群"的感受。一辆公共汽车、火车上及其他公共场所互不认识的一群人，他们之间没有直接的社会关系联系，不是群体，而是人群。

农民群体是指农民之间通过一定社会关系联系起来的农民集合体。联系农民的社会关系有血缘关系、姻缘关系、地缘关系、业缘关系、趣缘关系、志缘关系等。农民群体可使成员在心理上获得安全感，满足成员社交需要、自尊需要、生产经营需要、增加成员的自信心和力量感。在农业推广上，农村专业技术协会、专业合作社等农民自发组织的经济或技术实体，既可当作民间组织，又可当作农民群体。

（二）农民群体的分类

根据不同方式，可以把农民群体划分成不同的类型。

1. 初级群体和次级群体

初级群体是那些人数少、规模小、成员间经常发生面对面交往、具有比较亲密的人际关系和感情色彩的群体。如农民家庭、家族、邻里、朋友、亲戚等。次级群体是在初级群体基础上，因兴趣爱好或业务联系而组成的农民结合体。如农村的文体团队、专业技术协会等。

2. 正式群体和非正式群体

正式群体是那些成员地位和角色、权利和义务都很明确，并有相对固定编制的群体，如专业合作社、村民小组等。非正式群体是那些无规定，自发产生的，成员和地位与角色、权利和义务不明确，也无固定编制的群体，如农村的家族、宗族、朋友、亲戚、邻里、文体团队、一些农民技术协会等。

3. 松散群体、联合群体与集体

松散群体是指人们在空间和时间上偶然联系到的群体，如农村专业技术协会。联合群体是以共同活动内容为中介的群体，如农村的"公司＋农户""批发市场＋农户"等。集体是成员结合在一起共同活动，对成员和整体都有意义的群体。这是群体发展的最高阶段。

我国农村在 20 世纪 50 年代末到 70 年代末实行的是以队（现村民小组）为基础的集体生产经营模式，在这种经营模式下，每个农民都是集体的成员。1979 年以后，农村实行一家一户的家庭承包经营，大多农村除了土地是集体资产外，成员之间已经没有或很少集体经济的联系。近些年一些地方发展起来的专业合作社，可在一定程度上称为集体。

4. 小群体、群体和大群体

根据我国农民分布特点和成员联系紧密情况，以及农业创新传播中一家农户只有 1~2 个农民接受传播的特点，把农民群体分成小群体、群体和大群体。小群体，指农村中同一处院落、山寨的邻里，日常交往联系紧密，2~20 人（户），平均 10 人（户）左右；群体，由小群体组成，属于同一村民小组，因有土地等共有资产联系较紧密，21~100 人（户），平均 50 人（户）左右；大群体，一个行政村，在村民自治活动中，有一定联系，101~1000 人（户）。在农业创新的集群传播中，为了方便，常根据上述的参加人数分为小群体、群体和大群体，而不用考虑他们有无社会关系。

（三）农民基本群体

1. 家族群体

家族是由血缘关系扩大了的家庭，即大家庭。家族一般是以父系为基础而建立起来的。在农村一个家族主要是指不超过"5 代"的血缘亲属。在现代农村，家族虽是扩大了的大家庭，但生产生活活动一般以"1~3 代"血缘亲属组成的家庭来进行，在家族内，家庭内部成员间的关系非常紧密，而家庭之间成员的关系还是比较松散。不过，浓厚的乡土气息，使农村家族成员间仍然保持着密切交往。特别是逢年过节，或者是家族成员中的某个家庭遇到重要事情（如婚丧嫁娶、生老病死等），家族成员的这种交往就更加密切。

另外，在农忙季节，家族成员间相互扶助也比较常见。从推广上讲，由于农业创新影响家庭成员的利益，创新是否采用，一般由家庭户主和劳动成员来决定，家族成员的意见只在某些情况能够起到重要的参考作用，如采用需要其他家庭的配合或对家族名誉、地位等有影响的创新。

2. 邻里群体

邻里是农村居住相近的、相互联系的、一定数量的家庭构成的地缘性群体。这些家庭相距在 1000m 范围内，不超过 10 分钟的路程，大声叫喊就能够听到。地缘关系是这类群体形成的前提。在这一前提条件下，居住相邻的家庭彼此交往频繁，从而产生了一定的社会关系，形成了群体意识。如果仅是距离相近而没有交往联系，即使相邻再近，但家庭间"鸡犬之声相闻，老死不相往来"，也不能构成邻里。在农村，邻里是一个很重要的初级群体，其重要性甚至仅次于家庭，而比亲戚、家族有时更重要。正所谓"远亲不如近邻"，邻里之所以如此重要，是因为这些家庭间相距很近，彼此容易交往，而能做到安全相助，疾病相扶。在生活中，邻里之间常常互通有无，在生产上又互相帮忙，闲暇时又总是凑在一起，谈天娱乐，交流信息。从推广上讲，农民对创新的信息交流和评价，常在邻里成员之间进行；

农民采用创新的效果，邻里成员可以经常看到；一种好的生产技术，也先是邻里成员模仿学习，通过感染先在邻里之间采用。因此，邻里在农业创新的扩散中，具有十分重要的作用。

3. 专业群体

通常是由一个村、一个乡或一个县生产经营相同作物或相同动物产品的农民或专业大户组成的技术与经营性群体。如西瓜协会、棉花协会、蔬菜协会、养蜂协会、养鸡协会等。专业群体是农民因业缘关系而联系起来的农业创新自推广群体。农民专业群体成员之间不定期聚会或相互交往，交流生产技术经验、扩散新技术、新方法、传播产品市场信息；群体组织参观、培训、咨询、技术服务、传播科技知识和信息等，进行农业创新的传播和自推广活动。从推广上讲，专业群体是传播专业性创新技术的重要对象，可以利用群体成员间业务联系紧密的特点，将农业创新首先传播给协会牵头成员或有影响力的成员，通过他们向其他成员扩散，可使创新得到迅速推广扩散。

二、农民群体的特点

农民群体由于长期居住在农村，受农村自然生态、历史传统和生产组织等条件的影响，具有与学生、工人等群体不同的特点，主要表现在以下几个方面：

1. 组成上的异质性

一个农民群体，尤其是地缘性群体，成员在年龄、文化、专业、观念等方面差异很大，在家庭经济条件、劳动力资源、土地资源、生产条件等方面差异也很大，这些差异影响成员对农业创新的选择、认识、评价和采用，有的成员对某创新已经采用几年了，可能有的成员还没有采用。因此，使农民群体所有成员的行为都得到改变是很难的，也常常是不可能的。即使是专业群体，成员家庭条件的千差万别，也难以使所有成员都采用同一创新技术。在农业推广上，根据农民群体组成上的异质性，积极支持条件好的成员先采用创新，团结争取和鼓励有条件的成员跟着采用创新，允许其他成员在条件具备后采用创新。

2. 居住上的分散性

2010 年，我国约有 6 万个村，2.63 亿户，9.66 亿人农村人口。平均每户 3.7 人，每村 1 500 人。这些人口的居住是分散的。在农村广大的土地上，农家分布在传统上多采取院落、村寨等小群体式的集群分布。近 30 年来，农民经济收入显著增加，许多农家新建住宅时，摆脱了院落、村寨的限制，有的单家独户，有的松散相连。从农业生产上讲，农民居住上的分散性，有利于农民接近自己承包的耕地，就近劳动和使用农家肥，这在山区和丘陵地区十分常见；但不利于成员交往沟通和邻里相助，也不利于集约土地和公共服务设施的建设。近些年，在城郊、平原和平坝地区，正在发展农村居民集中居住点，这将改变农民群体居住分散的特点。但与学生、工人等群体相比，绝大多数农民的居住是分散的。从推广上讲，这种分散居住，不利于推广人员的下乡指导和农家访问，也不利于群体成员间的密切交流和创新扩散。

3. 联系上的松散性

在学校，一个班或一个专业的同学，因一起居住、学习、开会和文体活动等，成员之间经常交流沟通，使成员之间联系紧密。在工厂，一个车间班组的工人，因流水线的工作联系，因共同活动结果的经济联系，也因居住相近的生活联系，成员之间的联系也非常紧密。而农民群体成员之间，在一家一户生产经营体制下，农民劳动以家为单位进行，农民收入和消费也以家为单位进行，农户之间很少有经济联系，偶尔有劳动联系，也主要通过其他社会交往来进行。因此，与学生群体、工人群体等相比，农民群体成员之间的联系是相对松散的。在推广上，这种松散性，使我们不能依靠一个或几个农民去要求或强迫另外一个农民采用创新。也不能像 20 世纪 50~70 年代农村集体生产时那样，通过行政命令叫生产队长采用创新，整个群体行为都会得到改变。农村现在虽然有村民小组，但这个小组不负责农民的生产经营活动。农民群体成员联系上的松散性，增加了农业创新传播的难度，也增加了农业创新扩散的时间。

4. 生产上的模仿性

在农民群体中，许多成员心中有一两个自己崇拜的对象或偶像，这个对象或偶像常是他们心目中的能人，这个能人的行为易致他们模仿。不少农民在品种选用、种植方法、经营方式等方面自觉或不自觉地效仿心目中的能人，尤其是附近的能人。有时主动向能人请教，有时完全模仿能人从事生产活动。在农业推广上，如果将这些能人作为试验示范户，利用农民生产技术模仿性的特点，可以加快农业创新的扩散速度。

5. 行动上的从众性

在农业生产经营上，不少农民不知道种什么作物赚钱，从众而行，结果使一个地区某些作物生产大起大落。为什么不少农民要从众呢？这是因为当一项农业创新被早期多数农民采用后，其他未采用农民在心理上逐渐产生"压力"，只有跟着多数人采用了创新，心理上的"压力"才会被释放。推广上要促使创新早期的迅速传播，尽快达到从众的"临界数量"，争取未采用农民早日从众而为。

6. 交往上的情感性

农民群体成员在交往上带有浓厚的感情色彩，这是因为：群体成员多是血缘、姻缘和地缘关系联结的乡亲，人们倾向于用血缘关系和婚姻关系来称呼，按辈分表现尊重，总是以纯朴、真诚的态度对待他人，为人热情，乐于尽力互相帮助；农村职业简单，人口流动率低，再加上农村社会规模小，且相对封闭，所以人们多在群体内部交往。成员之间也常因婚嫁喜事、生日祝寿、互相请客送礼、增加了彼此的情感联系；群体成员交往全面，彼此十分熟悉，一个人的家庭以及个人的经历、道德品质、能力、性格，甚至是兴趣爱好，都为别人所了解，几乎无任何隐私可言。所以在交往中每个人都几乎毫无保留地将自己全部投入进去，说实话，办实事，以保持和增强情感关系。在农业推广上，要重视农民交往的情感性特点，不要漠视和伤害农民的感情。除了热情诚实、礼貌待人外，在城镇街上、乡村路上，对熟悉的农民拉拉手，对认识的农民打打招呼，对不认识而向你打招呼的农民多回应，也可以拉近与农民的感情距离，有利于农业创新的传播与扩散。

第四节　农业创新的集群传播

一、集会演讲传播

（一）集会演讲传播的概念与要求

农业创新集会演讲传播，是将众多接受创新传播的农民集中在大会堂或开阔地带，以演讲的方式进行传播创新的推广方法。集会的农民一般在 100~1000 人，人数过多，传播效果较差。

集会传播的主题是当地准备推广或正在推广的创新，集会的目的是希望与会者增加认识、改变态度、采用创新。集会的作用是宣传鼓动，营造氛围，增加了解。因此，会场上多挂醒目的横幅，张贴相关标语，具有功能良好的扩音设备，让与会农民能被现场气氛所感动。集会演讲的内容主要是推广人员宣传创新的优越性和主要技术要点、科技示范户介绍采用创新的过程和效果。对于复杂的具体技术，集会一般不能解决，演讲中只涉及技术要点，在集会后再采取组班培训或小规模传播的方法解决。

农村集会传播多在户外开阔地带进行，农民多自带凳椅或席地而坐，天气晴阴、冷热常影响农民情绪。因此，一次集会演讲的时间不宜太长，一般不宜超过 2 小时。

（二）演讲

演讲前应熟记演讲稿内容。在演讲时，不能照稿宣读，要用自己的口头语言熟练地将演讲稿的内容表述出来。对有经验的推广人员，演讲稿只有要点、数据、提醒事例等，据此打好腹稿，用流畅的语言表述出来。对于新推广员，演讲时应注意以下几点：

1. 语言的应用

有扩音设备时，音量要适中，音量过大会产生噪声；无扩音设备时，声音要洪亮，让听众都能听到；语速要偏慢，不要使用长句，不要在连贯词组间停顿。

2. 非语言的应用

身体端正，手势与语言配合协调，眼光有力，有 1/3 以上的时间注视听众。

3. 自我心理调节

充满自信，不要怯场。内容熟练可以减少紧张、增加自信；平时多；在众人面前说话，可以减少怯场现象。

4. 注意听众反应

关注农民对演讲的倾听情况和会场表现，调整演讲速度、节奏、音调和音量，以便引起农民的注意和重视。

二、组班培训传播

组班培训传播，是将农民适当集中起来，比较系统地传播农业创新，有利于理解知识、掌握技能的农业推广方法。集会传播的知识是粗浅的知识，农民只能有初步的认识；集会传播的技能是简单的过程，农民只能初步的了解；集会传播是在农民初步认识和了解的基础上，改变农民态度，促进农民采用。在有些农民决定采用后，就必须让他们对相关知识有深入的认识，对相关技能完全地掌握，这就必须开展组班培训和小群体传播途径。

（一）组班培训的要求

组班培训是落实农业推广教育计划的主要方式，培训的内容和对象一般是教育计划的内容和对象，也是当前当地推广的创新和愿意采用创新的农民。因此，每一次培训，要具体落实培训内容和培训对象。组班培训的人数多在 20~100 人，一般 50 人左右的培训成本较低、培训效果较好；人数较多，可以降低成本，但效果较差；人数较少，培训效果较好，但成本较高。

组班培训的场地有教室和现场。教室要有相应辅助教学工具，如电脑、投影仪、幻灯机、挂图、实物、标本等，教室的光线充足，桌椅齐全。室外场地如参观现场、操作场地及其材料等已经提前准备就绪。

组班培训的教师对教学内容十分熟悉，能够熟练应用相应的教学方法。一般来说，组班培训的方法主要有三种，即讲授法、操作法和参观法。

（二）组班培训的讲授传播法

讲授法就是推广教师用口头语言向农民传授知识和技能的教学方式。其优点是能在短时间向农民传授大量、系统的知识，缺点是不能及时了解农民理解和掌握的情况。采用此法时要注意：熟悉所讲知识技术的全部内容和与该技术有关的情况；要写好讲稿，但不照本宣科；要富有启发性，促进农民思考，引导他们自己得出结论；要讲究教学艺术，做到音量适当、速度适中、抑扬顿挫、眼光有神、姿势优美、语言生动、板书整洁、形式灵活、气氛活跃；合理利用教具。根据教学内容，在适当时候利用挂图、照片、实物、模型、影像等，帮助增加感性认识。

（三）组班培训的操作传播法

操作传播法又称方法示范，是对某些技术边操作、边讲解的教学传播方法，如果树嫁接、修枝，水稻旱育秧等技术的传播。操作传播法的程序如下：

1. 制订计划

无论推广教学人员有多丰富的经验，每次操作传播都要根据目的和内容写出传播计划。计划包括：通过操作传播要达到什么样的目的；传播的主要内容是什么；准备的操作材料和工具；列出操作步骤；对观众解答的主要问题；操作传播过程的总结等。

2. 操作传播的实施

操作传播可分为三个阶段：介绍、操作、概要和小结。

（1）介绍。首先要介绍传播者自己的姓名和所属单位，并宣布操作传播题目，说明选择该题目的动机及其对大家的重要性。要使农民对新技术产生兴趣，感到所要传播内容对他们很重要并且很实用，自己能够学会和掌握。

（2）操作。①传播者要选择一个有代表性的材料，一个较好的操作位置，要使大家看得清楚操作动作。②操作要慢，要一步一步地交代清楚，要做到解释和操作密切配合。③声音洪亮，速度要慢，使大家都能听得清楚，语言通俗易懂，大家容易理解。

（3）概要和小结。将操作中的重点提出来，重复说明并做总结。做好这项工作要注意三点：①不要再加入新的东西和概念；②不要用操作来代替作总结；③要劝导农民效仿采用。

3. 农民自己操作练习

在传播人员的帮助下，每个农民都要亲自操作，对不清楚、不理解，或能理解但做不到的事情，传播人员要耐心讲解，重新操作，纠正农民错误的理解和做法，鼓励他们再次操作练习，直至达到技术要求为止。在这些活动中，允许农民提出问题，对带普遍性的问题，要引起大家注意，并当众给予解答。

（四）组班培训的参观传播法

这是组织参加培训的农民到科研生产现场参观，通过实例进行创新传播的方法。参观的单位可以一至多个，可以是农业试验站、科技示范场、科技试验户、示范户、专业户、专业合作组织、成果示范基地等。通过现场参观，农民亲自看到和听到新技术信息及其成功经验，既增加知识又引发兴趣。参观传播法要注意以下几点：制订计划。包括目的、要求、地点、日程、讲解人员等；边参观边指导。对参观中农民不懂或不清楚的地方，请当事人解说，或推广教师指点引导；讨论总结。参观结束时，组织农民讨论，帮助他们从看到的主要事实中得到启发，并进行评价总结，提出今后改进意见。

三、小规模传播

小规模传播是推广人员对少数推广对象或农民传播创新的推广方法。小规模传播的人数一般在2~20人。传播对象可以是同一小群体，如邻里，也可以是不同小群体或不同群体的成员，成员之间可能不全认识，但他们对同一创新都感兴趣。小规模传播的方式主要有现场指导和小规模座谈。

（一）现场指导

现场指导是推广人员在生产现场，指导农民认识生产问题、解决生产问题和正确采用新技术的传播方法。现场指导包括一般生产技术指导和新技术的指导。

1. 一般技术指导

在推广人员下乡过程中，某些农民种植的作物出现不正常现象，他们可能三五成群地围着推广人员询问，推广人员现场指导寻找原因，并提出解决办法。如是什么病，应该施什么药，缺什么元素，应该施什么肥等。

2. 新技术指导

推广人员在科技示范现场（如示范户），指导新技术采用时，常有附近少数农民自愿来观看学习，接受指导。

（二）小规模座谈

小规模座谈是推广人员与少数农民座谈，传播农业创新的方法。座谈的主题是农民对创新的认识、态度及他们关心的问题。座谈的目的是让他们加深认识、改变态度。座谈人数较少，每个农民都能发表意见，也能相互讨论，可以消除误解，增加理解。推广人员可以有针对性地回答农民的咨询，解答疑问，使他们在认识明确、理解正确的基础上转变态度。小规模座谈可以在室内进行，也可以在农家附近进行。小规模座谈一般应注意以下几点：

1. 参加人员可以多样化

参加人员可以是采用创新的农民，座谈可以帮助他们解决采用中的问题，或总结采用经验；也可以是没有采用创新的农民，座谈可以帮助他们转变态度；在与没有采用创新农民座谈时，要请个别采用效果好的农民参加，让他们来帮助回答未采用者的相关问题。

2. 说明座谈内容，让农民先发言

先简要介绍此次座谈会的目的和主要座谈内容，然后让农民依次或随便发言。要调动大家发言积极性，不要冷场。

3. 不要随便插话，打断发言

如果确实要插话解释或询问，插话结束后要让被打断发言的农民继续发言。

4. 注意倾听和分析判断

认真听取每个人的发言，让每个人都感到被重视，做必要的记录，以便记忆，并对每人的发言进行分析，判断其认识和态度是否与自己一致。

5. 总结性发言，解释疑问，阐明看法

归纳出发言中提出的问题、看法，逐一解决问题，并就哪些看法正确、哪些看法错误提出自己的认识，对大家应该怎样认识和看待创新，以及应该注意什么等问题进行总结归纳。最后，在征求大家意见的基础上，形成一致的意见，作为座谈的结果或结论。

第七章 农业生产及农业生态系统

第一节 农业生产的实质和特点

一、农业生产的实质

太阳——地球生命最重要的能量来源，不剧烈地进行着聚变热核反应。它以每秒钟65700万 t 氢转变为65300万 t 氦的速度，把失掉的400万 t 质量变为能量，以辐射的形式传递给太阳系所有行星，按照爱因斯坦（Einstein）的"E=mc²"的著名公式，可以推算出每天（24 h）由太阳向整个太阳系供应的能量达 3.31×1031 J，地球只获得总辐射量的二十亿分之一即 1.66×1022 J，地球所承接到的太阳辐射能，仍然服从热力学第一定律"ΔE=Q-W"，即 ΔE 这一变量，它的增加值恒等于系统所吸收的能量，即系统所吸收的能量不是贮存起来，就是用来做功，其总量是不变的。现阶段，地球对太阳辐射能的利用率，仅仅是太阳对地球辐射量的百分之一，这种低转化效率，也主要是借助于绿色植物得以实现的。

植物以它特殊的生命活动方式——光合作用，截获太阳能并转化为植物体组织中的化学潜能。换言之，太阳辐射能只有通过绿色植物以光合作用的形式进行有机物质生产的过程，才能进入生物循环。光合作用使光能巧妙地转变为碳水化合物，它是所有生物必需的元素。在光合过程中，叶绿素分子用太阳辐射能，吸收并分解水分子，产生的氢与空气中的二氧化碳及其他化合物合成糖类化合物，同时把氧释放到大气中。植物的这个过程比现代石油化学合成物的生产过程要精巧得多。这种合成过程目前只有在具有光合作用生物的微小细胞中才能得以实现。研究证实，植物每同化 1 mol 二氧化碳，需要聚集 4.7×105 J 热能，每形成 1 mol 葡萄糖分子，则蓄存 2.8×106 J 热能。植物光合作用所聚集的全部能量，均直接或间接来自太阳辐射，估算表明：绿色植物每年同化 2.0×1011 t 碳素，其中 60% 由陆地植物所同化，40% 由浮游植物同化，折合成 4500 亿 t 有机物质，相当于 3.0×1021 J 的能量。整个地球生命界，只有绿色植物具有如此强大的固定太阳辐射能的能力。光合作用是把太阳辐射能和地球整个生命过程联系起来的唯一环节。植物通过把光能转化为远比维持自身生活所需要的能量多得多的化学潜能，以有机载能物质的形式，沿着食物链，从一个生物种群传递到另一生物种群。当这些含能食物进入到人类或动物以及微生物机体之后，通过呼吸作用，释放化学能量成为生命活动能量。也就是说，所有生物的生命活动能量，毫无例外地来自光合作用的逆转；地球上全部动植物生命活动，是在碳和氧不停的循环之中，取得生命活动能。

显然，生命是由绿色植物所固定的有限量的太阳能来维持的。人类，乃至整个动物界对食物的要求，归根到底就是为了从中取得生命活动必需的能量。现阶段人类全部的食物能毫无例外地来自植物的光合产物；而人类社会所耗用的巨额的工业能源，绝大部分源自远古时期的植物光合作用—现阶段的煤、石油等化石能源。

综上所述，从本质上看，农业生产的实质就是人类通过社会劳动，利用绿色植物的光合作用，转化太阳辐射能成为农产品潜在能，以满足人类社会对食物及其他增长的需要，从而使农业生产成为社会再生产与生物再生产的综合体。这一点是农业与工业迥然不同的质的差别，在组织农业生产时应予以足够重视。

二、农业生产的特点

鉴于绿色植物既是农业的生产手段，也是生产目的，是社会再生产与自然再生产的综合体，从而使农业这个社会的生产部门具有生产的两重性—生物性与社会性。这与多数工业部门简单的社会再生产有着质的差别。农业不论范围广狭，它的劳动对象都是有生命的生物种群，它的生产过程远比工业多数部门物理的、化学的工艺过程复杂，是一个生物物理的和生物化学的生物学过程。对此，农业必须遵循生物科学所揭示的生物种群繁衍的生物再生产规律，按照人类的经济目的，创造适宜于生物生长发育的条件，满足生物种群的本能要求，即尽可能地提高太阳辐射能的转化效率。关于农业生产的社会性，必须遵照社会发展基本规律，正确处理生产关系和生产力的关系，通过社会生产体制的改善提高劳动生产率，促进农业发展。

广泛的研究表明，无论目前还是将来，利用绿色植物的生命过程为人类提供食物以及满足其他方面的需要，仍然是经济有效的途径。绿色植物的光合作用，不仅需要丰富的太阳光、热辐射源，还需要足量的水分、矿质营养等以组建躯体作为能量的贮藏场所。这些连同太阳光、热辐射能源在内全部植物的生活条件，均来自环境。我国国土辽阔，拥有多种丰富的资源条件。然而，资源仅是作为农业的一种潜在生产力，只有按照体现农业自然再生产的生物性，以及它所派生出的一些特性所显示的规律，正确地组织生产方能使这种资源的生产潜力变为现实的生产力。

（一）空间的广阔性

农业生产的广阔性是由农业自然资源的分布状况以及作物对外界环境条件的适应性所决定的。第一，气候资源、土地资源、水资源等农业自然资源在地球表面的分布是极为广阔的，而农业生产过程又不可能把分布极为广阔的光、热、水等自然资源集中到若干小面积的土地上进行集中性生产。第二，从作物本身的生物学特性来说，作物对外界环境条件都有一定的适应范围，若超过了它的适应范围，作物就不可能正常生长发育。所以，农业生产不能集中生产。第三，从作物的生产力来说，虽然作物的生产力是不断提高的，但就目前来说，还不可能以小面积生产来满足对农产品的大量需求。因此，农业仍然只能在具备基本农业资源的广阔地区进行广泛种植，实行多种多收。

（二）严格的地域性

农业生产是通过植物的生命活动和环境资源进行物质和能量交换过程中实现的。因此，环境向植物提供所需生活因素的数量和质量是形成产量的重要条件。农业自然资源在地球上的分布并不是均衡的，从而形成农业的地域差异，这是由地带性和非地带性两方面因素造成的。地带性是指自然环境各要素在地表近于带状延伸分布，沿一定方向递变的规律性。地带性因素包括因地球与太阳的位置造成的纬度地带性差异以及因距离海洋远近造成的海陆地带性差异。前者主要反映热量条件的差异，后者主要反映水分条件的差异。不同地带由于热量和水分条件的不同，其土壤和生物发展方向也不同。非地带性因素是指地质地貌，即海拔高度、地势起伏、地面坡度等对光、热、水、土等条件的影响，这些影响打乱了原有的纬度地带性有规则的分布，使光、热、水等自然资源发生了再分配，从而大大加强了自然条件地域差异的复杂性。这些自然条件的地域差异，必然导致各个类型地区土地利用方向、农业结构、耕作制度等方面有各自的特点。不仅如此，在较小的范围内也存在着农田类型、肥力状况以及水旱差别。在我国南方和北方，由于光照、热量、降水等条件的差异，形成了具有明显的农业特点的南、北两大农业区。新疆也是如此，北疆地区气候比较冷凉，作物生育期短，一般只能一年一熟；而南疆地区光热资源较为丰富，作物生长期也较长，作物生产可以实现一年两熟。由于农业生产中的这种地域规律，决定了部署农业生产必须坚持"因地制宜""因土种植"的原则。

（三）明显的季节性

由于地球自转、公转等天体运行的规律性变动，使得以太阳辐射为主体的农业自然资源条件—热量、光照、水分等呈现明显的冷暖、明暗、干湿等季节变化。生物在长期的历史演变过程中逐渐适应这种季节变化，巧妙地随着环境的节律改变，发展出不同的季相，反映出生命过程在时间上与环境变化顺序的一致性。因此，农业生产的一切活动都与季节有关，农业生产不得不依照这种季节变化，使植物生产与季节相适应，通过配置不同类型的植物种群不失时机地合理搭配，以充分利用全年的光、热、水分条件，提高土地利用率。因此，把握农时，"因时制宜""不违农时"地部署生产，则成为农业生产的又一原则。若贻误农时，则会造成农业不应有的损失，甚至不可估量的损失。在我国北方地区，有效生长期短，水、热条件不稳定，农时稍有疏忽容易丧失时机，导致冷害减产，甚至全年颗粒无收。

（四）生产的连续性

农业生产的连续性，不仅符合生物世代连续绵延种族的自然再生产的规律，也是永续不断地利用人工难以有效加以蓄存的降水、光照、温热以及劳力、畜力等流失性资源的需要，更是为了不间断满足日益增长中的人类对农产品的需要。因此，农业生产绝无可能一次进行多年享用或一劳永逸。

农产品不仅贮聚了大量固定的太阳辐射能，同时也聚积了大量的矿质营养元素。这些营养元素在地壳浅层土壤中的蓄积极为有限，然而它们却又是植物再生产不可欠缺的，是农业生产赖以延续的物质基础。因此，确立有助于扩大矿质营养元素的生物循环的耕作制度和相应的生产结构体系，在充分使用土地的同时，积极培养地力，把用地与养地密切结合，促进矿质营养物质循环，并使这种过程得以周而复始下去，是使农业得以连续进行的基本保障。

农业生产的连续性启示我们，从事农业生产要瞻前顾后、统观全局。不仅要注意单项生产或一项技术的近期生产效果，还要考虑其对整体生产和生产周期的技术效益，以及长远生产带来的影响，这是农业可持续发展的战略问题。

（五）经营的综合性

农业，不论自给性生产还是商品性生产，综合经营较单一经营有较好的生态效益和较高的经济效益。因地制宜地使农、林、牧、副、渔协调发展，才能以林护农，以农促牧，以牧养农，实现林茂粮丰、六畜兴旺。若农、林、牧等各业结合得不好，就会互相掣肘，恶化生态环境，耗损土壤肥力，降低经济效益，甚至使农业濒临绝境。处理好种植业内部的粮、棉、油、麻、丝、菜、糖、烟、茶、果、药、杂比例关系，既是发展商品生产、增进经济收益，满足社会多方面需求的需要，也是合理利用多样的资源条件，增进生态效益的需要。在市场经济和商品生产迅速发展的今天，实行产业结构调整，发展区域特色农业和促进农业产业化，使初级农业产品通过多层次深加工，有效地促进生物的良性循环，并使产值趋于上升。因此，从事农业生产必须树立农业的整体观点，既要保证粮食生产，也要抓好多种经营，抓好农、林、牧、副、渔，使各行业得以全面发展。

（六）灾害性

农业生产灾害性是指农业生产受特殊天气等自然条件影响，造成破坏和损失。农业生产不同于工业生产，要经常受到不利气候的影响发生自然灾害。农业生产的自然灾害主要是由于自然资源在时间和空间上分布的不均衡和突然的天气变化而造成的。我国自然灾害种类多，区域性、季节性和阶段性特征突出，并具有显著的共生性和伴生性。我国自然灾害主要有：一是雨量在季节上分布的不均衡，雨量过多或过少，导致水灾或旱灾的发生；二是气温变化导致高温、低温、霜冻、冷害等的发生；三是由于大气环流造成的风灾。农业生产遭受自然灾害是造成农业生产不稳定的重要原因之一。目前，人类还不能控制自然界，农业自然灾害将长期存在，尤其是随着温室效应的不断加剧，自然灾害频发更加严重。

因此，进行农业生产要有预见性，要防患于未然，立足抗灾夺丰收。

第二节　农业结构

一、农业结构的概念

农业生产是整个社会生产的组成部分之一。目前，世界上的社会生产包括第一产业（农业）、第二产业（工业）和第三产业（服务饮食业）。其中，农业生产属于第一产业，是社会生产的一个子系统。农业结构也是社会生产结构的一部分。

农业结构通常是指一个国家或一定地区农业内部各个组成部分的组合方式及数量比例关系。农业结构是一个广泛的概念，它包括农业经济结构、农业技术结构、农村产业结构、农业生产结构等。

1. 农业经济结构

农业经济结构是指农业内部生产关系的总和，即人们在从事农业经济活动过程中所建立的生产、交换、分配和消费等关系的总和。其中，生产资料占有关系是最基本的，起决定性作用的。所以，所有制关系以及一定历史阶段的所有制结构，是农业经济结构的主要内容。我国当前农业所有制结构是全民所有制、集体所有制、个体所有制等多种所有制并存模式。

2. 农业技术结构

农业技术结构是指农业生产过程中物质技术的构成，也就是农业在逐步实现农业现代化过程中传统技术和现代技术的相互关系和技术构成。我国各地农业技术发展很不平衡，这是由于各地区不同的经济发展水平和劳动者不同的文化水平等因素所决定的。

3. 农村产业结构

农村产业结构是指农村第一、二、三产业的比重与关系。第一产业指农业，第二产业指农村工业与农村建筑业，第三产业指运输业与商业饮食业。随着农村经济发展，农村产业结构中第一产业比重降低，第二、三产业比重增加。农村产业结构中的第一产业涉及种植业和养殖业，是农村第二、三产业发展的基础。

4. 农业生产结构

农业生产结构是指农业内部种植业、畜牧业、渔业、林业的组成及比重关系。其是一个多层次的复合体，是我国农业生产的一级结构，也是农业生产结构的第一个层次。农业生产结构通常用农业总产值构成等指标表示。我国地域辽阔，各区域经济发展很不平衡，表现出不同区域的农业生产结构差异较大。各业的关系是在确保粮食总产量稳定增长，提高单产和改善品质的同时，积极发展林业、畜牧业和其他各业，使种植业比重逐渐下降，而畜牧业、水产业比重逐步增加。如我国农林牧渔业总产值比例已从 1978 年的 80：3：15：2 逐渐调整为 2015 年的 56：4：30：10。世界农业发达国家的畜牧业发展速度普遍快于种植业，畜牧业产值比重高达 50%~90%。

5. 种植业结构

种植业结构是指种植业内部粮、经、饲、果、菜、药、糖等作物间的比重与关系。经济作物、果品、蔬菜等商品性较强，其比较效益高于粮食作物，但市场性、风险性也较强。粮食作物是基础的基础，在确保粮食安全的前提下，应逐步扩大饲料绿肥种植面积，促进畜牧业发展。我国粮食作物、经济作物、其他作物种植面积比例已从 1978 年的 80.4：9.6：10 调整为 2010 年的 68：27：5，粮食作物比重明显下降，经济作物比重大幅提高。

6. 粮食作物结构

粮食作物结构包括粮食作物内部各种作物面积、产量与产值的比重。随着生产的发展，一般是高产作物（如玉米、水稻）和细粮（水稻、小麦）等比重增加，相对低产的杂粮（如谷子）和低效作物比重则下降。在世界粮食总产量中，人类口粮占 59%，而饲料粮占 41%，一些发达国家饲料粮比重高达 70% 以上。

7. 畜牧业结构

畜牧业结构涉及各种畜群的比重与饲料的组成。我国传统畜牧业以农区畜牧业为主，养殖业结构中以猪和鸡等耗粮畜禽为主，以牛和羊等食草型畜禽为辅。因耗粮型畜禽大量消耗饲料粮，导致人畜争粮矛盾尖锐，而食草型畜禽规模和比重较低，对作物秸秆和农田饲草资源利用不足。因此，在稳定生猪和禽蛋生产规模的同时，需要扩大食草型、节粮型牛羊的生产规模和比重。

二、农业结构的调整

在一定条件一定时期内，作物结构有它的相对稳定性。这是由当地的自然资源、生产条件、人类的生活习惯等因素所决定的。相对稳定的作物结构有利于作物与资源环境的一致性，有利于专业化、区域化，有利于提高经济效益等。但是随着国家农业政策、生产条件（水利、肥料、种子、劳力等）、科技水平以及社会需求（人口、市场、价格）等变化，需要加强农业结构的调整。对农业结构进行调整是解决农业面临的问题，落实新阶段农业发展战略的基本应对措施。

（一）农业结构调整的原则

调整优化农业结构是一项浩大而复杂的系统工程，必须按经济规律办事，统筹规划，科学安排，从整体和全局把握以下原则：

1. 坚持以市场为导向的原则

要根据市场需要调整优化农业结构，满足社会对农产品多样化、多层次和优质化的需要。调整优化农业产业结构不能局限于本地市场，要面向全国，着眼国际，适应内外贸易发展的需要。不仅要瞄准农产品的现实需要，还要研究和着眼于潜在的、预期的市场需求趋势，以便在未来的市场中立于不败之地。要加强对市场的调查研究和宏观调控，建立反应灵敏的信息网络，逐步完善农产品市场体系，为调整优化农业结构创造良好的市场环境，为农民提供及时准确的市场信息服务。

2. 坚持发挥区域比较优势的原则

随着中国市场经济体制的建立和世界经济一体化的发展，进一步扩大农业区域分工，实行优势互补，是降低农产品生产成本，提高市场经济竞争力的必然趋势。调整优化农业结构，要在发挥区域比较优势的基础上，逐步发展不同类型的农业区和专业生产区。每个地区要以资源为基础，因地制宜，发挥本地区资源、经济、市场、技术等方面的优势，开发具有本地区特色的优势农产品，逐步形成具有区域特色的农业主导产品和支柱产业，全面提高本地区经济效益。

3. 坚持稳定提高农业综合生产能力的原则

要注意改善农业生产基本条件。严格保护耕地、林地、草地和水资源，防治水土流失，在不适宜耕作地区实行退耕还林、还草、还湖。保护生态环境，实行可持续发展。继续大力开发农田水利等农业基础设施建设，不断提高农业综合生产能力。

4. 坚持依靠科技进步的原则

调整优化农业结构要充分依靠科技进步。要抓住改造传统产品和开发新产品两个重点，通过品种改良、高新技术的应用、科技成果的加速转化和农业劳动者素质的提高，推动农业结构调整优化。当前世界农业正在孕育着以生物技术、信息技术为主要标志的新的农业科技革命，要抓住机遇，加快农业科技创新体系的建设，促进农业结构调整优化和升级。

5. 坚持运用经济手段进行宏观调控的原则

要正确处理好政府引导和发挥市场机制作用的关系。各级政府要根据市场供求变化，运用价格、税收、信贷等经济杠杆，通过调整产业信息政策和发布信息等手段，适时进行宏观调控，实现总量平衡，引导农民生产适销对路的产品。

6. 坚持农民自愿的原则

广大农民是市场经济条件下调整优化农业结构的主体。切实尊重农户自主经营、自负盈亏的市场主体地位，把自主权真正交给农民，让农民按照市场导向做出自己的选择。各级政府要做好政策引导、信息服务、技术示范、市场预测、要搞好农业基础设施建设、市场信息体系建设、农产品质量标准制定等，创造宽松的社会经济环境，引导和支持农业结构调整顺利进行。

我国农业结构调整的基本思路：围绕国内外市场需求，依靠科技进步，积极调整农村产业结构，大力发展畜牧业和农产品加工业，提高农产品加工转化水平和经济效益；不断调整区域布局结构，大力发展地方特色经济和优势产业，尽快形成合理的农业、农村经济区域布局和分工格局，提高资源利用效率；着力调整品种结构，大力发展饲用、加工专用等多用途的农产品生产,以满足市场对农产品优质化和多样化的需要。通过农业结构调整,逐步提高农产品质量和市场竞争力,继续提高农业资源利用效率和农业生产水平,进一步提高农民收入和农业经济效益。

(二)农业结构调整的一般步骤

第一步先调整种植业内部结构,在粮食满足需要基础上,增加高收益作物的比重;第二步是在种植业发展并有了饲料、资金等准备的基础上,调整农业内部结构,增加畜牧业、水产业的比重,同时积极发展农产品加工业;第三步是有了较多的资金、劳力、技术准备后,进一步调整一、二、三产业结构,减少农业产值比重,增加工业和商业产值的比重。

(三)我国农业产业结构调整的历程

1978年以后我国农业产业结构调整大致可以划分为3个阶段:1979-1991年、1992-1997年和1998年至今。

1.1979-1991年的农业产业结构调整

1979年《中共中央关于加快农业发展若干问题的决定》中明确指出"要有计划地逐步改变我国农业的结构和人们的食物构成,把只重视粮食种植业,忽视经济作物种植业和林业、牧业、副业、渔业的状况转变过来",要"在抓紧粮食生产的同时,认真抓好棉花、油料、糖料等各项经济作物,抓好林业、牧业、副业、渔业,实行粮食和经济作物并举,农、林、牧、副、渔五业并举",这就明确了以粮为纲、积极发展多种经营的农业产业结构调整战略。

通过实施家庭联产承包责任制,赋予农民生产经营自主权,使农民可以自发地调整农业生产结构,发展种植业以外的其他各业,由以粮食种植业为主的传统农业结构转向了农林牧渔各业全面有序发展的农业结构。粮食种植面积不断调减,同时,家庭联产承包责任制的实施极大地激发了农民的生产积极性,提高了农业劳动生产率,粮食单产得以提高,从而补偿了种植面积的下降,使得粮食总产量不降反升,到1984年粮食种植面积比改革之初减少了近870万 hm^2,粮食总产量却增加了10254万 t。同期,棉花、油料等经济作物产量和肉类产量等也以较快速度增长。农业产业结构的调整不仅改善了人民的生活水平,基本扭转了农产品长期供给不足的局面,还促使农民收入得到较快增长,缩小了城乡差距。

2.1992-1997年的农业产业结构调整

1992年国务院出台了关于发展高产优质高效农业的决定,提出要以市场为导向继续调整和不断优化农业生产结构。对种植业,要在确保粮食稳步增长、积极发展多种经营的前提下,将传统的"粮食经济作物"二元结构,逐步转向"粮食—经济作物饲料作物"三元结构,不断提高农作物的综合利用率和转化率;同时,继续加快林业、畜牧业和水产业的发展,进一步提高这些产业在整个农业中的比重,不断增加动物性食物和木本食物的供给量,改善人们的食物构成。不论是种植业还是林牧渔业都要注重优质产品的开发,通过市场价格信号引导和政府定购按等级差别定价来鼓励农民从事高产优质高效农业生产。

经过这一时期的调整，农业产业结构有了较大改善，种植业比重继续下降，养殖业以年均 10% 的速度增长，一些附加值高的经济作物发展较快，种植业产值比重从 1992 年的 61.51% 下降到了 1997 年的 58.23%，林业和畜牧业略有升降但都变化不大，渔业取得了较快发展。在此期间，由于国家增加信贷规模来支持发展农产品加工业和乡镇企业，农业剩余劳动力向乡镇企业转移增多，到 1997 年底，全国乡镇企业职工人数达到 1.3 亿人，比 1992 年底增加了近 2400 万人。

3.1998 年至今进行的农业产业结构调整

进入 20 世纪 90 年代以来，我国农业的综合生产能力有显著提高，农产品产量全面增长。粮食生产方面，我国的粮食自给率达到了 99.6%，到 1998 年粮食生产再次取得好收成，国家粮食库存和农民存粮都大幅增加，人均粮食占有量超过了世界平均 400 kg 的水平，出现了阶段性过剩；棉花生产方面，国内棉花产量稳步增长，1998 年底国内总库存 350 万 t 左右，出现了严重的供大于求和库存积压；此外，蔬菜、食糖等总量供求都处于饱和状态，茶叶总量基本平衡，食用油供求缺口较大且每年需进口 200 万 t 左右，畜产品也表现出总量上的供大于求。正是在这种农产品出现阶段性、结构性过剩的条件下，为了满足居民对农产品品种和质量的要求，保持农民收入的持续增长，应对加入 WTO 以后国外农产品的挑战，我国农业产业结构开始了又一轮新的调整优化。

在这一轮结构调整中，主要目标是提高农业的整体素质和效益，增强我国农产品的竞争力和增加农民收入。因此，国家提出了合理调整农业生产区域布局，发展特色农业，形成规模化、专业化的生产格局；加快农产品加工技术和设备的引进，提高农产品的加工水平；鼓励农业服务组织创新，全面发展农业社会化服务体系；扶持乡镇企业发展，促进乡镇企业合理集聚；实行适度规模经营，推进农业机械化，提高劳动生产率；积极有序地转移农村剩余劳动力，引导农民更多地从事非农产业等一系列政策措施。

（四）我国区域农业结构调整概况

虽然农业结构调整在我国取得了实质性的进展，但是各地的发展是不平衡的，东部沿海和南方地区发展比较早、比较快，而中西部地区则相对迟缓的多。由于东部地区有丰富的降水、肥沃的土地，农作物产量比较高，并且经济发展比较快，人民生活水平比较高，人们的消费结构发生改变，为了满足人们的日常消费，促使东部地区农业结构调整在全国来说相对比较完善。但是东部地区面临的一个重要问题就是人口稠密，随着经济的发展，经济用地大幅度增加，使得原本相对稀少的土地资源更加紧张，东部地区面对人多地少的局面，种植一些经济价值高的农作物是今后发展的趋势。随着我国居民对粮食消费的减少，中部地区的工业用粮、饲料用粮需要提高单产量和总产量，以满足工业发展和禽畜饲养的需要。从长远来看，西部应大力发展林业、畜牧业和特色农业，适应我国人民在饮食结构上增加了对奶、肉的需求，也是改善生态环境的迫切要求，使我国经济可持续发展得到有效保证。

三、产业结构与农业产业化经营

（一）农业产业化的概念

农业产业化是以市场为导向，龙头企业或农民自主决策的合作社等中介组织为纽带，把农民与市场联系起来。通过将再生产过程的产前、产中、产后各个环节连接为一个完整的产业系统，实现种养、供销、工农一体化的经营形式或经济运行方式。农业产业化的实质是通过龙头企业或中介组织把市场与农户连接起来，把农户带进市场、把市场引进农户，这是连接市场与农户的纽带与桥梁。农业产业化的核心是一体化，在生产力方面，实行生产（种养）、加工、销售三结合为一体，既解决盲目生产、产销脱节、生产大起大落的问题，又使农业生产向产前与产后延伸，扩大经营领域，延长产业链，特别是加工深化，多次转化增值，提高农业总体经营效益。在生产关系方面，通过龙头企业或中介组织与农民签订合同（契约）或建立股份合作制，形成效益共享，风险共担的经济共同体，使加工、销售的利益返还农业一部分。

农业产业化的目的是根据市场导向、立足资源优势、提高经济效益的原则，把一个主导产品实行区域布局、专业化生产、一体化经营、社会化服务、企业化管理，升级为当地农业的支柱产业，提高农业比较效益，增加农民收入。

随着农业向现代市场农业的转化，农业产业化的内涵已发生了根本性的变化。现代市场农业的"产业"具有以下三方面的特征：一是社会化、综合化。将分散的、互不联系的个别生产过程转变为互相联系的社会化生产过程。农业生产规模不断扩大，致力于开发利用整体生态资源，农业不断向产前、产后延伸、渗透，实现农业生产、加工、流通等再生产各环节内在联系，直到一体化。农业与非农业交融，不断创造新产业，形成新的经济增长点，农业经营模式不断创新：产、供、销一条龙，贸、工、农一体化。农业生态、技术、经济三系统协调发展，农业分工、协作、组织化大大提高。二是商品化、市场化。农业冲出小农经济格局，参与社会经济大循环，全部农产品进入市场流通，由此带来农业资源和生产要素在更大范围内按供需关系分配，带动农产品朝全方位、多层次、高品位需要方面发展，以市场需要调整农业产业结构及其产量。三是科技化、集约化。现代农业科技迅速向宏观、微观两个领域全面发展，成为农业发展最活跃的重要因素，包括投入更多的资金、技术，改变农业单纯依靠传统资源投入和自然条件高度制约的格局，通过结构优化、技术进步、科学管理，使农业逐步走向高科技含量、高附加值、高效益的产业。综上所述，农业产业化的出现是由传统的自给农业产业向现代市场农业转化的历史过程。

（二）农业产业化经营形式

农业产业化的经营管理是对产业化经济实体的经营活动进行计划、组织、指挥、协调与控制，使其面向市场和用户，充分利用本地资源确定规模和特色，生产适销对路的产品，最大限度地满足用户需要，取得良好的经济效益。

农业产业化经营管理的任务是对合同形式联结的松散一体化，要健全物资供应、技术服务、产品收购等各方面的合理管理；对采取资产联结方式组织紧密一体化，要合理明确股权结构、出资办法、分工办法，保证农民获得合理的收入。同时要健全风险基金的采集、使用和管理，完善为农业生产提供系列化服务，提高管理水平，加强科技推广等。

中国现阶段农业产业化经营的具体形式很多，比较成熟的主要内容如下：

1. 生产服务型

由国家、集体建立社会化服务组织和农民自己建立服务组织。通过提供系列化、全程化、社会化服务，促进专业分工，加强农产品生产、加工、销售各环节的有机联系，推动农业按产业化组织形式进行经营。如有的地方把社会化服务体系建设当作产业来办，建立了农副产品加工协会，负责产前信息、产中技术和产后加工销售的全程服务，农民只管大田生产，良种、农资、水电、技术等环节全由服务组承包。服务是连接产业化各环节的桥梁，搞好生产服务是农业产业化发展中不可或缺的重要工作。

2. 主导产业（产品）带动型

主导产业（产品）带动型也叫基地拉动型。以市场为导向，以经济效益为中心，通过调整农业生产结构和产业内部结构，结合本地区的资源优势，发展特色农业，使一些商品率高、市场潜力大、经济效益好的产业或行业迅速成为优势产业、主导产业，尽可能地实施区域布局、区域规划、连片开发，把一家一户的小生产发展成为一村一品、一乡一业、多村一品、数乡一业的区域性、规模化的主导产品生产基地。培养一些专业户、专业村、专业乡，带动农产品生产、加工、销售一体化经营，逐步形成"小生产"与"大群体"相结合的规模优势，实现规模效益。具有一定规模的主导产品是农业产业化发展的基础。因此，培育主导产业（产品）是农业产业化的中心环节和基础性工作，对推动农业产业化发展作用巨大。

3. 龙头企业带动型

围绕主导产业（产品），本着高起点、辐射力强、市场潜力大的原则，建立一些具有开拓市场、引导生产、深化加工、强化服务的农业骨干企业和商业营运公司，以农产品加工、贮存、包装、运输、销售企业为龙头，围绕一项产业或产品，实行生产、加工、销售一体化经营，形成市场牵龙头、龙头带基地、基地连农户、种养加、产供销一条龙，贸工农、农科教一体化的龙头型经营模式。龙头企业带动型包括两种形式：一是松散型。即龙头企业与农户主要是通过市场交易。这种企业一般没有形成固定的原料基地，与农户没有合同契约，对农户没有扶持政策。企业收购农产品，价格随行就市，农户靠企业的信誉组织生产，企业与基地和农户的关系是一种不固定的松散型关系。二是紧密型。即龙头企业与农产品基地、农户形成紧密的利益共同体，企业与国内外市场相连接，形成市场牵龙头，龙头带基地，基地连农户的利益共享、风险共担的经营体系。龙头企业是发展农业产业化的关键，是产生经济效益的主要环节，是农民通向市场的桥梁，有着巨大的导向作用和带动能力。

4. 市场牵动型

围绕当地优势产业的发展，从建立市场入手，开拓流通渠道，运用市场的导向作用，带动优势产业扩大规模，形成大规模的专业化生产。通过建立农产品市场，特别是专业性批发市场，占有国内农产品销售市场，拓宽国际市场，形成农产品交易中心、信息交流中心和价格形成中心，带动农产品基地建设及农产品的加工、销售，例山东寿光的蔬菜批发市场。

5. 中介组织带动型

根据市场需要，以各类中介组织（如协会、研究会）为依托，通过中介组织的服务，实现生产要素的大跨度优化组合，充分发挥农产品加工企业的联动效应，逐步建设成为市场占有率高、竞争力大、规模大，集生产、加工、销售于一体的一体化企业集团，促进农产品生产、加工、销售等环节跨区域联合经营。山东莱阳等几十个县市区成立的"山东农产品生产加工销售联席会"就是由县市区政府、加工企业、农产品集中产区自愿联合建立的中介组织，现已扩大到7个省的50多个县市。

6. 科技推动型

以农业科技开发、研究、试验、示范组织为依托，通过引进、推广先进实用的科学技术，对农业产业化的各个环节进行全面的组装配套，产生新的生产力，形成集约化、专业化生产经营模式，提高农产品的产量、品质和加工水平，以及农业产业化发展的科技含量，推动农业产业化经营向高层次发展。如山东胶州市在种植、养殖各基础产业大力推广了脱毒栽培、复式拱棚、无公害蔬菜、温流淡水鱼育苗养殖等十大农业高新技术，从国外引进速冻、烘干、真空包装等十几条生产线进行精深加工，形成了几十个产业群体，产生了巨大的经济效益。

以上六种是农业产业化经营的基本形式。随着农业产业化的发展，还出现了一些新的形式，不仅很有特点，而且发展也很快。

行业公司密集型：即从省到市、地、县设立跨区域、跨部门的集团公司。宏观调控、加工销售、外贸出口、生产资料供给、资金投入、科研教育、良种推广及各项服务都由各公司和各级分公司组织经营。

集团公司松散型：集团公司在坚持自愿互利、利益均沾的前提下，在全国各地和省市地县发展集团单位，形成以流通为主，发展加工，推动生产的松散型集团公司，逐步形成生产、加工、销售、对外贸易一体化。

双加带动型：即"公司＋农户＋市民"型，其基本运作方式是：以公司为龙头，公司负责提供部分资金、良种、种养技术、疾病防治、产品销售以及信息服务；市民出资或出人；农户负责提供场地和劳动力，三方通过契约关系联合成为经营共同体。这种形式在"公司＋农户"的基础上，把市民有机地结合起来，有利于集聚农业产业化发展的资金，有利于促进生产要素在城乡之间的双向流动，加快城乡一体化进程。

第八章　农作物育种与种子生产技术

第一节　品种与农业生产

一、品种在农业生产中的作用

作物品种是人类在一定的生态条件和经济条件下，根据人类自身的需求而创造出的某种作物品种；它具有相对稳定的遗传特性，在生物学、形态学和经济学性状上具有相对的一致性，而且要在一定地区或一定栽培条件下才能获得高产、优质、高效的产品。种子是一种具有生命力的特殊生产资料，是农业生产中不可替代的必需物质，是实现农作物高产优质的内因，是各项技术措施的核心载体，更是决定农作物产量和质量的关键因素。良种在农业丰产的所有因素中贡献是最大的。无论原始农业、传统农业、现代农业以及未来农业，都不能离开种子，没有种子，农业生产则无法进行。

种子是农业生产的内在因素。一切增产技术措施和高产指标的提出和实现，都要基于良种本身所具有的潜力，否则就会脱离实际而变为空想。推广应用良种是提高产量、改善品质的一条最经济、最有效的途径，是促进生产发展的重要条件。

纵观世界各国农业的历史经验，都把种子放在突出位置，走品种改良之路，以种子为突破口来带动农业飞跃。20世纪六七十年代，墨西哥、印度等国掀起一场震动世界的"绿色革命"，实际就是一场种子革命。墨西哥国际小麦研究中心选育出一批优良的小麦新品种，使墨西哥小麦产量从 600 kg/hm² 猛增到 4410 kg/hm²，印度引种获得成功，使本国小麦产量从 780 kg/hm² 提高到 1299 kg/hm²。美国从 40 年代就开始推广玉米的杂交种，1941年单产 1980 kg/hm²，到 1996 年单产提高到 7975.5 kg/hm²，总产量达到 23606.4 万 t，占世界玉米总产量的 40% 多，成为玉米生产大国，再加上大豆，小麦等作物品种改良，使美国谷物总产量猛增，成为世界上最大的农产品出口国，其中谷物出口量占世界出口总量的 50% 以上，特别是玉米杂交种子几乎独占世界种子市场。这些国家农业的迅速发展，种子起到了极其重要的作用。据联合国粮农组织分析，近几十年来，在全球农作物单产提高中良种的贡献率达 25%，而发达国家良种贡献率达 50%~60%。

中国是历史悠久的农业大国，几千年前先辈们在从事农业生产中就认识到种子的重要性，《诗经·大雅·生民》《吕氏春秋》《记胜之书》等书籍中就记载有选种留种之法并被后人沿袭采用。中华人民共和国成立近 70 年来，农业生产迅速发展，在耕地不断减少的情况下，粮食总产量由 1949 年的 11318 万吨提高到 1980 年的 32056 万吨，2016 年全国粮食总产量达 61623.9 万吨，是 1949 年的 5.4 倍，棉、油总产量分别增长 17.12 倍和 9.6 倍，其中种子的不断改良是最为重要的因素。据不完全统计，1949 年以来全国共育成 40 多种作物万余个新品种，主要农作物生产用种已经进行了 5~6 次品种更换，每次更换一般增产10%~20%，并使品质、抗性得到很大改善。1976—2013 年，中国杂交水稻累计推广 5.3162亿 hm²，以及杂交玉米的大面积推广应用，从而促使我国粮食产量较之过去大幅增长，由此解决了我国这个人口大国吃饭难的问题。据专家测算，我国农业增产中种子的贡献率达30% 以上。由此可见，种子在农业生产中的地位和作用是十分重要的。

二、品种的区域化鉴定

品种区域化鉴定是在品种审定机构统一组织下，将各单位新选育或新引进的优良品种送到有代表性的不同生态地区进行多点、多年联合比较试验，对品种的利用价值、适应范围、推广地区和适宜的栽培技术做出全面评估的过程。它是品种能否参加生产试验的基础，是品种审定和品种合理布局的重要依据，也是品种选育与推广中必不可少的环节。

区城试验的任务：鉴定参试品种的主要特征特性。确定各地适宜推广的当家品种和搭配品种。为优良品种划定最适宜的推广区域。了解优良品种的栽培技术。向品种审定委员会推荐符合审定条件的新品种。

区域试验的程序和方法：区域试验的规划设计要求具有代表性、准确性和重复性。试验地的选择应做到有代表性、肥力均匀一致，平坦整齐和试验地安全。田间试验操作技术包括试验实施计划的制定、试验地的准备和播种试验地的管理，观察记载。室内考种和试验总结。生产示范试验是在接近大田生产条件下进行的品种数较少的比较试验，对品种的丰产性、适应性、抗逆性等进一步验证。在生产试验的同时进行栽培试验，对关键性的栽培技术措施进行试验。总结适合新品种特点的配套栽培技术措施，为大田生产制定栽培措施提供依据。

省级和国家级设立的品种审定委员会负责品种审定工作。区域试验网提供区域试验和生产试验中表现优异材料的总结报告，品种审定委员会对达标者进行审定、命名并确定推广地区。

第二节　作物育种的理论基础与方法

一、引种

（一）引种的概念和意义

1.引种的概念

广义的引种是指从外地或外国引进新植物、新作物、新品种以及和育种有关理论研究所需的各种遗传资源。这些资源经过试验以后，一方面可以把适应当地的优良品种直接推广利用，另一方面可以作为育种的原始材料间接地加以利用。狭义的引种指从外地或外国引进作物优良品种，在本地经过试验后直接在生产上栽培利用。

2.引种的重要意义

它是解决生产上迫切需要新作物和新品种的有效措施。与其他育种方法比较，引种的特点是需要的人力物力少，简便易行，见效快，只要遵循一定原则，两三年即可见效。通过引种可以引进新的种质资源，充实作物育种的物质基础，同时还可以满足某些基础理论研究的需要。

（二）引种的基本原理和规律

引种并非简单地将甲地的品种拿到乙地去种植，这在我国的引种史上曾有过严重的教训。1952年广东某地从北方引进冬小麦，结果只长秆，不抽穗，颗粒无收；1956年河南、湖北一些地区从东北引进青森5号粳稻，结果在秧田里就开始幼穗分化，甚至抽穗，使产量锐减。由此可见，引种必须遵循一定的程序和规律，首先要了解有关的基本原理。

1.气候相似论原理

气候相似论是引种工作中被广泛接受的基本理论之一，由德国的林学家迈尔（H.Mayr）在20世纪初提出来的。其要点是：相互引种的地区之间，在影响作物生产的主要气候因素上应该相似，以保证作物品种互相引种成功的可能性。也就是说，从气候条件相似的地区引种成功的可能性较大。例如：美国加利福尼亚州的小麦品种引种到希腊比较容易成功，美国中西部地区的一些谷物品种引种到南斯拉夫的一些地区容易成功，美国的棉花品种和意大利的小麦品种引入到长江流域易于成功。

2.生态条件和生态型相似原理

作物生长、发育和繁殖等一切生命活动都离不开环境。研究作物与环境之间相互关系的科学称为生态学。因此，对作物的生长发育有明显影响和直接为作物所同化的环境因素就称为生态因素。生态因素有气候的、土壤的，生物的等，这些起综合作用的生态因素称为生态环境。

生态地区：生态地区是指一个地理范围，即生态环境相同的一个地理区域。对于一种作物来说，具有大致相同生态环境的地区称为生态地区。

生态型：一种作物对一定生态地区的生态环境和生产要求具有相应的遗传适应性，把这种具有相似遗传适应性的一个品种类群称为作物生态型。因此，同一作物在不同生态条件下形成不同的生态型，而同一生态型中包含具有相同遗传适应性的多种不同品种。

作物的生态型按照生态条件一般可分为气候生态型（温、光、水、热）、土壤生态型（理化特性、pH、含盐碱等）和共栖生态型（作物与生物、病虫等），其中气候生态型是主要的。籼稻与粳稻属于两个不同的地理气候生态型（温、冷）；水稻和陆稻分属于两个土壤生态型（水分条件），而早、中、晚稻则属于季节气候生态型（长日照、短日照）。

确切地划分生态型是引种工作的基本依据。引种的成败往往决定于地区之间生态因素的差异程度，决定于生态型的差异程度。一般来说，生态条件相似的地区之间相互引种容易成功。

3. 影响引种成功的主要因素

温度：一般而言，温度升高能促进作物的生长发育，使作物提早成熟；温度降低会使作物的生育期延迟。但在发育上不同的作物对温度的要求不同，例如有些冬性作物品种，像冬小麦、冬油菜、豌豆、蚕豆等作物，在发育早期要求一定的低温条件才能完成春化阶段的发育，否则就不能抽穗开花，或者延迟成熟。

光照：一般来说，光照充足，对作物生长有利。但是，当作物通过了春化阶段，进入光照阶段时，每日光照时间的长短就成为作物发育的主导因素。从这个意义上说。此时光照的长短对作物的影响比温度更重要，特别是那些对光照反应敏感的作物或品种更是如此。根据作物对光照长短的不同反应，可将作物分为长日照作物、短日照作物和对光照不敏感的中性作物三种类型。北方栽培的作物一般为长日照作物，如小麦、大麦、豌豆、甜菜、油菜等，南方栽培的作物一般为短日照作物，如水稻、玉米、大豆、棉花等。因此，在我国（北半球）长日照作物南种北引，由于光照变长，生育期会缩短，北种南引生育期则会延长；短日照作物，南种北引，由于光照变长，生育期会延迟，反之，北种南引生育期会缩短。

纬度和海拔：一般情况下，纬度相近的东西地区之间引种，比经度相近的而纬度不同的南北地区之间引种成功的可能性大，这实质上也是由于温度和日照的影响。因为温度和日照是随纬度而变化的。海拔的高低主要是温度的差异。据估计，海拔每升高 100 m，相当于提高 1 个纬度，温度会降低 0.6℃。因此，同纬度的高海拔地区与平原地区之间引种不易成功，而纬度偏低的高海拔地区和纬度偏高的平原地区之间相互引种易于成功。例如，北京地区的冬小麦引种到陕西北部往往适应性良好。我国玉米的引种就是沿着东北到西南这条斜线进行比较容易成功。

（三）引种的程序和方法

在实际工作中，除了要遵循上述这些规律外，引种还必须按照一定的方法步骤进行。

1.搜集引种材料

引种材料的搜集，可以到实地考察，也可以向产地征集或向有关单位转引。此项工作主要是了解外地品种的选育历史、生态类型、遗传特性和原产地的生态环境及生产水平，首先从生育期上估计哪些品种类型比较合适。

2.先试验后推广要坚持先试验后推广的原则。

观察试验：将引入的少量种子种成1~2行与对照品种进行比较，初步观察其适应性、丰产性和抗逆性等，选择表现好的种子再进行下一步试验。

品种比较试验和区域试验：将观察试验中表现比较好的种子通过品种比较试验和多点次的区域试验确定引进品种的使用价值和适应区域。

（四）严格遵守种子检疫制度

引种是传播病、虫、草害的主要途径。在引种工作中必须严格遵守种子检疫制度，一般不能从疫区大量引种，必要时从疫区引入的少量种子要在检疫区中隔离种植，一旦发现检疫对象要彻底清除，不可蔓延。

（五）引种材料的选择

品种引入新区后，由于生态条件的变化，有时会出现变异，因此要进行必要的选择。选择分两种情况：一是保持原品种的典型性和纯度，可进行混合选择；二是如果出现优良变异，还可采用单株选择法育成新的品种。

二、选择育种

（一）选择育种的概念和特点

选择育种是以品种内在的自然变异为材料，根据育种目标选育单株，从而获得新品种或改良原有品种的方法。选择育种是作物育种最基本的方法，是自花授粉植物。常异花授粉植物及无性繁殖植物的基本选择方法，其特点是简便易行，快速有效，不需要人工变异，因而常被育种工作者所采用。

（二）选择育种的理论基础——纯系学说

丹麦植物学家约翰逊（Johannsen）从1901年开始，把从市场上买来的自花授粉作物菜豆品种按籽粒大小、轻重进行了连续选择试验。根据试验结果，于1903年首次提出了纯系学说，为后来的系统育种奠定了理论基础。这个学说的要点是：在自花授粉作物原始品种群体中，通过单株选择可以分离出许多纯系，表明原始品种是多个纯系的混合体，通过个体选择，可把不同纯系分离出来，这样的选择是有效的。在同一纯系内继续选择是无效的，因为同一纯系内个体间的基因型是相同的，表现出的表型变异是由环境条件引起的不可遗传的变异。

在纯系学说中，约翰逊首次提出了遗传的变异和不遗传的变异。要区分这两种变异必须通过后代鉴定的方法。长期以来，这一学说一直被用做系统有种的理论基础。

（三）品种自然变异的原因

纯系品种在生产上种植几年以后，总会发现品种中出现新的变异。一般来说，品种遗传基因发生变异有以下三个方面的原因：

自然异交引起基因重组：作物品种在繁殖推广和引种过程中不可避免地会发生异交，使后代产生重组基因型，出现新性状。

自然突变产生新性状：自然突变包括基因突变和染色体突变。作物品种在繁殖过程中，由于环境条件的作用，如温度、天然辐射、化学物质等不同因素影响都会导致突变的发生。新品种性状的继续分离产生变异体：新品种育成时并非绝对的纯系，只要它在主要农艺性状上符合生产要求就可在生产上大面积种植。因此，开始推广后，新品种仍然会出现分离现象，特别是那些微效基因控制的数量性状，其中很可能产生有价值的变异。

（四）性状的鉴定与选择

选择育种是以选择为手段而育成新品种的育种方法。因此，选择的方法和效率就决定了育种的成败。在作物育种中，选择是从具有变异的群体中，根据表现型把优良变异个体从群体中分离出来，使优良性状稳定地遗传下去。选择是任何育种方法创造新品种和改良现有品种都不可缺少的重要工作环节。鉴定是选择的依据，而且贯穿整个育种工作的全过程。选择的效率主要取决于鉴定的手段及其准确性。因此，选择与鉴定的方法和效率对育种工作具有十分重要的意义。

1. 选择的基本方法

选择的方法有许多种，但基本方法只有单株选择和混合选择两种方法，其他方法都是由这两种方法演变而来的。

单株选择法：单株选择也叫系统选择或个体选择，是一种基因型的选择方法。其方法是，根据育种目标从原始群体中按表现型选择优良单株（单穗或单铃），然后以单株为单位脱粒保存，下一年将每一单株的种子种成1行或1个小区区域，称为穗行或株行，同时种上对照品种进行比较，最后选出整齐一致的优良穗行。单株选择还依其后代是否发生分离，分为一次单株选择和多次单株选择。此法不仅适用于系统育种，同时还适用于杂交育种和选育自交系等其他的育种方法。

混合选择法：混合选择法是根据育种目标，从群体中按表型选择优良单株，然后将当选的若干单株混合脱粒保存，次年将混合脱粒的种子种成小区区域，同时种上对照进行比较，进而选出优良的混合群体。显然，由于混合选择法没有单株后代鉴定的过程，因此属于表现型选择。混合选择法也依其选择效果，分为一次混合选择和多次混合选择。

2. 鉴定的方法与效率

根据鉴定的性状、条件和场所以及鉴定的手段，可将鉴定的方法分为如下类别：

直接鉴定与间接鉴定：依据鉴定性状的直接表现进行鉴定称为直接鉴定，而依据与鉴定性状相关的另外的性状表现进行鉴定则称为间接鉴定。例如鉴定玉米籽粒中的赖氨酸含量，如果将籽粒磨碎，用化学的方法直接测定赖氨酸含量就是直接鉴定。但由于高赖氨酸含量具有籽粒暗淡不透明的特征，因此用籽粒暗淡不透明的特征来鉴定高赖氨酸的含量，此法即为间接鉴定。

田间鉴定与室内鉴定：这是依据鉴定的性状适合的场所而划分的。田间鉴定是指在田间栽培条件下，对育种材料进行特征、特性的直接鉴定。有些性状必须在田间鉴定，如生育期、整齐度以及分蘖习性等。但有些性状则必须在实验室鉴定，如谷类作物的蛋白质含量、油料作物的油分含量等。此外，考种工作，如穗粒数、千粒重等的鉴定也要在室内进行。

自然鉴定与诱发鉴定：自然鉴定是在田间的自然条件下进行鉴定。但是有些性状表现要求的环境条件不是每年或每个地区都能存在的，如作物的抗病性、抗虫性以及一些抗逆性等，这就需要人工模拟危害条件进行鉴定，来以便提高育种工作效率。这种在人工模拟创造的环境条件下所进行的鉴定就是诱发鉴定。

当地鉴定与异地鉴定：育种材料更经常的是在当地进行鉴定，但有时也需要异地鉴定。当地鉴定主要是一些抗性，如抗病性、抗旱性、抗寒性等。当有些需要人工模拟的环境条件不易或不便于人工诱发时，可将育种材料送到适宜地区进行鉴定，这就是异地鉴定。异地鉴定对个别灾害的抗耐性往往是有效的，但不易同时鉴定其他性状。

鉴定是进行有效选择的依据。应用正确的鉴定方法才能准确地鉴别育种材料的优劣，有效地做出取舍。要提高育种效率和加速育种进程，鉴定的方法越快速简便、越精确可靠，选择的效果就越高。

（五）选择育种的方法与程序

1. 系统育种

选择优良变异单株：从大田种植的推广品种原始群体中选择符合育种目标的若干个变异个体，后代按单株选择法处理。

株行比较试验：将上年当选的优良单株分别种成株行，同时设置对照。通过田间和室内鉴定，选出优良株行，进而繁殖成株系。整齐一致的优良株系可改称品系，参加下一年的品系比较试验。

品系比较试验：当选的品系种成小区，同时设置重复和对照品种，从中选出达到育种目标的优良品系参加下一个试验程序。品系比较试验一般要连续进行 2 年。

区域试验和生产试验：主要鉴定新品系的丰产性、适应性和稳定性并确定其适宜推广的地区。

品种审定与推广：上述程序完成后，报请农作物品种审定委员会审定、命名、推广。

2.混合选择育种

选择单株混合脱粒：按照育种目标的要求，从原始品种群体中选择一批优良单株，经室内鉴定后混合脱粒供下一个试验程序使用。

比较试验：将上年当选的若干单株的混合种子和原品种种子种成相邻的试验小区，通过比较确认选择群体是否优于原品种。

繁殖推广：对于优于原品种的改良群体扩大繁殖，首先在原品种的适宜地区大面积推广。

3.混合选择育种的衍生方法

（1）集团混合选择育种，当原始品种群体中具有几种符合育种目标的类型时，将中选单株按不同性状表现分成若干个集团，然后以每个集团的混合种子为单位进行下一程序的试验。

（2）改良混合选择育种，此法采用单株选择，分系比较，淘汰劣系，优系混合的方法获得混合选择群体，然后再与原品种进行比较。

三、杂交育种

（一）杂交育种的概念与意义

杂交育种是利用同一物种内不同基因类型的品种进行类型间杂交，使杂种后代产生多种基因型变异，再通过一系列纯化和选择程序，从中选择表现优良基因型纯合的系统而育成新品种的育种方法。杂交育种法是目前国内外各种育种方法中应用最普遍，成效最大的育种方法。目前各国生产上应用的主要作物品种绝大多数是采用杂交育种法育成的。

我国在20世纪50年代由西北农学院利用碧玉麦和蚂蚱麦杂交育成的碧蚂1号曾在黄河流域中下游的推广面积达到 6×106 hm²，以矮仔占为矮源与惠阳珍珠早杂交育成的水稻品种珍珠矮在全国的种植面积曾达到 3.33×105hm²。这些都是我育种史上"大品种"的典范事例。据统计，杂交育种法育成的品种在20世纪50年代仅占品种总数的14.8%，但随着时间的推移，杂交育种育成的品种呈直线上升趋势，60年代和70年代分别占35.5%和35.4%，80年代达79%，1990-2014年间达到91.6%。

在国际上此法仍然是主要的育种方法。例如，利用此法菲律宾国际水稻研究所育成了一系列矮秆多抗水稻品种：墨西哥国际小麦玉米改良中心育成了一系列矮秆、适应性广的小麦品种。杂交育种不仅用于纯系品种的选育，同时也是优势育种中选育优良亲本的有效方法。在不育系和恢复系的选育工作中，杂交育种法也是最基本的方法。

（二）杂交育种的基本原理

选育作物新品种，本质上是要改造作物的遗传基础，创造新的基因型。从遗传上看，作物的品种或类型间存在着不同程度的基因型差异。杂交育种正是利用了这种差异，通过两个或多个基因型有差异的亲本杂交，使其后代产生大量的重组基因型，其中会出现综合双亲优点而又克服其缺点的优良基因型，甚至还会出现超过亲本的新性状。杂交育种的原理就是基因重组，因此，杂交育种也称重组育种，其主要有下列 3 种情况：

1. 基因重组综合双亲优良性状

选用遗传结构不同的亲本杂交，通过基因的分离与重组可以综合双亲的优良性状，育成集双亲优点于一体的新品种。

2. 基因互作产生新性状

遗传试验表明，有些性状的表现是不同显性基因相互作用的结果。因此，可通过基因重组，使分散在不同亲本中的不同显性基因结合，产生不同于双亲的新性状。例如，两个均感霜霉病大豆品种杂交，在后代中有时出现大量抗病新个体（9 抗，7 感）；在高粱上，两个白种皮品种杂交，在杂种二代出现红种皮个体（9 红：7 白）。

3. 基因累积产生超亲性状

这是基于数量性状的多基因遗传基础。由于基因重组，可将控制不同亲本同一性状的不同基因，在新品种中累积起来，产生超亲现象，使作物的某一性状得到加强。例如在生育期方面，可选出比早熟亲本更早熟的新品种。

（三）杂交亲本的选配

在杂交育种中，根据育种目标和已掌握的原始材料，正确地选择亲本并合理地配置组合成为亲本选配。

亲本选配是杂交育种成败的关键，直接关系到杂种后代能否出现优良的变异类型，能否选出好的品种。育种的实践表明，亲本选配是比较复杂的，一个优良的杂交组合，往往能分别在不同的育种单位育成多个优良品种，而其他组合，由于亲本选配不当，虽然也经过了精心选育，但却不易选出优良品种来。

如在小麦的育种工作中：碧蚂 4 号 × 早洋麦→河南选出郑州 24 号；山东选出济南 2 号；北京选出北京 8 号；另外，在河北和江苏也都选出了新晶种。

由于杂交育种是不同基因型的亲本杂交后，从基因重组产生的多种基因型中选择优良的纯合体，因此，杂交亲本必须提供育种目标改良性状所需要的基因。但实际上，亲本在提供所需优良基因的同时，也携带一些不良基因。所以，在亲本选配上，如何选择既能使后代保持并提高其优良性状，又能克服其缺点的亲本组合是亲本选配的核心问题。

（四）亲本选配的基本原则

亲本应具有较多的优点，主要性状突出，缺点少，又较易克服，亲本间最好没有共同的缺点。这是因为：一方面，作物的许多经济性状属于数量性状，杂种后代的性状表现与亲本值密切相关；另一方面，有种目标总是要求多方面的综合性状，如果亲本都是优点多，缺点少不突出且能互相取长补短，这样在杂种后代出现优良性状值高且综合性状好的基因型的概率就大。

此外，亲本间既要有性状互补，也不能有太多的互补，以免影响后代优良基因型的分离比率。

亲本之一最好是适应当地条件，综合性状较好的推广品种。这是因为当地推广品种对当地的自然条件具有良好的适应性，且综合性状好。

亲本间在生态类型和亲缘关系上要有差异。不同生态类型，不同地理来源和不同亲缘关系的品种间，由于遗传基础差异较大，杂种后代分离范围广，易于提供选择的变异类型，但这种组合方式分离世代长，延长育种年限。亲缘关系近的亲本间杂交，后代分离范围小，变异类型少，但分离的时间短。选用哪种亲缘关系的材料作亲本，主要还是要看育种目标的需要，如果亲缘关系近的材料中具有育种目标所需的性状，就没有必要去寻找亲缘关系远的材料作杂交亲本。

选用一般配合力好的材料作亲本。配合力分为一般配合力和特殊配合力，这一概念最初是在选育玉米杂交种时提出来的，目前已在自花授粉作物和常异花授粉作物的杂交育种中应用。一个优良品种常常是一个好的亲本。但育种的实践表明，并非所有的优良品种都是好的亲本，好的亲本也并非都是优良品种。例如，美国创世界小麦高产纪录的著名品种 Gaines，在成千上万个组合中作亲本均未取得成功，而其姊妹系 Pullmen 10 品系却是一个很好的亲本，以其为亲本之一育成了 Hayslop 等多个优良品种。也就是说 Pullmen 10 品系的一般配合力好。一个亲本品种配合力的好坏，并不是依据品种本身的直接性状表现来评价的，而是要通过与其他品种杂交后，依据杂种后代的表现才能反映出来。因此，在亲本选配时，除了注意品种本身的优缺点外，还要通过杂交实践积累资料，以便了解品种的一般配合力。

（五）杂交方式

根据育种目标的要求，在一个杂交组合里选用几个亲本，各个亲本的配置称为杂交方式。杂交组合（一般简称组合）是指参与杂交的不同亲本组成。

1. 单交（成对杂交）

用两个亲本进行一次杂交的杂交方式称为单交（single cross）或成对杂交，以 A×B 或 A/B 表示，写在前面的 A 亲本为母本，后面的 B 为父本。杂交组合后代中，A 和 B 的遗传组分各占 50%。单交因其只进行一次杂交，简便易行是最基本，也是最常用的杂交方式，如果选用两个亲本即可满足育种目标的要求，一般都采用单交方式。

单交有正反交之分。正反交是一对相对概念，如果称 A/B 为正交，则 B/A 就是反交。如果没有细胞质基因控制的性状，正反交的效果是一样的。但如果育种目标涉及细胞质控制的性状，如小麦的抗寒性，最好正反交的组合都要做。

2. 复交

复交（multiple cross）是复式杂交或复合杂交的简称，是指选用 3 个或 3 个以上亲本，进行 2 次或 2 次以上杂交的方式。其特点是把未稳定的杂种进行再杂交，用来进行再杂交的亲本可以是杂种也可以是稳定的品种。

三交:先用两个亲本杂交获得 F1,然后再用第三个亲本与之进行再杂交。可用(A×B)×C 或 A/B//C 表示。由于杂交中亲本使用的顺序不同,各亲本在复交组合中的遗传贡献是不一样的。因此,要将综合性状好的亲本放在最后一次杂交中,以便增强杂交后代的优良性状。

双交:双交是指用两个单交的 F1 进行再杂交的杂交方式。参与杂交的亲本可以是 3 个,也可以是 4 个,分别以(A×B)×(A×C)和(A×B)×(C×D)或 A/B//A/C 和 A/B//C/D 表示。

上述的 3 亲本三交方式和这里的 3 亲本双交方式,在杂种后代中 3 个亲本的核遗传组分所占比率是一样的,但选择效果和育种进程有一定差异。

四交:选用 4 个亲本进行杂交,可以是双交方式,如上述的(A×B)×(C×D),也可以是 4 个亲本先后杂交,[(A×B)×C]×D 或 A/B//C/3/D(3 代表杂交的总次数)。

复交还可以有更多亲本杂交的方式,如五交、六交、七交等,还可以有一些特殊形式。

3. 聚合杂交

当选用少数亲本不能满足育种目标要求时,可采用多亲本的聚合杂交,将多个亲本的优良性状聚合在一起。如 8 个亲本的聚合杂交:

第一次杂交:A/B, C/D, E/F, G/H,组配成 4 个单交组合;

第二次杂交:A/B//C/D, E/F//G/H,组配成 2 个双交组合;

第三次杂交:A/B//C/D/3/E/F//G/H,组配成 8 个亲本的杂交组合。

4. 回交

回交是杂种与亲本之一进行再杂交的杂交方式,常用于改良只有个别缺点的优良品种,同时还用于转育不育系和恢复系等。

(六)杂种后代的选择

正确地选择亲本并采用合理的杂交方式获得了杂交种子,这仅仅是创造变异的基础工作,为育种目标的改良性状提供了必要的基因。而更重要的大量工作,是在杂交后代的分离群体中,通过连续的选择、培育、比较和鉴定,选出符合育种目标的优良纯种个体,从而育成新的品种。因此,在杂交育种中,亲本选配是基础,选择是关键。

对杂种后代的选择要在培育的基础上进行。培育条件对选择效果影响很大,对于同一组合的杂交后代而言,它可以分离成多种多样的基因型,而每一种基因型的表现都离不开相应的环境条件,"没有千斤的地力,就选不出千斤的品种"。如果杂种后代具有优良的遗传基因,而没有适合的培育条件,优良性状就不能得到充分表现,选择也不易取得成效。

杂种后代的选择方法很多,但其主要方法还是系谱法和混合法。这两种方法是杂种后代选择的基本方法,也是最常用的方法。此外,在此基础上还有多种改良方法。

1. 系谱法

(1)系谱法的要点自杂种第一次分离世代(单交 F2、复交 F1)开始,每一世代均按单株选择法进行选择并予以编号，直至选到性状表现整齐一致的优良系统。然后按系统混合收获参加下一个试验程序。

（2）各世代的工作要点（以单交种为例）

杂种一代（F1）：按组合依据 F2 的需种量确定种植株数。一般不选单株，但要种植和亲本对照，以便去掉伪杂种并淘汰有严重缺点的组合。成熟后，以组合为单位混合收获真正的杂种植株的种子，编号保存。

杂种二代（F2）：按杂交组合点播，单株选择。F2 是性状开始分离的世代，也是分离范围最广的世代。其群体的大小与优良单株出现的概率有关，种植的单株数目不宜太少。一般小株作物应种到 2000~6000 株，其原则是：①育种目标要求面广的要大些；②多亲本复交的后代要大些；③F1 评定为优良组合的应大些；④F1 表现较差但又没有把握淘汰的群体可小些。

选择的原则是，依据育种目标先比较组合的优劣，然后在优良的组合中选择优良单株。这一代选择的重点是受环境影响比较小的性状，即遗传力高的性状，如抽穗期、开花期、早熟性等，以及某些由主效基因控制的抗病性等，对这些性状的选择要从严；面对遗传力较低的易受环境影响的性状，如单株产量、穗粒数等，可放宽选择标准。

选株的数量可依据育种目标性状的遗传特点和 F3 需种植的系统数来确定。每个组合可选几株、几十株或几百株、育种目标要求综合性状良好的组合应该多选。收获时按单株收获并编号。

在 F2 以及以后各代也都要种植亲本和对照。以供选择时参考。

杂种三代（F3）：将 F2 中选单株按组合排列，每个单株种成一个小区（株行），一般为 1~2 行。这时，每个小区即每个中选的 F2 单株的后代（F3 各株）称为一个系统或株系。

F3 系统间性状差异表现明显，但绝大多数系统内仍有广泛分离，继续选择单株仍然是重要的。

这一代选择的方法是先在优良的组合中选择优良系统，再从优良的系统中选择优良单株。每个系统中一般可选择 5~10 株，入选株按系统分株收获，分株脱粒、延续编号、保存。如果有个别表现突出并且稳定的株系，可在选株后其余植株按系统混合收获，提前参加下年的产量试验。

杂种四代（F4）及其以后各世代：选择方法与 F3 基本相同。

（3）选择的依据和效果

遗传力与世代的关系：不同性状在同一世代遗传力不同；同一性状在不同世代遗传力不同。

生育期、株高、抗病性等遗传力较高，千粒重、穗粒数中等，每株穗数、单株穗重、产量较低。因此，遗传力较高的性状应在早代选择，遗传力低的性状要在晚代选择，因为遗传力随着世代的增加而增高，如大豆株高的遗传力 F2=60，F3=73，F4-82 等。这样的选择方法可靠性大，效果好。

个体与群体的关系：就同一性状而言，在同一世代，依据单株的表现进行选择，遗传力最小，可靠性最低；依据系统选择次之；依据系统群选择遗传力最高，可靠性也最高。

2. 混合法

混合法（bulk method）是在杂种分离的世代按组合种植，不进行选择直到估计杂种后代群体中纯合率达到 80% 以上时（F5~F8），再进行 1~2 次单株选择，下一代建立系统（种成株系），最后，选出优良系统进行升级试验。

显然，混合法分为两段：前一段（F2~F4），通过自交使个体基因型纯合；后一段（F5~F8），通过单株选择获得纯系。此法适用于自花授粉作物。混合法群体要大，代表性要广，在收获和播种时每个世代尽可能包括各种类型的大多数植株。到选择单株世代，选择的单株数量尽可能多，甚至可以选择几百乃至上千。选择无须过严，主要是靠下一代的系统表现严格淘汰。

3. 其他衍生的方法

从系谱法和混合法的比较可见，两种方法各有优缺点。为了利用它们的优点，克服其缺点，在两种方法的基础上，又衍生出许多其他方法，在育种的实践中，可依具体条件灵活应用。

（1）衍生系统法。衍生系统法（derived line method）是在 F2 或 F3 进行一次单株选择，其单株的后代分别称为 F2 或 F3 衍生系统。以后各世代只选择系统不选单株，在保留的优良系统中，只淘汰劣株，其余按系统混合收获，混合种植，不进行选择，直到性状趋于稳定时（F4 以后），再进行一次单株选择，次年种成系统，最后选出优良系统升级到产量比较试验。

衍生系统法的优点是：早代利用了系谱法的优点，对质量性状进行了定向选择；而晚代又利用了混合法的优点，对数量性状进行了选择。

（2）单粒传混合法。此法一般是从 F2 代开始，每一世代在仅淘汰属于简单遗传的不良性状的基础上，按组合每株采收一粒（或几粒）种子与下一代混合繁殖，直到 F5~F6 再进行选株，次年种成株系，选择优良株系进行产比。

单粒传混合法认为，杂种后代的株间变异大于株内变异。为了最大限度地保存变异量，克服自然选择的不良作用，同时缩小规模，应该采用每株采收等量种子的方法进行加代。

（3）集团混合法。在 F2 代，根据表现较明显的一些主要性状，如生育期、株高等，将每个组合按类型分为若干个集团，以后世代按集团混合种植，直到性状稳定时再从各集团中选择单株，建立系统，选择优良系统进行产量试验。

集团混合法具有混合法保持丰富变异类型的优点，同时又克服了混合法不同类型间相互干扰的缺点。

（七）回交育种

1. 回交育种的基本概念

回交是指两个亲本杂交产生的杂种，再与亲本之一进行再杂交的杂交方式。当生产上推广的某一品种综合性状比较好，只存在个别性状需要改良时，就可以考虑用回交育种的方法。回交育种法属于杂交育种，但此法在品种改良中具有独特的作用。

回交育种法就是根据育种目标的要求，选择适宜的轮回亲本和非轮回亲本杂交，然后再经多次回交后，并经自交选择育成新品种。

轮回亲本（多次亲本、受体亲本）是指在回交育种中多次使用的亲本。非轮回亲本（一次亲本、供体亲本）是指在回交中只使用一次的亲本。

2. 回交育种的特点如下：

（1）预见性高，方法简便，收效快。当生产上应用的某一品种优良性状比较全面，只有一两个缺点需要改良时，可采用回交育种法。例如，一个综合性状优良的丰产品种，只有不抗病这一个缺点，为了改良该品种的抗病性，又要保留其他全部优良性状，用回交改良法是很有效的。

例如丰产品种为轮回亲本时，以抗病品种为非轮回亲本，两亲本杂交后，再经过几次回交便可获得符合育种目标的新品种。

（2）用于选育不育系、恢复系或转育标记性状在下面要讲述的杂种优势利用中，用作杂种亲本的不育系、恢复系主要是用回交法育成的。如果利用标记性状生产杂交种子，首先必须使亲本之一具有标记性状，这种标记性状也要通过回交转育的方法获得。

（3）用于远缘杂交育种在远缘杂交育种中，常常遇到远缘杂种不育和杂种分离世代过长的困难，回交是克服远缘杂种不育和分离世代过长的有效方法之一。

（4）培育近等基因系为了研究在相同遗传背景下不同基因的作用，可用回交法将不同基因转育到同一轮回亲本中去，育成分别具有个别基因的近等基因系，通过在相同遗传背景下的相互比较，正确地鉴定不同基因的作用。多系品种就是用此法育成的。

（5）可异地、异季进行，能加快育种进程回交育种的选择主要是针对需要转移的目标性状进行。因此，只要这个目标性状得到发育和表现，在任何环境条件下均可进行回交，这就有利于利用温室、异地或异季种植，加速育种进程。

3. 回交育种的程序与技术

在回交育种的程序中一般都包括杂交，回交和自交3个步骤。在回交程序完成后，对新育成的品系还要进行必要的产量比较试验，在确定有利用价值后，才可用于生产。对于需要审定的作物品种，还要按规定的试验程序进行必要的试验。

第三节　种子生产技术

一、品种的混杂与退化

优良种子的标准包括：纯度高；饱满；发芽率高；发芽势好；带病虫害少。

（一）品种混杂与退化的区别与联系

品种混杂是指一个品种中混进了其他品种。品种退化是指品种性状变劣的现象，即品种的生活力降低，抗逆性减退，产量和品质下降。混杂容易引起退化并加速退化，退化又必然表现混杂。即混杂是退化的原因，退化是混杂的结果。

（二）品种混杂与退化的原因

1. 机械混杂

在种子工作的各个环节中，由于条件限制或人为疏忽，导致不同品种种子混入的现象称机械混杂。机械混杂是造成品种混杂退化的主要原因之一，也是当前生产上普遍存在的现象。

2. 生物学混杂

由于隔离条件以及去杂去劣不及时，不严格，不彻底，造成异品种花粉传入引起天然杂交，导致品种出现不良个体，破坏品种的一致性，使品种纯度和种性降低的现象称为生物学混杂。各种作物都可能发生生物学混杂，但在异交和常异交作物上比较普遍存在且严重。发生生物学混杂后可能导致性状分离，因而出现各种类型变异株。

3. 品种本身遗传特性发生累积性变化和自然突变

一般说来，一个常规品种（或自交系）是一个纯系，但完全的纯系是不存在的。即使是同一作物品种，其不同植株个体间在遗传上总会有或大或小的差异。随着品种在生产上使用年限的延长，这些差异会逐渐积累，使品种不断地由纯向杂转化。这种变化达到一定程度后，品种可能丧失使用价值。

4. 品种本身遗传特性改变

一个品种推广后，由于各种自然因素的影响，有可能发生各种不同的基因突变，在优良品种群体中出现变异株，造成品种的混杂退化。

5. 不正确的人工选择

在良种繁育过程中，如果对品品种的特征特性不了解，进行不正确选择，也会造成品种混杂退化。

（三）品种防杂保纯的措施

1. 严防机械混杂。

2. 防止生物学混杂，合理隔离，严格去杂。隔离方法通常有：空间隔离；时间隔离；屏障隔离。

3. 及时去杂、去劣和正确地选择。

4. 建立种子田制度。

三、加速良种繁育的方法

良种，亦称大田用种或生产用种。常说的良种有两层含义：一是优良品种，二是优良种子，即优良品种的优良种子。具体地说是指用常规种原繁殖的纯度、净度、发芽率、水分四项指标均达到良种质量标准的种子。

1. 提高繁殖系数

种子的繁殖系数就是种子繁殖的倍数，用产量为播种量的倍数表示。提高繁殖系数的方法有三类，既可单独使用也可结合使用。

（1）稀播精管

以最少的播种量，达到合理的成苗株数，获取最佳的经济效益。在我国有精量、半精量播种、点播或单本栽插等方法，通过精细管理，壮个体。建成合理群体，提高产量和繁殖系数。

提高种子质量：清选、晾晒、拌药或包衣、催芽等。

细整地精播保全苗：要争取一播全苗，整地要深、透、细、平，土壤湿润，播深一致，覆土严密。

（2）剥蘖移栽

具有分蘖习性的作物，如小麦，水稻，采取一次剥蘖分植，或者延长营养生长期，多次剥蘖繁殖。少量的种子，可以达到很高的繁殖系数。

（3）营养繁殖

或称芽栽繁殖，其狭义是指利用块根、块茎类作物的不定芽育苗移栽，广义而言是指充分利用无性繁殖器官的繁殖习性，提高繁殖系数。

2. 一年多代

一年多代即选择光温条件可满足作物生长发育的地区或季节进行冬繁或夏繁。一年多代的主要方式是异地异季繁殖。春、夏播作物（稻、玉米、棉花、大豆等）可在海南省三亚市、崖州区县、陵水和乐东县一带进行秋、冬繁殖。玉米 11 月 15 日左右播种，水稻 12 月底左右播种。北方冬小麦可到云贵高原夏繁，再到海南冬繁，南方的春小麦可到黑龙江春繁。

第四节 种子加工与检验

一、种子加工

（一）种子加工的含义

1. 种子加工的概念

对种子从收获到播种前采取各种技术处理，包括种子脱粒。预清选、干燥、清选、精选、分级、包衣和包装等一系列工艺手段，以改变种子的物理特性，改进和提高种子品质，获得具有高净度、高发芽率、高纯度和高活力的商品种子的过程。

2. 种子加工的内容与目的

种子加工的内容主要包括脱粒、预清选、干燥、清选、精选、分级，包衣和包装等加工工序。

加工目的是提高种子质量、耐贮性、种子价值和商品特性。

3. 种子加工的意义如下：

（1）使种子颗粒均匀，提高净度和千粒重，减少病虫害，使种子发芽整齐健壮、增产优产；

（2）利于种子的贮存与运输；

（3）增加后续工作的方便性，利于丸粒化与精密点播；

（4）提高种子在市场上的销售竞争力；

（5）机械化加工能减轻劳动强度、提高生产效率，稳定加工质量，提高包衣作业的安全性、利于环保和可持续发展。

（二）种子清选精选分级

清除混入种子中的茎、叶、穗和损伤种子的碎片、杂草种子、泥沙、石块等，提高种子净度。剔除异作物或异品种的不饱满，不健康或劣变的种子，提高种子净度级别和纯度。利用种子和杂质的物理性差异（重量与大小），将种子和杂质分离，达到对种子除杂、除劣、除病虫粒、精选分级的目的；根据空气动力学原理进行分离，即通过气流对种子和杂质产生的阻力不同进行分离；根据种子比重分离，种子比重因种子种类、饱满度、含水量及受病虫危害的程度不同而有差异，种子与杂质间的比重差异更大，故可用比重差异进行选种。比重差异越大则分离效果越好；根据种子表面特性（光滑、粗糙程度不同）分离，用于牧草种子。根据种子长、宽、厚的不同，利用不同形状和规格的筛孔，将种子分离分级。

（三）种子干燥

对种子的安全贮藏非常必要，种子为一团凝胶，对水分具有吸附与解吸的特性，当外界水汽压小于种子内部水汽压时，种子失水，即干燥。淀粉传湿力强，粉质种子易干燥，可用安全高温干燥；蛋白质传湿力弱，应低温慢速干燥；油质种子水分易散发，可用安全高温干燥。

自然干燥分为晒干和阴干。清场预热、薄摊勤翻及冷却入仓为晒干；将种子置于阴凉通风处，水分缓慢散失而干燥为阴干。自然干燥的使用对象为快速脱水易失活的种子，机械通风干燥利用鼓风、排气设备将种子堆中的高湿气体随风带走；加热干燥使种温上升，加快水分蒸发；干燥剂脱湿干燥利用吸水能力强并且对种子无害的化学物质，将种子周围空气中的水分吸收掉。

（四）种子处理

包括物理因素处理，化学物质处理和生物因素处理，处理的目的为防治病虫，刺激种子萌发、打破休眠、方便播种、提高活力、促进苗全苗壮。种子包膜，将某些物质包在种子表面，基本不改变种子原有形状和大小，用于大粒规则的种子；种子丸化，将某些物质包被在种子表面，使之成为大小一致的球形种子，用于小粒，不规则种子。种衣剂是用于种子包衣的具有成膜特性的某些物质。种衣剂的活性成分有农药、肥料及激素等，非活性成分为配套助剂，以保证种衣剂的物理性状，包括成膜剂，悬浮剂、抗冻剂、稳定剂、消泡剂、着色剂等。丸化剂除具有种衣剂的活性、非活性成分外，另加有黏土、硅藻土、泥炭、炉灰、膨润土等。

（五）种子包装

便于种子的贮藏、运输、销售和识别。种子包装单位常用的有按重量及按粒数包装。包装材料的性能要求具有耐用性、防潮性及适用性。包装材料有透气性及防潮抗湿性两种类型。种子包装操作包括装填及封口两个步骤，可由人工或机械完成，封口多采用缝合、热合、胶粘或石蜡封口。包装标识，是防止假劣种子流通，提高种子质量的重要环节，便于市场管理和用户选购。无标识种子不得经营，同时也是经营单位形象的展示，具有广告效应。可分为外标识及内标识。外标识印制在包装容器外面，主要内容应有商标、作物种类、品种、重量，净度、纯度、水分、发芽率，包装日期、生产经营单位等。内标识多以标签置于包装容器内或挂在袋外，内容可与外标识相同，亦可有所不同，主要为了便于核对识别。

二、种子检验

农作物种子检验规程由七个系列标准构成。就其内容可分为扦样、检测和结果报告三部分。其中检测部分的净度分析、发芽试验、真实性和品种纯度鉴定、水分测定为必检项目，生活力的生化测定等其他项目检验属于非必检项目。

1. 扦样

扦样是从大量的种子中，随机取得一个重量适当、有代表性的供检样品。样品应从种子批不同部位随机扦取若干次的小部分种子合并而成，然后把这个样品经对分递减或随机抽取法分取规定重量的样品。不管哪一步骤都要有代表性。

2. 检测

（1）种子净度分析

净度分析是测定供检样品不同成分的重量百分率和样品混合物特性，并据此推测种子批的组成。分析时将试验样品分成三种成分：净种子、其他植物种子和杂质，并测定各成分的重量百分率。样品中的所有植物种子和各种杂质，尽可能加以鉴定。为便于操作，将其他植物种子的数目测定也归于净度分析中，主要是用于测定种子批中是否含有毒或有害种子，用供检样品中的其他植物种子数目来表示，如需鉴定，可按植物分类鉴定到属。

（2）发芽试验

发芽试验是测定种子批的最大发芽潜力，据此可比较不同种子批的质量，也可估测田间播种价值。发芽试验领用经净度分析后的净种子，在适宜水分条件下，利用规定的发芽技术条件进行试验，到幼苗适宜评价阶段后，按结果报告要求检查每个重复，并计数不同类型的幼苗。需经过预处理的，应在报告上注明。

（3）真实性和品种纯度鉴定

测定送验样品的种子真实性和品种纯度，据此推测种子批的种子真实性和品种纯度。可用种子、幼苗或植株，通常把种子与标准样品的种子进行比较，或将幼苗和植株与同期邻近种植在同一环境条件下的同一发育阶段的标准样品的幼苗和植株进行比较。当品种的鉴定性状比较一致时（如自花授粉作物），则对异作物、异品种的种子、幼苗或植株进行计数；当品种的鉴定性状一致性较差时（如异花授粉作物），则对明显的变异株进行计数，并做出总体评价。

（4）水分测定

测定送验样品的种子水分，为种子安全贮藏、运输等提供依据。种子水分测定必须使种子水分中自由水和束缚水全部除去，同时要尽最大可能减少氧化。分解其他挥发性物质的损失。

（5）生活力的生化（四唑）测定

在短期内急需了解种子发芽率或当某些样品在发芽末期尚有较多的休眠种子时，可采用生化方法快速估测种子生活力。生活力测定是应用 2，3，5- 三苯基氯化四氮唑（简称四唑，TTC）无色溶液作为指示剂，这种指示剂被种子活组织吸收后，接受活细胞脱氢酶中的氢，被还原成一种红色的、稳定的、不会扩散的和不溶于水的三苯基甲腙。据此，可依据胚和胚乳组织的染色反应来区别有生活力和无生活力的种子。除完全染色的有生活力种子和完全不染色的无生活力种子外，部分染色种子有无生活力，主要是根据胚和胚乳坏死组织的部位和面积大小来决定，染色深浅可判别种子是健全的，还是衰弱的或死亡的。

（6）重量测定

测定送验样品每 1000 粒种子的重量。从净种子中数取一定数量的种子，称其重量，计算其 1000 粒种子的重量，并换算成国家种子质量标准水分条件下的重量。

（7）种子健康测定

通过种子样品的健康测定，可推知种子批的健康状况，从而比较不同种子批的使用价值，同时可采取措施，弥补发芽实验的不足。根据送验者的要求，测定样品是否存在病原体害虫，尽可能选用适宜的方法，估计受感染的种子数。已经处理过的种子批，应要求送验者说明处理方式和所用的化学药品。

（8）容许误差

　　容许误差是指同一测定项目两次检验结果所容许的最大差距，超过此限度则会引起对其结果准确性产生怀疑或认为所测的条件存在着真正的差异。

　　3. 结果报告

　　种子检验结果报告单是按照标准进行扦样与检测而获得检验结果的一种证书表格。检验项目结束后，检验结果应按 GB/T 3543.3~3543.7 中结果计算和结果报告的有关章条规定填报种子检验结果报告单。如果某些项目没有测定而结果报告单上是空白的，那么应在这些空格内填上"未检验"字样。

第九章 设施农业技术

第一节 温室大棚

中国是农业大国，自改革开放以来，国家一直致力推进农村改革，发展现代农业。设施农业是现代化农业的显著标志，是现代化农业的重要组成部分，是农业高新技术的象征，而温室工程又是设施农业的重要组成部分，是现代农业最重要的载体。

温室大棚采用透光或半透光覆盖材料为全部或部分围护结构，具有一定环境调控功能，用于抵御不良天气条件，给作物提供正常生长发育环境条件的农业设施。温室大棚综合了应用工程装备技术、生物技术和环境技术等，按照植物生长发育所要求的最佳环境，进行作物的现代化生产。

一、温室大棚分类

温室大棚是温室和大棚的统称。温室比大棚在功能上有所提升，设施结构复杂，冬天能够保温，而大棚本意指有支撑结构和透光、半透光覆盖材料地栽保护设施，设施结构相对简单，夜间保温性差，建造成本较低。但由于我国纬度跨度大，这类设施形式变化多样，现在对两者并不严格区分。

温室大棚按连接形式与规模可分为单栋温室与连栋温室，按建造材料可分为竹木结构大棚、水泥架结构大棚、钢结构大棚、有机材料结构大棚等，按用途可分为塑料大棚、塑料中小拱棚、日光温室和玻璃温室等。

（一）单栋温室与连栋温室

温室根据平面布局和结构组合形式分为单栋温室和连栋温室。单栋温室又称单跨温室，指仅有一跨的温室，部分塑料棚、日光温室等都属于单栋温室，通常采用单层薄膜覆盖。两跨及两跨以上，通过天沟连接中间无隔墙的温室，称为连栋温室。

连栋温室具有土地利用率高、室内机械化程度高、单位面积能源消耗少、室内温光环境均匀等优点，更适合现代化设施农业的发展要求，满足未来设施农业融入高科技发展的需求，也是现代机械化农业必然发展趋势。

（二）塑料棚、日光温室与现代连栋温室大棚

习惯上温室大棚常按用途进行分类，包括塑料棚、日光温室、玻璃温室等。

1. 塑料棚

塑料棚按高度分为塑料大棚、塑料中棚与塑料小棚。

塑料小棚：也称小拱棚，由拱棚架和塑料薄膜组成，棚高一般 0.6m 左右，棚宽 1.2~1.4m，拱棚架材料为竹条、竹竿等。小拱棚矮小，升温快，但棚内温度和湿度不能调节，一般用于春冬季育苗和春提早瓜类、蔬菜的栽培。小拱棚建造成本低，待温度升高后可拆除。小拱棚的拱架也可用钢管或 PVC 管等材料制作成永久结构，温度升高后只需拆除塑料薄膜。小拱棚内可铺设地膜和加温电线提高地温。

塑料中棚：一般棚高 1.5m 左右，棚宽 4m 左右，适于育苗与栽培，人可以在里．面操作，性能优于小拱棚。

塑料大棚：塑料大棚的尺寸根据场地进行设计，一般棚长 20~30m，棚宽 6~8m，多为半圆拱形，肩高 1m 以上，棚高 2m 以上，拱架间距 0.6~0.8 m。塑料大棚的密闭性较好，保温性能好，冬季可增加保温设施，人可在里面方便操作，适合育苗、春提早和秋延后蔬菜栽培。

塑料大棚也可以做成双栋和多栋的连栋形式。每栋的建造规格与单体大棚相似，两栋间以棚肩相连。塑料连栋大棚的面积大，温度和湿度比单体大棚更稳定，在里面进行生产操作比单栋大棚更方便。

2. 日光温室

日光温室是在我国北方地区使用较多的简易温室设施，又称为"暖棚"。日光温室为节能型单栋温室，由我国独创的具有鲜明中国特色的种植设施，是我国北方地区独有的越冬生产的主要设施，也是目前我国北方农村庭院建造的主要温室类型之一。

日光温室由采光的前坡面、后坡面和维护墙体组成。日光温室的三面为维护墙体，前坡面的覆盖材料一般为玻璃或塑料薄膜，前坡面日落后用保温被或草帘等柔性材料覆盖，日出后收起。日光温室最突出的优点是保温性能好，冬季不需要使用加温设施，节能效果显著，建造投资较低，有些材料可就地取材，总体经济效益较好，但是土地利用率较低，管理不太方便。

3. 现代温室连栋大棚

现代温室连栋大棚的尺寸较大，一般采用钢架支撑结构，围护结构采用玻璃、PC 板等，覆盖材料为 EVA、PE、PVC 膜，单跨 8~6m，开间 4~8m，棚高 5m 左右，滴水高度 3m 左右，宽度可达到 80m，长度可达 100 m。现代温室连栋大棚具有风机水帘系统，通过排风机、通风机和水帘降温设施利用水蒸发散热的原理降温；还具有内外双层遮阳控制系统，夏季能够使直射阳光转化成漫射光，避免强光灼伤作物；智能化的大棚具有基于物联网的控制系统，能够实时远程获取各种环境参数，通过专家系统模型分析，调控温度、湿度、CO_2

浓度、光强度等，并能通过远程 PDA、PC 或手机监控。

二、温室大棚的结构

我国纬度跨度大，由南向北，保温显得十分重要；由北向南，通风与降温显得十分重要。北方大棚体积较大，一般单个棚占地 0.5~1 亩，往南则温室有缩小的趋势，一般南方地区单个温室的面积一般为 0.3 亩左右。

温室大棚属于农用设施，国家制定了一系列的建设规范标准，如 GB/T 10292《温室工程术语》、GB/T 18622《温室结构设计荷载》、NY 5010《无公害食品蔬菜产地环境条件》、GB 50205《钢结构工程施工质量标准》等。但我国南北跨度大，各地在建设时做法有所不同。因此，具体施工往往是采用地方标准或企业标准进行。

1. 塑料温室大棚基本构造

塑料大棚可采用竹木、水泥、钢管为支撑件，其中钢筋结构大棚为目前的主流，它的耐用性和采光能力超过前两类。南方地区塑料大棚有的还在侧面开窗，以便夏季高温时通风与降温。

2. 现代温室连栋大棚基本构造

（1）基本构造

此类大棚为玻璃板、PC 板铺设的高档大棚，采用钢架结构。这类大棚结构较为复杂，目前没有统一的配件标准，由各大棚厂家自行设计，使用各自标准的配件。

目前通常的做法是厂家设计单跨大棚，单跨大棚栋栋相连成为连栋形式，内部可分开也可连通。这样简化了设计与施工，降低了建造成本。

这种温室大棚的空间大，采用钢架结构和硬质围护结构抗雨雪等恶劣自然气候的能力强，使用寿命长，而且能够设计成智能型大棚，大棚内气象环境条件可控，大棚内适合蔬菜瓜果等作物的种植，还能够做生态餐厅用。其缺点是造价较高，如果施工质量不高的话大棚内接缝较多，保温效果并不十分理想。这类温室大棚比较适合我国南方地区偏暖的气候条件，用于育苗、生态景观展览和生态餐厅等方面。

（2）常见术语

现代温室大棚虽不属于严格意义上的建筑物与构筑物，但结构与设计均与一般民用和工业建设规范相同，国家对其术语制定了行业标准。但由于新的工艺不断出现，标准相对滞后，设计者和使用者往往借用民用与工业建筑的术语。这些术语最初来自民间，较"土气"，各地说法不尽相同，存在同一物品多种名称的现象。

以下列出一些常见术语。

基础：承受温室荷载的底脚，常用钢筋混凝土浇筑或用砖砌成。

天沟：屋面与屋面连接处的排水沟，常用冷轧镀锌板压制。

温室跨度：两相邻天沟中心线之间的距离。

脊高（顶高）：封闭状态下温室的最高点至室内地平面的距离。

肩高（檐高）：温室屋面与侧墙交线至室内地平面的高度，即滴水高度；立柱底板到天沟下表面的高度。

开间：天沟方向相邻两根承重立柱之间的距离。

拱架：垂直于大棚轴线的拱形骨架。

拱距：相邻两个拱架之间的距离。

棚头：大棚主体结构的两端部分。

横梁（横向拉杆）：屋架的下弦与地面平行，与天沟垂直的长条形杆件。

立柱：温室中支撑屋面的直立构件，常用型钢制作。

斜撑：倾斜支撑两平行或垂直杆件的长条形杆件。

（3）温室大棚内常见设施

①通风降温系统。通风降温系统包括风扇、风机、降温水帘等。

②增温加热系统。增温加热系统采用锅炉加热供暖或燃气加热供暖的方式。采用锅炉加热供暖污染较大，采用燃气供暖的方式燃气成本较高。

③移动育苗床、多层育苗床。移动育苗床是现代温室大棚内常见的育苗设施，能够使育苗床之间有足够的作业空间；多层育苗床能够充分利用设施空间。

④其他设施。

补光设施：可在温室大棚的相应位置安装补光用的灯，一般采用大功率碘钨灯。

图像采集：安装摄像头，可用终端实时监控温室大棚内部情况。

物联网控制器：对温室大棚的温度、湿度、CO_2 浓度、光照强度、图像等参数的数据进行采集与处理的装置，管理者能现场控制或通过远程终端管理温室大棚。

第二节　基质栽培技术

一、无土栽培与基质栽培技术

无土栽培技术是指不用天然土壤，采用基质或营养液进行灌溉与栽培的方法，可以有效利用非耕地，人为控制和调整植物所需要的营养元素，发挥最大的生产潜能，并解决土壤长期同科连作后带来的次生盐渍化，是避免连作障碍的一种稳固技术。

无土栽培可以分为无固体基质栽培和固体基质栽培，其中无固体基质栽培是指将植物根系直接浸润在营养液中的栽培方法，主要包括水培和雾培 2 种。固体基质栽培是通常人们所指的基质栽培。基质栽培按照基质类型区分，可以分为无机基质栽培、有机基质栽培、复合基质栽培 3 种。其中，无机基质中的惰性材料基质在我国研究和应用相对成熟，石砾、珍珠岩、陶粒、岩棉、沸石等均可作为无机基质。有机基质一般取材于农、林业副产物及废弃物，经高温消毒或生物发酵后，配制成专用有机固态基质。用这种方式处理后，基质的理化性质与土壤非常接近，通常具有较高的盐基交换量，续肥能力相对较强，如草炭、树皮、木屑等都属于有机基质。复合基质是指按一定比例将无机基质和有机基质混合而成的基质，克服了单一物料的缺点，有利于提高栽培效率。

二、基质栽培技术的特点

基质栽培是目前我国无土栽培中推广面积最广的一种方法，是将作物的根系固定在有机或无机的基质中，通过滴灌或微灌方式灌溉，供给营养液，能有效解决营养、水分、氧气三者之间的矛盾。

基质栽培的作用特点如下所示：

1. 固定作用

基质栽培的一个很重要的特点是固定作用，能使植物保持直立，防止倾斜，从而控制植物长势，促进根系生长。

2. 持水能力

固体基质具有一定的透水性和保水性，不仅可以减少人工管理成本，还可以调节水、气等因子，调节能力由基质颗粒的大小、性质、形状、孔隙度等因素决定。

3. 透气性能

植物根系的生长过程需要有充足的氧气供应，良好的固体基质能够有效协调空气和水分两者之间的关系，保持足够的透气性。

4. 缓冲能力

固体基质的缓冲能力是指可以通过本身的一些理化性质，将有害物质对植物的危害减轻甚至化解，一般把具有物理化学吸收能力、有缓冲作用的固体基质称为活性基质；把无缓冲能力的基质称为惰性基质。基质的缓冲能力体现在维持 pH 和 EC 值的稳定性。一般有机质含量高的基质缓冲能力强，有机质含量低的基质缓冲能力弱。

第三节　水培技术

水培技术是指不采用天然土壤，采用营养液通过一定的栽培设施栽培作物的技术。营养液可以代替天然土壤向作物提供合适水分、养分、氧气和温度，使作物能正常生长并完成其整个生活史。水培时为了保证作物根系能够得到足够的氧气，可将作物的一部分根系悬挂生长在营养液中，另一部分根系裸露在潮湿空气中。水培技术是目前设施农业中经常采用的作物栽培技术之一。

一、水培技术的发展简介

植物生长发育主要需要 16 种营养元素。1859 年德国著名科学家 Sachs 和 Knop 建立了用溶液培养来提供植物矿质营养的方法，在此基础上，逐步演变和发展成今天的无土栽培实用科学技术。美国是世界上水培技术商业化最早的国家，20 世纪 70 年代就已经实现了蔬菜水培的产业化。目前全世界已有 100 多个国家和地区使用水培技术生产，栽培面积也不断扩大，其中荷兰是水培技术最为发达的国家。

20 世纪 70 年代，国内逐渐开始水培技术的研究及应用，山东农业大学率先开展作物的营养液水培育苗工作。华南农业大学根据南方亚热带气候条件的特点，研制出水泥结构深液流法水培装置，并从 1987 年开始在南方各地推广。1990 年以来，浙江省农科院在日本营养液膜技术设备的基础上，研制了定型泡沫塑料槽的浮板毛管水培技术；沈阳农业大学、北京市蔬菜中心、南京市蔬菜所等也引进了日本的全套无土栽培设备，研制出简易营养液膜技术和岩棉培技术。现阶段我国发展的主要水培技术为深液流技术、浮板毛管技术和营养液膜技术。

二、营养液配比原则

营养液的配方是水培技术的核心。

1950 年，加利福尼亚农业实验站的霍格兰（HoaglandD.R.）和阿农（ArnonD.I.）两位农学家总结了该站的植物水培成果，提出了植物水培的经典配方——霍格兰配方。

（一）营养液配比的理论依据

目前确定营养液组成的配比理论依据来自以下 3 种配方。

1. 标准园试配方

由日本园艺试验场提出的配方，依据植物对不同元素的吸收量确定营养液的各元素组成比例。

2. 山崎配方

由日本植物生理学家山崎肯哉根据园试配方研究果菜类作物水培而提出的配方，其原理是水、肥同步吸收，由作物吸收各元素的量与吸水量之比（表观吸收浓度）确定营养液的各元素组成比例。

3. 斯泰纳配方

由荷兰科学家斯秦纳提出，原理是作物对不同离子具有选择性的吸收，营养液中阳离子 Ca^{2+}、Mg^{2+}、K^+ 的总摩尔数与阴离子 NO_3^-、PO_4^{3-}、SO_4^{2-} 的总摩尔数相等，但阳离子中各元素的比例和阴离子中各元素的比例有所不同，其比例值由植株的成分分析得出。

（二）营养液的配比原则

1. 营养元素应齐全

营养液中的营养元素应齐全，除碳、氢、氧外的 13 种农作物必需营养元素由营养液提供。

2. 营养元素应可被根部吸收

配制营养液的盐必须有良好的溶解性，呈离子状态，不能有沉淀，容易被作物的根系吸收和有效利用。营养液一般不能采用有机肥配制。

3. 营养元素均衡

营养液中各营养元素的比例均衡，符合作物生长发育的要求。

4. 总盐分浓度适宜

总盐分浓度一般用 EC 值表示，不同作物在不同生长时期对营养液的总盐分要求不一样，总盐分浓度应适宜。

5. 合适的 pH

一般适合作物生长的营养液 pH 应为 5.5~6.5 营养液偏酸时用一般 NaOH 中和，偏碱时用一般硝酸中和。各营养元素在作物吸收过程中应保持营养液的 pH 大致稳定。

6. 营养元素的有效性

营养液中的营养元素在水培的过程中应保持稳定，不容易氧化，各成分不能因短时间内相互作用而影响作物的吸收与利用。

三、水培的优势与面临的问题

（一）水培技术的优势

1. 节水节肥

水培能够节约用水、节省肥料，水培过程中，一般 1~5 个月才更换一次营养液，水培蔬菜在定植后不需要更换营养液。

2. 清洁卫生

水培法生产的农产品无重金属污染，还能降低农药的使用量，也可以通过绿色植物净化空气。

3. 避免土传病害

根系与土壤隔离，可避免各种土传病害，避免了土壤连作障碍。

4. 经济效益高

与传统的作物栽培方式相比，水培的空间利用率高，作物生长快，而且一年四季能反复种植，极大地提高了复种指数，经济效益明显。水培法尤其适合叶菜类的蔬菜栽培。

（二）水培技术推广面临的问题

1. 一次性投资大

需要建设温室连栋大棚和各种水培设施，如种植槽、管道、通风设施、各种控制设施等，初期投入比较大。

2. 病害传播快

因为营养液处于流动状态，营养液中一旦有病菌滋生，其传播速度就会加快。水培时作物的根系浸泡在营养液中，由于水培的作物大部分原本不是水生植物，还须注意处理作物在营养液中吸收营养和呼吸之间的矛盾，否则容易出现氧气不足而缺氧烂根的现象。

3. 水培产品品质有待提高

由于水培的营养液成分简单，水培作物的次生代谢受到影响，产品的营养成分和微量元素目前均难以与常规栽培产品和有机食品的品质相媲美。

第十章 种植业资源与生产调节技术

第一节 种植业资源的类型及其合理利用

种植业资源是人类从事作物生产所需要的全部物质要素和信息，认识种植业资源的特性是合理利用种植业资源的基本依据。

一、种植业资源的类型

种植业资源可以根据不同的特性进行分类，各种分类体系都是针对某一具体特性而言的，是相对的。

（一）按照种植业资源的来源分类

1. 自然资源

自然资源（natural resource）是指在一定社会经济技术条件下，能够产生生态效益或经济价值，提高人类当前或可预见未来生存质量的自然物质能量的总称。包括来自岩石圈、大气圈、水圈和生物圈的物质，如由太阳辐射、降水、温度等因素构成的气候资源；由天然降水、地表水和地下水构成的水资源；由地貌、地形、土壤等因素构成的土地资源；由各种动植物、微生物构成的生物资源。生物资源是农业生产的对象，而土地，气候、水资源等是做为生物生存的环境因素存在的。

2. 社会资源

社会资源（Social Resource）是指通过开发利用自然资源创造出来有助于种植业生产力提高的人工资源，如劳力、畜力、农机具，化石燃料、电力、化肥，农药、资金、技术、信息等。

作物生产是自然再生产与经济再生产相交织的综合体，农产品是自然资源和社会资源共同作用的结果。自然资源是种植业生产的基础，是生物再生产的基本物质条件；社会资源是对自然资源的强化和有序调控的手段，可以增强对自然资源利用的广度和深度，反映种植业发展的程度和种植业生产水平。在种植业发展的早期，人们主要依赖优越的自然资源，例如利用河漫滩的肥沃土壤或烧荒后的土壤肥力等进行作物生产。除人力、畜力及简单的农机具外，几乎没有其他社会资源的投入，生产力水平非常低下。随着科学技术的进步和现代工业的发展，社会资源的投入日益增多，生产力亦随之不断提高，现代农业生产越来越依赖社会资源的投入。

（二）按照种植业资源是否具有可更新性分类

1. 可更新资源

可更新资源（renewable resource）是指自我更新周期短，可以年复一年循环利用的资源，主要针对自然资源而言。如种植业自然资源中的生物资源，基于生物再生产的生命过程，可以通过生长发育和繁殖进行自我更新；气候资源虽然年际间有一定的变化，但能每年持续利用，永续利用；土壤资源、矿物质营养、土壤有机质可借助生物小循环不断更新；水资源在地球水分循环中得到缓慢更新，但若对地下水开采过度，形成大面积地下水漏斗，则其更新周期将会变长或成为不可更新资源。作为社会资源的人、畜力，可周期性地补充和更新，亦称为可更新资源。

种植业资源的可更新性并不是必然的，而是以一定的社会经济技术水平和生态条件为前提的。只有在资源可塑性范围内合理利用，适度开发，才能保持其可更新性，否则就会适得其反，使资源丧失可更新性，最终导致资源短缺或枯竭。更有甚者，由于某一单项资源的可更新性功能丧失，造成整体资源的破坏。如滥伐使森林退化，气候失调，灾害频繁；滥牧使草原超载，草场退化；滥垦引起水土流失，土地沙化；农田只用不养或用多养少造成地力衰退等，这些都是种植业掠夺式经营使资源可更新性受到破坏的例子。

2. 不可更新资源

不可更新资源（non-renewableresource）是指不能连续不断地或周期性地被产生、补充和更新，或者其更新周期相对于人类的经济活动来说太长的一类资源。如化石燃料、矿藏等，这些物质都是远古时代的动植物随地质变化而深埋于地壳深层形成的，储量有限，如不珍惜或不节约使用，就会供不应求，导致资源危机。保持和增强可更新资源的可更新性是种植业持续发展的基础，替代或节约不可更新资源以保护和维持可更新资源的永续利用是种植业持久发展的重要手段。

（三）按照种植业资源贮藏性分类

1. 贮藏性资源

贮藏性资源（storable resource）是指资源的生产潜力可以贮存，当年不用可以留待来年使用的资源。如肥料、种子、农药、燃料、饲料以及现代种植业不可欠缺的煤炭、石油、天然气等化石能源，磷矿石、钾矿石和微量元素等矿藏资源等。但是可贮存年限受制于其利用价值，随肥效、药效下降及种子发芽率降低等，这类资源的生产潜力将同步减少。

2. 流逝性资源

流逝性资源（non-storable resource）是指当年不用则立即流逝，不能留存下来供以后使用的资源。如太阳辐射、热量、风能、劳畜力等。这类资源必须尽可能充分利用，以减少流逝，增值增益。另外，有些资源兼有贮藏和流逝两种性质，如农机具，土地闲置等。

农机具今年不用可以来年再用，但其折旧率下降，使用时间延长。土地闲置可以来年再用，也可以积累水分活化养分，从而提高作物产量。

二、合理利用种植业资源的原则

合理利用资源，可以实现资源增值，不断为人类提供越来越多的产品，丰富人们的生活。如果利用不当，超过资源增值的"阈值"，就会恶化更新条件，造成资源衰退，破坏生态平衡。

1. 因地制宜发挥优势

地带性与非地带性因素交织在一起，形成了资源在平面和垂直分布上的不平衡。不同地区和经营单位种植业的社会资源更是千差万别，如人口、劳力、土地、资金、肥水供应、各种生产设施以及技术管理水平都有各自的具体情况。因此，必须根据不同地区自然资源的数量、质量及组合特点以及不同种类农作物的生态特性，结合当地社会经济条件，确定不同地区资源的利用方向和合理利用方式，建立合理的种植业生产布局和结构，并采取不同的资源保护、培育和改造措施，趋利避害，扬长避短，发挥其现实优势和潜在优势。

2. 利用、改造和保护相结合

既要充分利用各种种植业资源，又要十分珍惜资源，重视对资源的保护和培养，并努力改造不利的资源劣势成为有利的资源优势，变不能利用的资源为可以利用的资源，使有限的种植业自然资源能充分发挥它们相对无限的生产潜力。例如，培育更加优质、高产、抗逆性强的各种动植物品种；改造低产的盐碱地、风沙地、涝洼地为良田；修筑梯田，防止水土流失，兴修水利发展灌溉等。

借助自然界物质循环或生物的生长繁育使可更新资源不断地得到更新，对这类资源如能合理利用，就可取之不尽，用之不竭。但是，如果开发利用不当，就会使这些资源的可更新性遭到破坏，甚至完全枯竭。因此，资源开发利用的强度不能超过资源的"阈限"值。不可更新资源中部分是可回收并重新利用的，例如铁、铜、矿质肥料（磷、钾）、云母等，如以废物排放，则成为环境的污染物质。不可回收的非更新自然资源，如煤、石油、天然气等矿物能源要尽可能节约利用。

3. 综合开发，发挥资源的综合效益

由于种植业资源具有整体性，所以开发利用种植业自然资源不能只考虑某一资源要素的作用而忽视与其他要素相互联系、相互制约的关系，也不能只考虑局部地区的资源利用而忽视整个地区各项资源的全面、合理利用。必须宏观全局，着眼于农、林、牧、副、渔的全面发展，充分发挥种植业自然资源的整体功能和综合效益，使自然资源能分层次多级多途径利用，废弃物能得到综合利用，提高资源的利用效率。

第二节 光照与作物生长发育

光是农业生产的基本条件之一，是地球上所有生物生存和繁衍最基本的能量来源，生命活动所必需的全部能量都直接或间接地来源于太阳光辐射能。绿色植物的光合作用将太阳光能转化为地球上生命活动所能利用的化学能。光合作用是绿色植物利用光能将 CO_2 和水合成有机物质并释放氧气的过程，所合成的有机物质主要是碳水化合物。光合作用所积累的日光能，无论是对地球上生物的生命活动，还是对人类的生产活动，都具有极其重要的意义。

光不仅影响作物的生长和发育，也直接影响农作物的产量和品质。一般作物都需要充足的阳光，才能生长发育良好、组织健壮、产量高、品质好。如果光照不足，光合作用弱，则会导致作物茎叶徒长、细胞壁薄、产量低、品质差，并易遭受病虫危害和倒伏。但对于有些蔬菜，为使其组织柔嫩、改善风味、增加经济价值，往往遮光栽培，减少日光直接照射、阻止光合作用，防止其由绿色变成白色。

一、作物生长发育对光照的需求

太阳光是十分复杂的生态因子，太阳的辐射强度、光谱成分、光照时间长短及其周期性变化对生物的生长发育和地理分布都产生着深刻的影响，生物本身也对这些多样变化的光因子有着极其多样的反应和适应。

（一）作物对光照强度的需求

光照强度是指单位面积上的光通量大小。光照强度对植物光合作用速率产生直接影响，单位面积上叶绿素接受光子的量与光通量呈正相关，光子接受多则获得的光能大，光化学反应快。光照强度对植物的生长发育，植物细胞的增长和分化，体积的增大以及干物质积累和重量的增加均有直接影响。在一定范围内，光合作用的效率与光照强度成正比，但到达一定强度后若继续增加光照强度，会发生光氧化作用使与光合反应有关的酶活性降低，光合作用的效率开始下降，这时的光照强度称为光饱和点。

另外，植物在进行光合作用的同时也在进行呼吸作用。当影响植物光合作用和呼吸作用的其他生态因子都保持恒定时，光合积累和呼吸消耗这两个过程之间的平衡就主要决定于光照强度。光补偿点的光照强度就是植物开始生长和进行净光合生产所需要的最小光照强度。为了在不同环境中生存，植物在光照，CO_2 和水等生态因子的作用下，形成了不同的适应特性，以保证光合作用的进行。

作物群体的光饱和点与补偿点比单叶的指标高，这是因为当光照强度增加使作物群体上层的叶片（单叶）达到光饱和点时，下层叶片的光合作用仍随光照强度的增加而增加。

另外，在同一自然光照下，上层叶中不同叶片因方位与角度不同，并非一律达到了光饱和点。对于群体的光补偿点来说，它应该是上层叶片光合作用的产物与下层叶片的呼吸消耗相抵消时的光照强度，其数值自然会比单叶高。在衡量光照强度对作物整体的影响时宜采用群体指标值。值得注意的是：作物群体的光饱和点与补偿点也并非一个常数，它们随叶面积指数、CO_2含量、温度、土壤有效水分等许多因子而变化。

光照强度对植物形态的建成有重要作用。光能促进组织和器官的分化，并制约器官的生长发育速度，使植物各器官和组织保持发育上的正常比例。植物叶肉细胞中的叶绿体必须在一定的光强条件下才能形成与成熟。弱光下植物色素不能形成，细胞纵向伸长，碳水化合物含量低，植株为黄色软弱状，发生黄化现象（etiolationphenomenon）。增加光照强度有利于果实的成熟，影响果实颜色的花青素的含量与光照强度密切相关。强光照通常有利于提高作物生产的产量和品质，如使粮食作物营养物质充分积累，提高籽粒充实度，使水果糖分含量增加、色素等外观品质充分形成等。

不同作物对光照强度要求不同，光照过强或不足都会引起作物生长不良，产量降低，甚至出现过热、灼伤、黄化倒伏等现象导致死亡。因此，正确地调节光照强度以提高对太阳能的利用，是作物栽培的重要课题之一。

（二）作物对光质的需求

自然条件下，绿色植物进行光合作用制造有机物质必须有太阳辐射作为唯一能源的参与才能完成，但并非全部太阳辐射均能被植物的光合作用所利用。不同波段的辐射对植物生命活动起着不同的作用，它们在为植物提供热量，参与光化学反应及光形态的发生等方面，各起着重要作用。

太阳辐射中对植物光合作用有效的光谱成分称为光合有效辐射，（Photosynthetically Active Radiation，简称PAR）。PAR的波长范围与可见光基本重合。光合有效辐射占太阳直接辐射的比例随太阳高度角的增加而增加，最高可达45%。而在散射辐射中，光合有效辐射的比例可达60%~70%之多，所以多云天反而提高了PAR的比例。平均而言，光合有效辐射占太阳总辐射的50%，太阳可见光是由一系列不同波长的单色光组成的。这些单色光组成可见光谱，其波长范围是380~760nm，光合作用的光谱范围就在可见光区内。不同的光质对植物的光合作用、色素形成、向光性、形态建成的诱导等影响是不同的。其中，红橙光主要被叶绿素吸收，对叶绿素的形成有促进作用，蓝紫光也能被叶绿素和类胡萝卜素吸收，因此，这部分光辐射被称为生理有效辐射。绿光很少被吸收利用，被称为生理无效辐射。实验证明，红光有利于糖的合成；蓝光有利于蛋白质的合成；蓝紫光与青光对植物伸长有抑制作用，使植物矮化；青光诱导植物的向光性；红光与远红光是引起植物光周期反应的敏感光质。

弄清光质的不同生态功能，有助于在生产实践中加以应用。在大棚或塑料薄膜栽培中，选用不同滤光性薄膜可获得不同的光质生态环境，以形成特定作物品种或特定生长阶段对光质的要求。

（三）作物对光照时间的需求

地球绕太阳公转时，地球相对太阳的高度角变化造成昼夜长短依纬度的不同而异，各地的昼夜长短也不同，但在一定地区和一定季节是固定不变的。不同地带的生物接受的光照时间长度也存在较大的差异。实际日照长度因天气原因大大少于其理论值，因而生理学上采用光照长度更为准确。光照长度指理论日照加上曙、暮光的有效光照时间、天空云层对其绝对长度只有较小的影响。每天光照与黑夜交替称为一个光周期（photoperiodic）。早在20世纪初就有科学家发现，昼夜交替及其延续时间长度对作物开花有很大影响，也影响着落叶休眠的开始，以及地下块茎等营养贮藏器官的形成。日照长度的变化对植物具有重要的生态作用，由于分布在地球各地的植物长期生活在各自光周期环境中，在自然选择和进化中形成了各类生物所特有的对日照长度变化的反应方式，这就是生物中普遍存在的光周期现象。

三、提高作物光能利用率的措施

（一）选育高光效优良作物品种

选育合理叶型、株型较适合高密度种植而不倒伏的品种，是提高光能利用率的重要措施之一。

从叶型来说，一般斜立叶较利于群体中光能的合理分布和利用。由于叶斜立，单位面积上可以容纳更多的叶面积；另外，斜立叶向外反射光较少，向下漏光较多，可使下面有更多的叶片见光。在太阳高度角大时，斜立叶每片叶子受光的强度可能不如垂直对光的叶，但光合作用一般并不需要太强的光照。换言之，同样的光能分布到更大的叶面积上，这对光合作用有一定的好处，因其使更多的叶面利用光能进行同化。如果作物的上层叶为斜立叶，中层叶为中间型，下层叶为平铺型，则群体光能利用率最好。理想叶的分布应为：上层叶占50%，叶与水平面呈90°~60°；中层叶占37%，叶与水平面呈60°~30°；下层叶占13%，叶与水平面成30°。

另外，平叶、直立叶的多少及其对光合强度的影响与叶面积指数有关。叶面积指数低时，平叶多，能够增加光合量；叶面积指数大时反之。平叶与直立叶的上下分布对光能利用率有一定的影响，叶面积指数小时，对光能利用率的影响较小；叶面积指数大时，直立叶在上面为好。

选育株型紧凑的矮秆品种，群体互相遮阴少、耐肥抗倒、生育期短，形成最大叶面积快，叶绿素含量高，光能利用率高，是目前的选种方向之一。培育光呼吸作用低的品种，或用筛选法从光呼吸植物中选择光呼吸较低的植株，培育成新品种，也是提高光能利用率的一种途径。

提高光能利用率，最根本的还是通过延长光合时间、增加光合叶面积和提高光合效率等途径。

（二）延长光合时间

1. 提高复种指数

复种指数是指全年总收获面积对耕地面积的百分比，是衡量耕地每年收获的次数。提高复种指数可增加收获面积，延长单位土地面积上作物的光合时间。国内外实践研究证明，提高复种指数是充分利用光能。提高产量的有效措施。如将一年一熟制改为两年三熟制和一年两熟制，一年两熟制改为一年三熟制，不断提高复种指数。在一年内安排种植不同的作物，从时间和空间上更好地利用光能，缩短田地空闲时间，减少漏光率。

在条件允许的地方可以推行间套复种方法，因为间套复种在一定程度上能提高作物的光能利用率。其好处首先是能延长生长季节，使地面经常有一定作物的覆盖。比如小麦、玉米与高粱三茬套种（如果热量许可），其全年的面积是此起彼伏，交替兴衰；其次，能合理用光，因为间套作田间的作物配置，常采用高、矮秆相间，宽、窄行相间的方式。这样，可增加边行效应，把单作时光照分布的上强下弱的形势变为上下比较均匀，改善通风透光条件比单作增加了密度与总叶面积。

但如果生长季不够长或保证率不够高而勉强推行间套复种会造成减产，甚至使后茬失收。间套复种还必须考虑肥力、劳力、植保、总的经济效益等方面的因素，其中有的甚至比气象条件更重要，故必须因条件而制宜，不可盲目推行。

2. 延长生有期

在不影响耕作制度的前提下，适当延长作物的生育期。例如，前期要求早生快发，较早形成较大的光合叶面积；后期要求叶片不早衰。这样，就可以延长光合时间。当然，延长叶片寿命不能造成贪青徒长；因为贪青徒长，光合产物用于形成营养器官，反而会造成减产。

3. 人工补充光照

在小面积的栽培中，如日光温室等，当光照不足或日照时间过短时，还可以用人工光照补充。日光灯的光谱成分与日光近似，而且发热微弱，是较理想的人工光源。

（三）增加光合面积

光合面积即作物的绿色面积，主要是叶面积。它是影响产量最大的影响因素，同时又是相对容易控制的一个因素。但是叶面积过大，又会影响作物群体的通风透光而引起一系列矛盾。所以，光合面积要适当地增加。

1. 合理密植

合理密植是提高光能利用率的主要措施之一。合理密植可以使作物群体得到最好的发展，因为有较合适的光合面积以及充分利用光能和地力。种植密度过低，作物个体发展好，但作物群体得不到充分发育，光能利用率低；种植密度过高，下层叶子受到的光照少，在光补偿点以下，变成消费器官，光合生产率降低，导致作物减产。

2.改变植株株型

新近培育出的小麦、水稻和玉米等作物高产品种株型有着共同的特征，如秆矮，叶直立小面厚，分蘖密集等。株型改善能增加密植程度，增大光合面积，耐肥不倒伏，充分利用光能，提高光能利用率。

（四）提高光合效率

限制光能利用率的自然因素很多，如作物生长初期覆盖率小；作物群体内光分布不合理；光能转化率低；高纬度区农业受冬季低温的限制；不良的水分供应与大气条件使气孔关闭，影响 CO_2 的有效性与植物的其他功能；光合作用受空气中 CO_2 含量的限制；作物营养物质的缺乏；自然灾害（气象与病虫等）的影响等。如果能设法解决上述矛盾，就可以大大提高光能利用率，从而提高作物产量。

1.改进作物种植行向

假设太阳高度角不变，当光线顺行的方向照射时，行间因不受作物遮挡，所以该行向行间的光照条件比其他行向的行间为好；但对行内的作物而言，情况正好相反，光线顺行照射时植株间相互遮阴最严重，故光照条件反比其他行向差，当光线垂直于行向照射时，行间因受作物遮阴，光照条件差，但行内植株间彼此遮阴少，故光照条件较好；另外，在中纬度地区，根据太阳方位角一天的变化规律，夏季太阳光从东与西照射的时间，比从南面照射的时间长得多。纬度越低，太阳偏东西方向照射比偏南照射的时间越长，纬度越高情况正相反。但从东西照射时，由于太阳高度角低，故作物阴影较长，中午偏南照射时阴影较短。根据以上两点，在中纬度将出现两种情况。对单作与间套作的上茬作物来说，以南北行对作物受光有利，且纬度越低，南北行越有利，纬度越高南北行的优势渐减。对套种的下茬作物（共生期内）来说，则以东西行对作物受光有利，且纬度越低，东西行越有利，纬度高则其优势渐减。南北行向行间光照分布比较对称，东西行向行间光照分布则北面比南面偏多，使行间套作的几行作物长得不均匀，但可利用这种光照分布的特点，将套种的作物种在行间稍偏北而光照较多的地方。

不同行向对作物的影响是综合的，光只是一个方面；另外，行向的效应将随纬度、季节、天气与种植方式等而异，故关于哪种行向更好的结论不尽相同。

2.改进栽培管理措施

提高单位叶面积的光合生产率，还可以从改进栽培管理措施着手。

一方面，适宜的水肥条件是提高单位叶面积光合生产率与生长适宜叶面积的重要物质基础；另一方面，水肥还通过影响叶面积进而影响群体通风透光条件，而通风透光又是提高单位叶面积光合生产率的重要条件，对于高产群体，问题尤为突出。所以水肥措施对提高植物光能利用率有着综合的影响。

采用育苗移栽（如水稻）以充分利用季节与光能；采用中耕、镇压、施用化学激素与整枝等措施，以调整株型，改良群体内的光照与其他条件；或抑制光呼吸，以提高光能利用率；加强机械化以最大限度地缩短农耗时间；精量播种，机械间苗以减少郁蔽；用化学药剂整枝以调节株型叶色等，这些对提高光能利用率都将起一定的促进作用。

第三节 温度与作物生长发育

一、温度对作物生长发育的影响

温度作为重要的生态因子，不仅直接影响作物的生长发育，而且影响着作物的产量与品质的形成。

（一）温度对发芽、出苗与生长的影响

1. 土壤温度与作物种子的发芽和出苗

土壤温度对种子发芽、出苗的影响无疑比气温直接得多，故一般用土温做指标比用气温做指标更为确切。在实际工作中，土温与气温都被广泛应用，但应注意两者之间的差别：在春播时以 5 cm 土温来说，其比气温应高 2℃左右。如果某作物以气温 12℃为播种的温度指标，改用土温时应提高 2 C，应改为 14℃。土温受具体地块的地形、坡度、土壤水分、耕作条件、天气与覆盖等的影响而千差万别，故根据土温播种时要注意这些差异。土壤不同深度的温差明显，特别是白天的温度。如春播时 3 cm、5 cm 与 10 cm 土温的差值，以日平均温度而言，差值常不到 1℃。但白天，特别是中午、晴天时它们之间的差别可达 2~4℃或更多，所以播种深度对作物发芽出苗的快慢影响很大。

小麦、大麦、燕麦当土温平均为 1~2℃时即能萌发；棉花、水稻、高粱则需 12~14℃，土温的高低对出苗时间也有很大影响。例如，当温度在 5~20℃时，温度每升高 1℃，冬小麦达到盛苗期的时间可减少 1.3 天。

土温对发芽生长的影响不仅取决于日平均温度的高低，还与土壤温度的日变化有关。当日平均温度偏低，较接近作物生长的最低温度时，夜间温度接近或低于下限，作物很少或不能生长。在这种情况下，白天的温度对作物的发芽生长起主要作用，对于早播的棉花与早春小麦往往存在这种情况。当日平均温度较高，较接近作物生长的最高温度时，中午的温度往往接近或超过上限，抑制作物生长。这时，早晨与夜间的温度对作物的发芽生长起着更重要的作用，且温度日较差越大，中午不利影响就越大。

2. 土壤温度与根系的生长

土温与作物根系的生长关系十分密切。一般情况下，根系在 2~4℃时开始微弱生长，10℃以上根系生长比较活跃，土温超过 30~35℃时根系生长受阻。另外，土温的高低还影响着根的分布方向，Kaspar 等发现了大豆根系的分布和地温的关系。在低温土壤中，大豆根系横向生长，几乎与地表面平行；而在高温土壤中，大豆根系却是纵向生长，能够伸向

深层土壤当中，这对根系吸收土壤中的水分和养分都是十分有利的。

3. 土壤温度与块茎和块根的形成

土温的高低影响块茎的大小、含糖量以及形状等。马铃薯块茎形成最适宜的土温是15.6~23.9℃，也有人认为17.8℃是块茎形成的最适宜温度，21.1℃对地上部营养体生长最好。土温低（8.9℃）则块茎个数多，但小而轻；土温适当（15.6~22.2℃）则块茎个数少而薯块大；土温过高（28.9℃）则块茎个数少且薯块小，块茎变成尖长型，大大减产。甘薯块根着生土层（5~25 cm）的土壤温度日较差与上下层土温的垂直梯度的大小，对块根的形成有明显的影响，土温日较差与土温垂直梯度大，可使块根长得较圆，反之成尖长型。昼夜温差大的砂性土壤对甘薯的块根形成较为有利。

4. 土壤温度与作物对水分和养分的吸收

低温使作物根系对水分的吸收减少。其主要原因是：低温使根系代谢活动减弱，增加了水与原生质的黏滞性，降低了细胞质膜的透性。但是，土温过高、酶易钝化、根系代谢失调，对水分的吸收也不利。土温的高低还影响作物根系对矿物质营养的吸收，低温可减少根系对多种矿物质营养的吸收，但对不同元素的影响程度不同，这与所遇低温的强度与时间有关系。

（二）温度对产量和品质的影响

温度对作物生长发育的影响，最终都会影响到产量。以小麦为例，既要有足够的苗数、穗数、穗粒数，同时又要有较高的粒重，才能综合形成高的产量，这就涉及小麦各个生育时期的温度条件。作物不同生育时期要求不同的温度，充分满足条件就能获得高产。如北京市历年单位面积产量与旬平均气温的回归统计分析表明，冬前、初冬和早春温度偏高，春末夏初温度偏低有利于增产。

温度对作物灌浆过程的影响是决定产量和品质的重要因素。作物粒重是灌浆速率对灌浆时间的积分，在能够进行灌浆的温度范围内，温度偏低可延长灌浆期，但日灌浆速率下降；温度偏高则反之。对小麦而言，在大多数情况下，气温偏低时虽然日灌浆速率有所下降，但灌浆期延长仍导致最终粒重的增加。因此，高纬度和高海拔地区的小麦通常更容易获得大粒种子。

灌浆期处于适宜温度范围时段的长短，对小麦千粒重与产量形成有很大的影响。如拉萨小麦千粒重比北京大，在小麦抽穗到成熟期间，如果以白天（7~19时）照光条件下的温度15~24.9℃为光合作用的适宜温度范围，则拉萨每天有9.7 h温度处于这一范围，而北京只有6.9 h；高于适温（>25℃）的时间拉萨为0.1 h，北京为5.7 h；低于14.9℃的时间拉萨为3.6h，北京为0.4h，可见拉萨的温度日变化有利于加强作物的光合作用与减少呼吸作用，是小麦千粒重较高的原因之一。

温度对作物品质的影响有多种表现。如草莓在形成甜味和红色时要求中等到较高的温度，但在形成特有香味时要求10℃左右的温度，春季第一茬种植后的早晚可以遇到这样的温度，故香味较浓。而后几茬种植由于温度较高香味就较差。温度日较差大一般有利于糖分的积累，这也是哈密瓜和吐鲁番葡萄香甜举世闻名的主要原因。吐鲁番葡萄品质好还得益于那里炎热的夏季和干燥的空气，能使葡萄很快风干。番茄开花受精遇低温则幼果发育不良，易形成畸形果；春播小萝卜在春寒年也易分杈，纤维多且品质下降。

二、我国作物光温生产潜力

作物光温生产潜力指在 CO_2、水分、土壤肥力、农业技术措施全部适宜的条件下，由当地辐射和温度所决定的最高作物产量。

在影响作物生活的因子中，光和热是自然因素，目前人类尚难于控制；而水分和矿质营养元素来自土壤，可以通过施肥、灌溉。耕作等加以控制和调节。因此，只要充分地利用光和热能以及土壤水分和营养，提高其利用率，最大限度地满足作物生长发育的需要，那么作物的生产力可以不断提高。

作物所积累的有机物质，主要是作物利用太阳光能，将 CO_2 和水通过绿色叶片的光合作用合成的。因此，通过各种措施和途径，最大限度地利用太阳辐射，不断提高光合生产率，形成尽可能多的有机物质，是挖掘作物生产力的重要手段。目前，作物对太阳光能的利用率还很低，一般只有 1%~2%。而在太阳的总辐射中，2/3~3/4 尚未被光合作用利用，而是以热的形式浪费了。作物吸收光能的最大利用率，理论上应为总辐射量的 1/3~1/4，光能的损失包括土地空闲无作物生长或作物很少，光能大量通过叶片间隙透射到地表损失，或作物叶片老熟，枯黄、光能利用率极低或被叶片表面反射损失，或在叶表面转为热能散失等，气候生产潜力受光、温、水等因子的共同制约。降水过少，或温度过低都会影响当地气候资源的利用率。我国地处温带 . 亚热带和热带，太阳光能资源极为丰富，充分利用可为作物高产提供良好的物质基础。根据估算，若气温≥5℃的时期内，全国太阳能利用率都达到 2% 水平，则全国平均亩产将达到 500 kg 以上。其中，东北、西南地区为 400~500 kg，华北、西北、华中和柴达木盆地为 500~600kg，华南和藏南各地为 600~700kg，若能把气温≥5℃时期内的太阳能利用率提高到 5.1%，则全国平均粮食产量将达到 1250 kg 以上。其中，东北、西南地区为 900~1 250 kg，华北、西北、华中和柴达木盆地为 1 250~1 500 kg，华南、南疆和藏南各地可达 1500~1750kg，而昆明附近、海南岛沿海和台湾沿海地区可达 2250 kg 左右。事实上，长江流域一年三熟粮食超 1 500 kg，青藏高原等地一季小麦接近 1 000 kg 的事例已有不少。

由于全年各月太阳辐射量的分布因地区而又有很大差别，太阳能辐射较强的几个月也是光合作用潜力值最大的时候。如我国南方诸省大多数地区光合作用潜力值较高的时期在 6~8 三个月，最高月值在 7 月；台湾地区的高雄，较高月在 6~8 三个月，以 6 月最高；云南昆明和四川西昌等地，3~5 月较高，以 4 月为最高月值。因此，力争在阳光最盛的几个月内，使作物具备足够的光合器官，对作物的高产栽培极为有利。

三、调节温度的农业技术措施

在农业生产中常采用一些栽培措施调节土温与气温，以确保作物生长发育处于适宜的温度条件。常采用的措施有灌溉、松土或镇压、垄作或沟种等。

（一）灌溉措施对温度的调节

在温暖季节的灌溉可起降温作用，寒冷季节可以起保温作用，这是众所周知的。一般对土温（10 cm）来说，冬季保温效应可达1℃左右，夏季灌溉的降温作用可达1~3℃；具体效应的大小，因天气、土壤、植物覆盖以及灌水量、水温等条件而异。对贴地气层的气温的影响随高度而异，对1.5~2.0 m高度来说，一般效应不到1℃，靠近地面则效应较大。北方冬灌保温的主要原因是灌水增加土壤热容量与热导率，暖季浇水降温主要因为增加了蒸发耗热。

冷暖过渡季节灌溉的温度效应与蒸发条件有很大的关系。而温度高低直接影响蒸发。当日平均温度为0℃或略低时，白天温度高可使灌溉地因蒸发多而降温，夜间温度低抑制蒸发，灌溉可发挥保温作用；同理，冬季在初冬也有过渡时期，最初以降温为主，渐变为以保温为主。北方整个冬季冬灌地维持保温效应。南方冬灌地在整个冬季则以降温为主。

（二）耕作措施对温度的调节

1. 松土与镇压对土温的影响

（1）锄地（松土）对土温的影响

锄地的作用是综合的，可有增温、保墒、通气及一系列生理生态效应。仅就温度效应来说，如果锄地（包括搂地）质量高而条件适宜，可使暖季晴天土壤表层（3cm）日平均温度增高约1℃，最高可增加2~3℃或更多。锄地增高地温的主要原因，一是切断土壤毛细管，撤掉表墒，减少了蒸发耗热；二是使锄松的土层热容量降低，得到同样的热能而增温明显：三是锄松的土层热导率低，热量向下传导减少，而主要是用于本层增温。

对于锄松层以下的实土层来说，情况可能相反，即锄地可使表层增温而使下层降温；另外，白天表层增温，但由于锄松后表层热容量与热导率减小，夜间常常降温，使其比未锄松地的温度反而低。在春季，特别是早春，当低土温是影响作物生长的主要因素时，锄地增温对促进作物生长起着重要的作用。锄地还可以增加表层土温日较差与垂直梯度；并可使晴朗白天贴地气层的温度略有提高，可利于作物长根发叶。

（2）镇压对土温的影响

镇压的作用与锄地相反，它能增加土壤容重，减少土壤孔隙，增加表层土壤水分，从而使土壤热容量、热导率都有所增加。据观察，镇压后从地表到15cm深度土壤热容量的相对数值增大11%~14%，热导率增加80%~260%。土壤经镇压后，白天热量下传较快，使土壤表层在一天的高温期间有降温趋势；夜间下层热量上传较多，故在一天的低温期间可提高土温，缓和土壤表层的温度日变化。据观测，早春测得5cm与10 cm深度土温日变幅，镇压的比未镇压的小2.2℃，镇压过的耕地，夜间土壤表层不易结冻。此外镇压可以消灭土块与土壤裂缝，防止因风抽而造成越冬作物的死亡。镇压对深层土温的影响一般与表层相反。

2.垄作对土温的影响

在一年的温暖季节，垄作可以提高土壤表层温度，有利于种子发芽与幼苗生长，一般可使垄背土壤（5cm）日平均温度提高1~2℃，并可加大土温日较差。寒冷季节垄作反而降温，有的地区利用垄作秋季降温作用来防止马铃薯退化。

暖季垄作能使土壤增温，其主要原因是垄背的反射率比平作平均低3%，对散射和辐射的吸收略高于平作。垄面有一定的坡度，在一定时间，对一定部位，特别是靠垄顶的部位，可较多地得到太阳辐射。垄顶在一定时间遮挡了垄沟的阳光，在太阳辐射的分配上垄顶多于垄沟，故使垄上增温，垄沟降温。垄上土壤水分少，因而蒸发耗热较少。可使垄上土壤热容量与热导率减小。在实行免耕法的地区，前茬作物的秸秆（轧碎）可集中在垄沟，使垄背温度比平作秸秆平铺地高。

（三）覆盖与土壤温度调节

1.地膜覆盖

用很薄（0.004~0.02mm）的塑料薄膜紧贴地面进行的地膜覆盖栽培技术，是世界现代作物生产中最简单有效的增产措施之一。地膜覆盖具有协调土壤温度、保持土壤水分、改善土壤物理性状、增加土壤养分、减轻土壤盐渍化等多种作用。因此，有缩短作物苗期、促进生长发育、提高开花结果、增加产量等功效。

2.秸秆覆盖

随着少耕、免耕技术的不断推广，秸秆还田和秸秆覆盖的面积愈来愈大。玉米秸秆覆盖麦田，冬季的保温作用有利于冬小麦安全越冬；春季的降温作用，则推迟冬小麦的返青生长，延长小麦生育期。玉米田中的秸秆覆盖可以有效地平抑地温变化，降低地温的日变幅，缓和昼夜温差，避免地温的剧烈变化，能有效地缓解地温激变对作物根部产生的伤害。秸秆覆盖改变了土壤的水热变化，有利于作物的生长和产量与水分利用效率的提高。

3.染色剂与增温剂

（1）染色剂

喷洒或施用黑色物质如草木灰、泥炭等，使土壤能更多吸收太阳辐射而增温，施用浅色物质如石灰、高岭土等，可反射太阳辐射而降温并缓和温度日变化。

（2）增温剂

土壤增温剂是一种覆盖物，它具有保墒、增温、压碱和防止风蚀、水蚀等多种作用。其温度效应，晴天5cm深土层可增温3~4℃，中午最大可增温11~14℃，阴天增温较少。增温原理主要是抑制蒸发、减少蒸发耗热。

增温剂目前在我国主要用于早春水稻、棉花、蔬菜等的育苗，可使作物早出苗5~10天，早移栽，早成熟，取得了良好的效果。

除了上述增温措施外，保护地栽培如风障、阳畦、温室等，也能很好地调节土壤和近地面温度。

第四节　水分与作物生长发育

水与作物分布关系极大。在相同的热量带内，由于降水量及其季节分布的不同，造成了作物分布的巨大差异性。喜水作物主要分布在水资源相对丰富的地区，而耐旱性强的作物则主要分布在干旱半干旱地区。如水稻主要分布在东南亚和南亚水多、温度高的热带和亚热带国家和地区，其种植面积占世界水稻面积的 90% 以上。我国水稻主要分布在淮河秦岭以南的亚热带湿润地区；北方由于水源所限，主要分布在水源充足的河流湖畔两岸或有水源灌溉的地区。谷子、糜子等耐旱作物则主要分布在我国的北方地区。

我国水资源总量较多，但地区分布极为不均，呈现南多北少的特点，使得作物分布呈现显著的区域特征。水资源主要包括大气水、地表水、土壤水和地下水四部分；其中，大气水是作物生产的主要水分来源。不同区域降水的多少强烈地影响着作物的分布。种植制度和生产布局。

一、年降水总量与作物布局

我国地域辽阔、地形复杂、气候多样、降水量差异大；而且季风盛行，降水的季节分配也很不均匀，主要集中在季风盛行的夏季。东南部地区雨量充沛，雨热同期，有利于作物生长；西北部地区降水不足，农业必须依靠灌溉，限制了农林业的发展，形成了大面积的草原和荒漠，成为天然的牧业地区。我国年降水量的分布呈现出由东南沿海向西北内陆逐渐减少的趋势，等雨线大体呈东北一西南走向。

1. 年降水量 1000mm 以上地区

年降水量最多（> 2 000 mm）的地区位于广东、广西南部和海南岛；东南沿海、广东、广西东部、福建、江西。浙江及台湾等地区年降水量在 1 500~2 000 mm；长江中下游地区约为 1000~1600mm。1000mm 降水分界线与我国三熟区的北界基本吻合，由于该地区降水充沛，主要生长着各种热带。亚热带喜温好湿经济林木和果树，同时该地区也是我国水稻主产区，稻麦二熟或三熟种植地区。在我国年降水量 800 mm 以上的地区才盛产水稻。双季稻则主要分布在降水量 1 000 mm 以上的地方。

2. 年降水量 400~1 000 mm 地区

淮河、秦岭一带和辽东半岛的年降水量为 800~1 0000 mm，主要作物有小麦、玉米、水稻、棉花、油菜、甘薯、花生等，以一年两熟为主。黄河下游、渭河、海河流域和大兴安岭以东地区的年降水量为 500~700 mm，该区域降水相对不够充裕，主要以小麦、玉米、高粱、棉花等旱地作物为主，一年一熟或两年三熟；在黄淮海地区补充灌溉条件下，以一年两熟为主要种植方式。

3. 年降水量 400 mm 以下地区

这里是我国农牧业的分界线，这类地区旱种作物的产量低而不稳，适合牧草生长，适宜发展畜牧业。年降水量在 250~400 mm 的地区是农牧交错带，一年一季种植，以玉米、谷子、马铃薯、油用向日葵，食用豆类、苜蓿等旱作物种植为主。而年降水量小于 250 mm 的地区则以牧业为主。

二、灌溉条件与作物生产

对于热量资源相对丰富，降水资源相对不足的地区，通过兴建水利设施，加强农田基本建设，提升灌溉水平，改善生产条件，调整作物布局和生产模式；通过灌溉满足作物生长发育的水分需求，促进作物生产。华北地区年降水量只有 500~700 mm，自然降水只能满足一年一熟或两年三熟作物对水分的需求；在灌溉农田，则通过补充灌溉，能够满足小麦—玉米（或夏大豆、夏甘薯等）一年两熟作物对水分的需求，因此，该地区种植制度以一年两熟为主，复种指数达到 180% 以上。在广大南方地区，通过实施农田灌溉措施，调整作物周年对土壤水分的供求矛盾，实现全年高产。我国西北内陆地区，全年降水量不到 200 mm，没有灌溉就没有农业，但该地区光照资源特别丰富，通过发展灌溉，已经成为我国玉米、棉花产量最高的地区，同时也是国内外有名的绿洲农业区。

三、提高作物水分有效利用率的途径

我国水资源总量为 2.8 万亿 m³，低于巴西、俄罗斯和加拿大，与美国和印度尼西亚相当，但人均和亩均水资源量仅约为世界平均水平的 1/4 和 1/2；而且地区分布很不平衡，长江流域以北地区，耕地占全国耕地的 65%，而水资源仅占全国水资源总量的 19%。目前，全国正常年份缺水量近 400 亿 m³，其中农业缺水约 300 亿 m³，不但水量缺，水污染状况也日趋严重。2005 年初监测显示，七大江河遭受污染的河段已达 53.3%，其中劣 V 类水占到 28.4%，特别是北方黄、淮、海三大流域既是我国缺水最为严重的地区，也是水污染最严重的地区。由于农业是用水大户，其用水量约占全国用水总量的 70%，在西北地区则占到 90%，其中 90% 用于种植业灌溉。因此，为了应对日趋严重的缺水形势，建立节水型社会，特别是发展节水农业是一种必然选择。

面对水资源日益紧张的严峻形势，如何用好有限的水资源，使之发挥更大的增产增收效益已经成为节水农业共同关注的焦点问题。开展农业用水有效性的研究，提高水分利用效率，是缺水条件下农业得以持续稳定发展的关键。

（一）作物水分利用效率

水分有效利用率包括灌溉水利用率、降雨利用效率和作物水分利用效率等三个方面，其中作物水分利用效率的概念在生态学和生理学上的表述不尽相同。

生理学意义上的水分利用效率是指在控制条件下，完全去除土壤表面蒸发而测得的作物个体水分利用效率，即作物吸收的单位水分所形成的光合产物的重量。常用叶片水分利用效率表示，也就是单位水量通过叶片蒸腾散失时进行光合作用所形成的有机物量，取决于光合速率与蒸腾速率的比值，是植物消耗水分形成干物质的基本效率，同时也是水分利用效率的理论值。

从生态学或者农学的角度，一般采用作物消耗单位水量所制造的干物质重量来表征作物的水分利用效率，是指农田蒸散消耗单位重量水分所制造的干物质重量。水分有效利用率大，表示蒸散一定量的水分，获得的干物质多，用水经济。在生产中，常用作物的经济产量作为计算依据以达到更接近农业生产实际的目的，用下式表示：

$$水分利用效率 = 经济产量 / 总耗水量$$

这里总的耗水量是指作物一生中消耗的全部水量，包括蒸发和蒸腾耗水。由于考虑了土壤表面的无效蒸发，作物水分生态效率对于节水的实际意义更大，应用较为广泛，有时也称水分生产率。

（二）提高水分利用效率的途径

作物的水分利用效率一方面由产量高低决定；另一方面由水分投入的多少来决定。因此，在农业生产中只有在充分挖掘作物产量潜力的同时，减少水分的投入，即进行节水灌溉，才能提高水分利用效率，保障农业的持续稳定发展。

1.加强农田基本建设，实现农田水分的高效利用

通过各种工程技术手段，包括兴修水利、加强农田基本建设。改造灌溉设施等，以达到高效节水的目的。常用的工程技术有渠道防渗、低压管道输水灌溉、平整土地等。同时采用喷灌、微灌等现代化灌溉设施，改大水漫灌为小畦灌溉，实现农田水分的高效利用。

2.利用农艺措施，提高产量，减少水分消耗

根据不同农业区的自然、经济特点，合理调整作物的种植结构，选用耐旱作物及节水品种，采取合理施肥、灌溉技术，蓄水保墒技术，地膜和秸秆覆盖技术等，以提高水分利用效率，达到节水高产的目的。

（1）建立与区域水资源相适应的种植制度

利用不同作物之间的水分利用效率差异显著的特点，按不同区域降水时空分布特征、地下水资源、水利工程现状合理调整作物的布局。选用需水和降水耦合性好、耐旱，水分利用效率高的作物品种，充分利用当地水资源；同时，也要根据总降水量及其季节分布确定种植制度。

（2）选育抗旱性强的品种

不同作物品种间水分利用效率和抗旱性差别很大。通过现代育种手段和生物技术方法，选育高产、水肥利用效率高的品种，可以显著提高作物产量，同时也有效地提高作物的水分生产率。在水分资源有限的情况下，以抗旱的品种代替传统品种，不仅可以保证产量，也大大地提高了作物的水分利用效率。

（3）发挥自然降水的生产潜力

通过采取土壤耕作、覆盖和其他蓄水保墒技术，充分接纳自然降水，减小无效蒸发耗水，以提高农田水分利用效率主要包括耕作改土、深松、保护性耕作，秸秆和地膜覆盖、中耕镇压等。这些技术可以增强雨水入渗、减少降水径流损失、增加土壤蓄水、减少土壤蒸发，实现降水就地高效利用，减少灌溉水投入，实现高产。

（4）培肥地力，实现水肥耦合

通过增施有机肥和实行秸秆还田技术。既可以提高土壤肥力，又可改善土壤结构，增大土壤涵养水分的能力，增强作物根系吸收水分的能力，提高土壤水分利用率。通过水肥一体化运筹与调控，实现以肥调水、以水促肥，充分发挥水肥协同耦合效应，提高作物的抗旱能力和水分利用效率。增施肥料可以明显提高地膜小麦的水分利用效率，特别是磷肥和氮肥配合施用。氮肥对作物根量的生长具有促进作用，而磷肥具有促进根深扎的作用。

（5）化学制剂保水节水技术

合理使用保水剂、复合包衣剂、黄腐酸、多功能抑蒸抗旱剂和 ABT 生根粉等，可在作物生长过程中抑制过度蒸腾，减轻干旱危害，促进根系生长发育，提高对深层水的利用，能显著增强作物抗旱能力和提高水分生产效率。

3.建立节水灌溉制度

把有限的灌溉水量在作物生育期内根据不同作物生长发育的特点、需水量和需水关键期进行最优分配，建立节水灌溉制度。采用肥充分灌溉和低定额灌溉，限制对作物的水分供应，巧灌关键水；增加有效降雨利用，加大土壤调蓄能力；对作物进行抗旱锻炼，采用"蹲苗"等技术，降低田间蒸发量，提高作物对农田水分的利用效率；利用适度水分亏缺对作物的有利方面，进行作物调亏灌溉，通过农艺措施克服其不利的影响，实现产量与水分生产率的协调提高。

灌溉制度包括灌溉时间，灌溉水量和灌溉方式，对于提高水分的有效利用率非常重要。在作物需水临界期，灌溉适量水分收益最高。灌溉水量和次数，既要根据土壤水分含量、作物的需求，也要根据当地雨量分配的特点，做出水分灌溉量和次数的预报，做到不失时宜和不过其量。良好的灌溉方式，既保证灌水均匀，又节省水量；既有效地改善土壤水分状况，又保持土壤良好的物理性状和提高土壤肥力。常用灌溉方式有：畦灌，适用于密植条播的窄行距作物，如小麦、谷子及某些蔬菜等；沟灌，适用于宽行距中耕作物，如棉花、玉米、薯类及某些蔬菜等；淹灌，是一种满足水稻喜温好湿作物的灌溉方式。此外，还有诸如喷灌、滴灌等。据研究，喷灌用水经济，水分有效利用率高，与畦灌、沟灌相比较，一般可省水 20%~30%，增产 10%~20%。

第五节　大气与作物生长发育

一、作物生产与大气的关系

作物的生长发育离不开 CO_2 和 O_2，通过作物的光合作用和呼吸作用完成作物的生命活动，形成产量。

（一）作物与 CO_2

CO_2 是作物光合作用的主要原料，CO_2 浓度的高低是影响植物初级生产力的重要因素。高浓度 CO_2 有利于光合产物合成，能提高作物生长量和干物质积累。植物在进行光合作用生成有机物的同时还进行分解有机物的呼吸作用，当合成与分解的速率相等时，植物的净光合作用则为零。当 CO_2 浓度低到某个值时，光合作用速率低至与呼吸作用速率相等，此时的 CO_2 浓度为 CO_2 补偿点。不同植物或同种植物在不同发育时期，在不同光温条件下的 CO_2 补偿点不同。

在农作物冠层中的 CO_2，在一日内随着作物光合作用的不同而有明显的日变化；同时，空气中的 CO_2，还有季节与年际间的变化，与作物在年内的兴衰交替有关。

在密植作物的农田中，冠层剖面明显不一致。上层光能充足，但是 CO_2 浓度相对不足；底层 CO_2 充足，但光强显著减弱，这些都成为作物产量的限制因素。因此，在农业生产实践中强调通风透光，对于弥补农田密植冠层丛中的不足是很有益的。对于 CO_2 严重不足的设施农业，往往通过增加土壤有机肥提高土壤和地表化 CO_2 浓度。在大棚生产中，还可人工施放 CO_2（称气肥）。

（二）作物与 O_2

1.O_2 与作物的呼吸作用

呼吸作用是指生活细胞氧化分解有机物，并释放能量供生命活动的过程。作物的呼吸根据是否需要 O_2 分为有氧呼吸与无氧呼吸。在有氧情况下，作物光合产物分解彻底，形成 H_2O 和 CO_2 并释放能量；在缺氧条件下，作物的光合产物不能完全氧化分解，以致形成对生长发育不利的物质，同时释放的能量也较有氧呼吸少。

2.O_2 与作物的种子萌发

种子萌发需要三个基本条件，充足的水分、充足的氧气和适宜的温度。在缺氧时，种子内部呼吸作用缓慢，休眠期长。当种子深埋土下时，往往会因缺氧而使其萌发受阻。

3.O_2 与作物的根系生长

土壤空气中 O_2 的含量在 10% 以上时，作物的根系一般不表现出伤害症状。通常排水良好的土壤，氧气含量都在 19% 以上，而且越接近土壤表层氧气含量越高。所以旱地作物根系常集中在上层通气较好的土层中。当土壤空气中氧气含量低于 10% 时，如在淹渍情况下，大多数作物根系的生长机能都要衰退；当氧气的含量下降到 2% 时，这些根系只能维持生命。对植物有利的氧气含量都出现在地下水位以上的土层中，因而大多数陆生植物根系被限制在这一土层范围内。地下水位较高的地方，作物自然生成浅根系。但有些作物如水稻等可以生长在水中或水饱和的土壤中。

（三）作物与大气中的其他气体

1.N_2

N_2 是大气中含量最多的气体，是地球上生命体的基本成分，并以蛋白质的形式存在于有机体中。N_2 是一种不活泼的气体，大气中的 N_2 不能被植物直接吸收，但可同土壤中的根瘤菌结合，变成能被植物吸收的氮化物；另外，大气中的闪电可将氮、氧结合起来，形成氮氧化物并随着降水进入土壤，同时被植物吸收利用。

氮素是作物生长所必需的一种大量的营养元素。有些作物，尤其是豆科作物的根瘤菌具有特殊的固氮能力，能将空气中 N_2 转化为作物吸收的氮肥。同时，作物死亡后，其中的含氮有机物通过微生物的一系列作用又可转变为 N_2。

2. 有毒气体

农业生产的正常进行需要一定质量的大气为基本条件。工业生产产生的大量有毒气体造成大气污染，常见的有二氧化硫、氟化物、氯气、氮氧化物、乙烯、氨气、臭氧、重金属粉尘等。各种来源的污染物输入大气，使大气质量发生相应变化。这些污染物均能直接或间接地影响作物的生长和发育，如果大气污染物浓度超过了农业的允许水平，对农业生产将造成不良的影响。如农作物减产、产品品质下降、价值降低等。

（四）作物与风

1. 风对农业生产的有利影响

（1）风对光合作用和蒸腾作用的影响

风能影响农田湍流交换强度，增强地面与空气的热量和水分等的交换，增加土壤蒸发和作物蒸腾，也增加空气中 CO_2 等成分的交换，使作物群体内部的空气不断更新，对株间的温度、水汽，CO_2 等的调节有重要作用。

在低风速条件下，光合作用强度随风速增大而上升；风速超过一定限度，则光合作用强度反而降低。在低风速条件下，叶片的片流层变薄，CO_2 的扩散阻力减少，有利于 CO_2 的输送，从而提高光合作用强度，高风速条件下，叶片蒸腾旺盛，叶片的水分条件恶化和气孔开张度减小，致使光合作用强度降低。因此，在微风吹拂下，既能改善 CO_2 的供应状况，又使光合有效辐射以闪光的形式合理分布到叶层中，从而提高光能利用率。

适当的风速使叶片的片流层变薄，水分扩散阻抗减小，蒸腾速率相应增大。但强大的风速对蒸腾速率的影响有不同的结论。一般认为，随风速增大会使气孔关闭，这是由于蒸腾速率增加引起的反馈效应。但也有人认为，由于叶片在大风中弯曲和相互摩擦而使叶片角质层的阻抗减小，有利于蒸腾。

（2）风对花粉，种子传播的影响

自然界中的许多植物是借助风的力量进行异花授粉和传播的。风速的大小会影响授粉效率和种子传播距离，从而对植物的繁衍和分布起着较大的影响作用。

农业生产中风能帮助异花授粉作物（如玉米）进行授粉，增加结实率、提高产量。在作物（如油菜）和果树开花时，风能散播花的芳香，招引昆虫传授花粉。风能传播种子，如杉树种子靠风力传播到远处，扩大繁殖生长区域。

2. 风对农业生产的不利影响

（1）风害

风害是指风对农业生产造成的危害。直接危害主要是：造成土壤风蚀沙化，对作物的机械损伤和生理危害，同时也影响农事活动和破坏农业生产设施；间接危害是指传播病虫害和扩散污染物质等。对农业生产有害的风主要是台风、季节性大风（如寒潮大风）、地方性局地大风和海潮风等。

风力在 6 级以上就会对农作物产生危害。风速≥ 17 m/s（8 级以上）的风称为大风，它对农业危害很大。大风加速植物蒸腾，使耗水过多，造成叶片气孔关闭，光合强度降低。在北方，春夏季大风可加剧农作物的旱害，冬季大风可加重越冬作物冻害。强风可造成林木和作物倒伏、断枝、落叶、落花落果和矮化等，从而影响作物的生长发育和产量形成。水稻开花期前后受暴风侵袭而倒伏所造成的减产是很严重的。

干旱地区和干旱季节如出现多风天气，不但土壤水分消耗增加，旱情加重，大风还会吹走大量表土，造成风蚀。土地沙漠化过程一般是先从地表风蚀开始，经过风化，片状流沙发育和形成密集沙丘。强风对干旱和半干旱地区土壤的侵蚀最为严重。

风能传播病原体，引起农作物病害蔓延。据研究，小麦锈病孢子在春季偏南风吹送下向北方传播，到冷凉地区越夏；秋季随着偏北气流吹向南方冬暖区，造成危害。风还能帮助一些害虫迁飞，扩大危害范围。例如，黏虫、稻飞虱等害虫，每年春夏季节随偏南气流北上，在那里繁殖，扩大危害区域；入秋后就随偏北风南迁，回到南方暖湿地区越冬。

（2）风沙害

风沙分为扬沙和沙尘暴两种，扬沙是由大风将地面尘沙吹起，使空气能见度降到1~10km，尘土和细沙在空中分布较均匀；沙尘暴是强风将大量沙尘吹到空中，使空气能见度不足 1 km，其范围通常要比扬沙大很多。

风沙能埋没农作物，侵蚀土壤、降低土壤肥力、淤塞水库和水井等。农作物长期遇土壤风蚀，会使根系暴露，影响作物生长发育。据对高粱，冬小麦和大豆的研究，出苗后7~14 d 遭受风沙，农作物干物质损失最严重。出苗 7 d 以内的小苗，因其依靠子叶或胚乳的养分（异养），故影响较小。一般来说，植株长大以后受到风沙，由于总叶数增多，叶片彼此有较好的保护作用，使其受到的影响减小。

风沙还可以使作物发育延迟，如晚季的风沙使冬小麦抽穗延迟 3~7d，使大豆初花期延迟 7~14d。冬小麦出苗后 7~14 d（秋季）受风沙危害，可减少翌年收获物的干重，以出苗后 7 d 受风沙危害的麦苗小穗数最少而重量最轻；在春季早期受到风沙危害，也使小穗数大大减少。

二、大气污染对作物生长的影响

大气组成相对稳定，但地表空气中各种成分含量会因地理、生态环境的不同而异。特别是工业革命以后，人类活动对大气组成的影响，使局部大气质量发生改变，并造成大气污染。大气污染物是多种多样的，性质也很复杂。就其存在状态而言，可分为气体和固体（颗粒状）两大类，气体状的污染物主要有硫化物、氟化物、氯化物、氮氧化物等；颗粒状的污染物主要是悬浮于空气中的气溶胶，如光化学烟雾，带有各种金属元素的烟雾气及粉尘等。这些污染物均能直接或间接地影响作物的生长发育，如果大气污染物浓度超过了农业的允许水平，对农业生产将造成不良的影响。如农作物减产、产品品质下降、价值降低等。

（一）大气污染对作物的伤害

大气污染对作物造成的危害按症状分，可分为可见伤害和不可见伤害。

1. 可见伤害

可见伤害是由于作物茎叶吸收较高浓度的污染物或长期暴露在被污染的大气环境中而出现的可以看见的受害现象。根据受害程度又可分为急性型、慢性型和混合型三种类型。急性型伤害是在污染物浓度很高的情况下，短时间内造成的伤害。如叶片出现伤斑、脱落甚至整株死亡。慢性型伤害是指低浓度的污染物在长时间作用下造成的伤害。例如，叶片退绿、生长发育受影响。混合型伤害是介于急性型伤害和慢性型伤害之间的受害症状，一般叶片出现黄白化症状，以后虽可恢复青绿，但会造成普遍减产。

2. 不可见伤害

不可见伤害是由于作物吸收低浓度污染物而使作物生理、生化受到不良影响。虽然叶片表现出不明显的受害症状，但会造成作物不同程度的减产，或影响产品的质量。

另外，根据大气污染物对作物伤害的方式又可分为直接伤害和间接伤害。直接伤害是指作物因与污染物接触而导致的伤害；间接伤害是指污染物在大气中形成次生污染而对作物造成的危害，如酸雨、紫外辐射增强、温室效应等。

（二）主要大气污染物对作物的影响

常见的危害农业生产的污染物，按其毒副作用过程的不同，大体可分为氧化类、还原类或酸性类、碱性类或有机类、无机类等几大类。

氧化类：臭氧、过氧乙酰硝酸酯（PAN）、NO_2、Cl_2 等。

还原类：SO_2、H_2S、CO、甲醛等。

酸性类：HF、HCl、HCN、SO_3、SiF_4 等。

碱性类：NH_3 等。

有机类：C_2H_4、甲醇、苯、酚等。

无机类：重金属及其氧化物、粉尘、烟尘、尘土等。

各类大气污染物对植物不仅毒副作用的过程不同，而且毒性强弱也有很大差别。根据毒性从强到弱可分为 A、B、C 三级。如 A 级有 HF、SiF_4、C_2H_4、PAN 等，B 级有 SOx、NOx、硫酸烟雾、硝酸烟雾等，C 级有甲醛、H_2S、CO、NH_3、HCN 等。一般而言，就全世界范围来看，对植物影响最大的大气污染物主要是：SO_2、O_3、PAN、CI_2、HF、C_2H_4 和 NOx 等。

大气污染物对植物的危害除了与污染物的浓度和接触时间有关外，还与植物本身对污染物的抗性有关。植物对大气污染物的反应很敏感，当大气中有害气体达到一定浓度时，可迅速表现出不良现象。如萝卜暴露在含 SO_2 浓度较高的空气中，叶片迅速失绿、萎蔫。一些植物因对空气污染反应敏感，已成为空气污染的指示植物。如 SO_2 的指示植物是紫花苜蓿，氟化物和臭氧的指示植物分别是唐菖蒲和烟草等。当然，大气污染物对植物是否造成危害及严重程度还与所处环境有关，如与气温、光照、水分、风向、风速、逆温、地形地貌等影响污染物扩散的环境因素有关。

（三）大气污染物对全球气候的影响

人类每年向大气中排放数亿吨的污染物，在一定程度上改变了低层大气的结构和性质，影响了地球表面对太阳辐射的收支状况，对天气、气候等都会产生影响。

1. 酸雨

酸雨是指 pH<5.6 时的降水。空中降水本来是中性的，而酸雨含酸量一般超过正常含量的几十倍，最低时 pH 值可达 1.5。

酸雨主要是由于大量的二氧化硫在潮湿而污浊的空气中，与水膜接触后形成亚硫酸水溶液，进一步被大气中的金属离子催化氧化成硫酸而形成的。它的毒性比 SO_2 和氮氧化物大好多倍，被称为"天空中的死神"。

我国酸雨也日趋加重，1982 年全国普查，酸雨面积约占国土面积的 6.8%，酸雨城市主要出现在长江以南。重庆酸雨的 pH 值达 4.04，广州市的酸雨 pH 值最低为 3.69（1984 年），贵阳为 4.07。

酸雨的危害是多方面的：首先，它会使河流、湖泊酸化；其次，危害植物生长，双子叶作物受害大于单子叶作物，尤其是根类作物，pH 值在 2.0~3.0 可引起叶片伤害；第三，降低土壤肥力，使土壤酸化；第四，严重腐蚀城市建筑物、机器、桥梁和艺术品。

2. 温室效应

温室效应是指大气吸收地面长波辐射之后，也同时向宇宙和地面发射辐射，对地面起保暖增温的作用。

大气中能够强烈吸收地面长波辐射，从而引起温室效应的气体称为温室气体。它们主要有二氧化碳、甲烷、臭氧、一氧化碳、氟利昂以及水汽等；除水汽以外，其他温室气体在自然大气中含量都极少（氟利昂还是人类制造出来的）。因此，人为释放如不加以限制，便容易引起全球大气迅速变暖。

但是温室效应也并非全是坏事，因为最寒冷的高纬度地区增温最大，因而中纬农业区可以向高纬区大幅度推进。CO_2 浓度增加也有利于增加作物的光合作用强度，提高有机物产量。

3. 紫外辐射

臭氧层遭破坏的臭氧主要分布在平流层的 10~50 km 的范围内，尤其在 15~30 km 高度上的臭氧浓度较大。目前由于人类制造出来的氯氟烃化合物，正在大量破坏臭氧层中的臭氧分子，使两极地区臭氧层明显变薄，南极上空春季甚至出现臭氧空洞（臭氧浓度只有正常值的 1/3 左右），紫外线大量通过大气层，使人患皮肤癌和白内障的机会增大。此外紫外线还能严重伤害植物，降低海洋生物的繁殖能力。

有人测定施用的氮肥有 1/2 以上并未用于作物的增产，而是进入环境之中，增强土壤反硝化作用，产生更多的氮氧化物，加速臭氧的分解。

另外，大气污染还可能直接或间接地减弱作物对病虫草害的抗性，进而对作物造成不利的影响。

第六节　土壤与作物生长发育

一、土壤物理特性与作物生长

土壤的物理特性主要指土壤母质、土层厚度、土壤颜色、土壤容重、土壤温度、土壤水分、空气含量及土壤质地和结构等。它是影响作物生长发育的重要因素，是反映土壤肥力的重要指标。不同的土壤物理性质会造成土壤水、气、热的差异，影响土壤中矿质养分的供应状况，进而影响作物的生长发育。

土壤温度是太阳辐射和地理活动的共同结果。土壤的化学特性也会影响土温，不同类型土壤有不同的热容量和导热率，因而表现出相对太阳辐射变化的不同滞后现象。这种土温对地面气温的滞后现象对生物有利，影响植物种子萌发与出苗，制约土壤盐分的溶解、气体交换与水分蒸发，有机物分解与转化。较高的土温有利于土壤微生物活动，促进土壤营养分解和植物生长；动物利用土温可避开不利环境、进行冬眠等。农业上利用地膜保持土温和水分的技术取得了显著效果。

土壤水分直接影响各种盐类溶解、物质转化、有机物分解。土壤水分不足不能满足植物代谢的需要，产生旱灾；同时使好气性微生物氧化作用加强，有机质无效消耗加剧。水分过多使营养物质流失，还会引起嫌气性微生物缺氧分解，产生大量还原物和有机酸，抑制植物根系的生长。

土壤中空气含量和成分也会影响土壤生物的生长状况。土壤结构决定其通气度，其中 CO_2 含量与土壤有机物含量直接相关，土壤 CO_2 直接参与植物地上部分的光合作用。

土壤质地和结构与土壤中的水分、空气和温度状况密切关系，并直接或间接地影响植物和土壤动物的生活。砂土类土壤黏性小、孔隙多、通气透水性强、蓄水和保肥能力差，土壤温度变化剧烈；黏土类土壤质地黏重，结构紧密，保水保肥能力强，但孔隙小，通气透水性差，湿时黏，干时硬；壤土类土壤的质地比较均匀，土壤既不太松也不太黏，通气透水性能良好且有一定的保水保肥能力。团粒结构是土壤肥力的基础，无结构或结构不良的土壤，主体坚实，通气透水性差，植物根系发育不良，土壤微生物和土壤动物的活动亦受到限制。

二、土壤化学特性与作物生长

土壤化学特性主要指土壤化学组成、有机质的合成和分解、矿质元素的转化和释放、土壤酸碱度等。矿质营养是生命活动的重要物质基础，生物对大量或微量矿质营养元素都有一定量的要求。环境中某种矿质营养元素不足或过多，或多种养分配合比例不当，都可能对生物的生命活动起限制作用。不同种类生物对矿质的种类与需求量存在较大差异，矿质在体内的积累量也有不同。如褐藻科植物对碘的选择积累；禾本科植物对硅的积累；十字花科植物对硫的积累；茶科植物对氟的积累；十字花科水生植物对若干种重金属盐的积累等。这些植物对有害的物质的耐性和积累，已在环境保护中得到广泛应用。

土壤有机质是指动物、植物的残体以及它们分解、合成的产物。土壤有机质能改善土壤的物理结构和化学性质，有利于土壤团粒结构的形成，从而促进植物的生长和养分的吸收。土壤有机质也是植物所需各种矿物营养的重要来源，并能与各种微量元素形成络合物，增加微量元素的有效性。一般说来，土壤有机质的含量越多，土壤动物的种类和数量也越多。因此，在富含腐殖质的草原黑钙土中，土壤动物的种类和数量极为丰富；而在有机质含量很少，并在呈碱性的荒漠地区，土壤动物非常贫乏。

土壤酸碱度是土壤最重要的化学性质，因为它是土壤各种化学性质的综合反映，对土壤肥力、土壤微生物的活动、土壤有机质的合成和分解、各种营养元素的转化和释放、微量元素的有效性以及动物在土壤中的分布都有着重要的影响。土壤的酸碱度（pH 值）直接影响生物的生理代谢过程，pH 值过高或过低影响体内蛋白酶的活性水平。不同生物对 pH 值的适应存在较大的差异。如金针虫在 pH 值为 4.0~5.2 的土壤中数量最多，在 pH 值为 2.7 的强酸性土壤中也能生存；麦红吸浆虫通常分布在 pH 值为 7.0~11.0 的碱性土壤中，当 pH 值 <6.0 时便难以生存；蚯蚓和大多数土壤昆虫喜欢生活在微碱性土壤中，它们的数量通常在 pH=8.0 时最为丰富。

土壤的酸碱度会间接影响生物对矿质营养的利用，它通过影响微生物的活动和矿质养分的溶解进而影响养分的有效性。对一般植物而言，土壤 pH 值为 6~7 时养分有效性最高，最适宜植物生长。在强碱性土壤中容易发生铁、硼、铜、锰、锌等的不足；在酸性土壤中则易发生磷、钾、钙、镁的不足。不同作物对土壤酸碱度的要求和适应性不同。

第十一章 作物病虫害防治

第一节 作物病害及其防治

一、作物病害及其症状

（一）作物病害的定义

作物在适于其生活的生态环境下，一般都能正常生长发育和繁衍。但是，当作物受到致病因素（生物或非生物）的干扰时，干扰强度或持续时间超过了其正常生理和生化功能忍耐的范围，使正常生长和发育受到影响，从而导致一系列生理、组织和形态病变，引起植株局部或整体生长发育出现异常，甚至死亡的现象，我们称其为作物病害。

（二）作物病害的病因

引起作物病害发生的原因很多，有不良的生物因素与非生物因素，还有环境与生物相互配合的因素等。引起作物偏离正常生长发育状态而表现病变的因素统称为"病因"。在自然情况下，病原、感病作物和环境条件是导致作物病害发生及影响其发生发展的基本因素。病害的形成是在一定的外界环境条件影响下，作物与病原相互作用的结果，其中也包括人类的影响。

（三）作物病害的症状

在作物病害形成过程中，作物会出现一系列的病理变化过程。首先是生理机能出现变化，以这种病变为基础；进而出现细胞或组织结构上不正常的改变；最后在形态上产生各种各样的症状和病征。

病状是指在作物病部可看到的异常状态，如变色、坏死、腐烂、萎蔫和畸形等；病征是指病原物在作物病部表面形成的繁殖体或营养体，如霉状物、粉状物锈状物和菌脓等。

1. 病状类型

变色：植株患病后局部或全株失去正常的绿色或发生颜色变化的现象。变色大多出现在病害症状初期，有多种类型，如植株绿色部分均匀变色的褪绿或黄化。

坏死：作物的细胞或组织受到破坏而死亡，形成各种病斑的现象。如病斑上的坏死组织脱落后，形成穿孔；有的受叶脉限制，形成角斑；有的病部表面隆起木栓化形成疮痂，或凹陷形成溃疡。

腐烂：作物细胞和组织发生大面积的消解和破坏，称为腐烂。如果细胞消解较慢，腐烂组织中的水分能及时蒸发而消失，则称为干腐；相反，则称为湿腐；若胞壁中间层先受到破坏，然后再发生细胞的消解，则称为软腐。

萎蔫：作物由于失水而导致枝叶萎垂的现象称为萎蔫。生理性萎蔫是由于土壤中含水量过少，或高温时过强的蒸腾作用而使作物暂时缺水，若及时供水，则作物可以恢复正常；病理性萎蔫是指作物根系或茎的维管束组织受到破坏而发生的凋萎现象，如棉花黄萎病等。

畸形：由于病组织或细胞生长受阻或过度增生而造成的形态异常的现象称为畸形。如作物发生抑制性病变、生长发育不良，而出现矮缩、矮化、叶片皱缩、卷叶、蕨叶等；也可以发生增生性病变，造成病部膨大，形成肿瘤；枝或根过度分枝，最后形成丛枝或发根。

2. 病征类型

霉状物：病部形成各种毛绒状的霉层，如绵霉、霜霉，绿霉、黑霉、灰霉、赤霉等。

粉状物：病部形成的白色或黑色粉层，如多种作物的白粉病和黑粉病。

锈状物：病部表面形成小疱状突起，破裂后散出白色或铁锈色的粉状物，如小麦锈病。

粒状物：病部产生大小、形状和着生情况差异很大的颗粒状物，多为真菌性病害的病征；有如针尖大小的黑色或褐色小粒点的真菌子囊果等，也有较大的真菌菌核等。

索状物：患病部位的根部表面产生紫色或深色的菌丝索，即真菌的根状菌索。

脓状物：潮湿条件下在病部产生黄褐色、胶黏状、似露珠的菌脓，干燥后形成黄褐色的薄膜或胶粒。

二、作物病害的类型

作物的种类很多，病因也各不相同，造成的病害形式多样。一般根据致病因素将作物病害分为两大类：侵染性病害和非侵染性病害。

1. 侵染性病害

由生物因素引起的作物病害称侵染性病害，或称传染性病害。引起侵染性病害的病原物有真菌、细菌、病毒、线虫及寄生性种子植物等。这类病害能够在植株间互相传染。例如，真菌病害如稻瘟病、小麦锈病类、玉米黑粉病、棉花枯萎病等；细菌病害如大白菜软腐病、水稻白叶枯病、甘薯瘟番茄青枯病等；病毒病害如水稻矮缩病油菜病毒病等；线虫病害如大豆胞囊线虫病、水稻根结线虫病、小麦线虫病等；寄生植物病害如菟丝子等。

2. 非侵染性病害

由非生物因素（如不适宜的环境因素）引起的作物病害称为非侵染性病害，或生理性病害。按其病因不同，又可分为以下三类：因作物自身遗传因子或先天性缺陷引起的遗传性病害或生理病害，例如，N、P、K 等营养元素缺乏形成的缺素症；因物理因素恶化所致的病害，如低温或高温造成的冻害或灼伤，土壤水分不足或过量引起的旱害或渍害；由于化学因素恶化所致的病害，如肥料或农药使用不当引起的肥害或药害，氮、磷、钾等营养元素缺乏引起的缺素症。非侵染性病害由于没有病原生物的参与，不能在植株个体间互相传染。

非侵染性病害和侵染性病害在一定的条件下是相互联系、相互影响、相互促进的。非侵染性病害可以降低寄主作物对病原物的抵抗能力，常常诱发或加重侵染性病害。如冬小麦返青受春冻后，造成麦苗陆续死亡，会诱发根腐病引起烂根。侵染性病害也可为非侵染性病害的发生创造条件，如小麦锈病发生严重时，病部表皮破裂易丧失水分，不及时浇水易受旱害。

三、作物病害的病原生物

（一）真菌

真菌是真核生物，是异养型生物；真菌大多数是腐生的，少数可寄生在作物、人和动物体上引起病害。病原真菌可以从作物伤口和自然孔口侵入，也可以从寄主表面直接侵入。在作物病害中约有 80% 以上是由真菌引起的。

进入寄主后，以菌丝体通过渗透作用从作物组织的细胞间或细胞内吸取营养物质，影响作物的生长，并表现出斑点、腐烂、立枯、萎蔫、畸形等病状；与此同时，真菌在寄主体内发育和繁殖，其繁殖体通常暴露于寄主表面，构成明显的病征有粉状物、霜霉、黑色小粒点等。

与作物病害有关的病原真菌主要包括：鞭毛菌亚门、接合菌亚门中、子囊菌亚门、担子菌亚门、半知菌亚门等类群。

（二）原核生物

原核生物是一类具有原核结构的单细胞微生物，由细胞壁和细胞膜或只有细胞膜包围细胞质所组成，主要包括细菌、放线菌、蓝细菌及无细胞壁仅有一层单位膜包围的菌原体等，其中能引起作物病害的主要有两类细菌和菌原体，它们侵染作物可引起许多严重病害，如水稻白叶枯病、茄科作物青枯病、十字花科作物软腐病、枣疯病等。

病原细菌在寄主体内大量繁殖后，借助雨水、昆虫、苗木或土壤进行传播，其中以雨水传播为主。

（三）病毒

作物病毒是仅次于真菌的重要病原物，是一类非细胞形态的结构简单的、具有侵染性的单分子寄生物。作物病毒引起的病害数量和危害性仅次于真菌。作物病毒只有在适合的寄主细胞内才能完成其增殖，如水稻条纹叶枯病、小麦梭条斑花叶病、玉米粗缩病、番茄病毒病等。绝大多数作物都受一种或几种病毒的危害，而且一种病毒可侵染多种作物。

自然状态下主要靠蚜虫、叶蝉、飞虱等介体传播和机械有性和无性繁殖材料、嫁接等非介体传播。

（四）作物病原线虫

线虫隶属于无脊椎动物门中的线形动物门，多数腐生于水和土壤中，少数寄生于动植物，如小麦粒线虫病、水稻干尖线虫病、大豆胞囊线虫病、花生根结线虫病等。线虫对作物的危害，除以吻针造成对寄主组织的机械损伤外，主要是穿刺寄主时分泌各种酶和毒素，引起作物的各种病变。表现出的主要症状有生长缓慢、衰弱、矮小、色泽失常或叶片萎垂等类似营养不良的现象；局部畸形，植株或叶片干枯、扭曲、畸形、组织干腐、软化及坏死，籽粒变成虫瘿等；根部肿大、须根丛生、根部腐烂等。田间症状主要有瘿瘤、变色、黄化、矮缩和萎蔫等。

线虫主要靠种子、苗木、水流、农具以及各种包装材料等传播。

（五）寄生性种子植物

植物绝大多数是自养的，少数由于缺少足够叶绿素或因为某些器官的退化而营寄生生活，称为寄生性植物。寄生性植物中除少数藻类外，大都为种子植物。大多寄生野生木本植物，少数寄生农作物。寄生性植物对寄主的影响，主要是抑制其生长。作物受害时，主要表现为植株矮小、黄化，严重时全株枯死。如菟丝子本身没有足够的叶绿素，不能进行正常的光合作用，通过导管与筛管与寄主相连，从寄主中吸收全部或大部分养分和水分。

四、病原物的侵染过程和病害循环

（一）侵染过程

侵染性病害发生有一定的过程，病原物通过与寄主感病部位接触，并侵入寄主作物，在作物体内繁殖和扩展，表现致病作用；相应的，寄主对病原物的侵染也产生了一系列反应，显示病害症状的过程，称为病原物的侵染过程，也是个体遭受病原物侵染后的发病过程。一般将侵染过程分为侵入前期、侵入期、潜育期和发病期四个时期。

1. 侵入前期

侵入前期是指病原物侵入前已与寄生作物存在相互关系并直接影响病原物侵入的时期。在侵入前期，作物表面的理化状况和微生物组成对病原物影响最大，除了直接受到寄主的影响外，还要受到生物的、非生物的环境因素影响。如寄主作物根的分泌物可以促使病原体休眠结构或孢子的萌发，或引诱病原物的聚集；作物根生长所分泌的 CO_2 和某些氨基酸可使寄主线虫在根部聚集，土壤和作物表面具有拮抗作用的微生物可以明显抑制病原物的活动。

2. 侵入期

侵入期是从病原物侵入寄主后与寄主建立寄生关系的一段时期。病原物侵入主要是通过从角质层或表皮直接穿透侵入、从气管等自然孔口的侵入、从自然和人为造成的伤口侵入三种途径。病原物侵入后，必须与寄主建立寄生关系，才有可能进一步发展引起病害。外界环境条件、寄主的抗病性以及病原物侵入量的多少和致病力的强弱等因素，都有可能影响病原物的侵入和寄主关系的建立。影响病原物侵入的环境因素中，以湿度和温度影响最大。

3. 潜育期

潜育期是指从病原物侵入并与寄主建立寄主关系开始，到表现明显症状前的一段时期。这一时期是病原物在寄主体内吸收营养和扩展的时期，同时也是寄主对病原物的扩展表现不同程度抵抗性的过程。症状的出现就是潜育期的结束。病原物在作物体内扩展，有的局限在侵入点附近的细胞和组织，有的则从侵入点向各个部位发展，甚至扩展到全株。潜育期的长短取决于病害种类和环境条件，特别是温度的影响最大，湿度对潜育期的影响较小。

4. 发病期

经过潜育期后，作物出现明显症状开始就进入发病期。在发病期，局部病害从最初出现的小斑点渐渐扩大成典型病斑。许多病害在病部可出现病征，如真菌子实体、细菌菌脓和线虫虫瘿等。环境条件，特别是温度、湿度，对症状出现后病害进一步扩展影响很大，其中湿度对病斑扩大和孢子形成的影响最显著，如马铃薯晚疫病。绝大多数的真菌只有在大气湿度饱和或接近饱和时才能形成孢子。

（二）病害循环

病害循环指病害从一个生长季节开始发生到下一个生长季节再度开始发生的整个过程。

1. 病原物的越冬和越夏

病原物的越冬和越夏有寄生、腐生和休眠三种方式。病原物的越冬和越夏场所，也就是寄主在生长季节内最早发病的侵染来源。

（1）田间病株——有些活体营养病原物必须在活的寄主上寄生才能存活，如小麦锈菌的越夏、越冬，都要寄生在田间生长的小麦上。病毒以粒体，细菌以个体，真菌以孢子、休眠菌丝或休眠菌组织体（如菌核、菌索）等在田间病株的内部或表面度过夏季和冬季。

（2）种子、苗木和其他繁育材料——不少病原物可以潜伏在苗木、接穗和其他繁育材料的内部或附着在表面越冬，如小麦黑穗病菌附着于种子表面等。当使用这些繁育材料时，不但植株本身发病，而且可以传染给邻近的健株，造成病害的蔓延，或随着繁育材料远距离的调运，还可将病害传播到新的地区。

（3）病株残体——许多病原真菌和细菌，一般都在病株残体中潜伏存活，或以腐生方式在残体上生活一定的时期。如稻瘟病菌，玉米大、小斑病菌，水稻白叶枯病菌等，都以病株残体为主要的越冬场所。残体中病原物存活时间的长短，主要取决于残体分解腐烂速度的快慢。

（4）病株残体和病株上着生的各种病原物，都较易落到土壤里面成为下一季节的初侵染来源——有些病原物的休眠体，先存活于病残体内，当残体分解腐烂后，再散于土壤中。例如，十字花科植物根肿瘤的休眠孢子、霜霉菌的卵孢子、植物根结线虫的卵等。

（5）粪肥——在大多数情况下，由于人为地将病株残体作积肥而混入肥料或以休眠组织直接混入肥料，其中的病原体就可以存活下来。少数病原物经牲畜消化道并不死亡，可随牲畜粪便混入粪肥中。若粪肥没腐熟而施到田间，病原物就会引起侵染。

（6）昆虫或其他介体——一些由昆虫传播的增殖型病毒可以在昆虫体内增殖并越冬。例如，水稻矮缩病毒在黑尾叶蝉体内越冬；小麦土传花叶病毒在禾谷多粘菌休眠孢子中越夏。

2. 病原物的初侵染和再侵染

由越冬和越夏的病原物在寄主作物一个生长季节中最初引起的侵染，称为初侵染。在初侵染的病部产生的病原体通过传播再次侵染作物的健康部位或健康的作物，称为再侵染。在同一生长季节中，再侵染可能发生许多次，如稻瘟病、小麦条锈病以及玉米大、小斑病等。

3. 病原物的传播

在作物体外越冬或越夏的病原物，必须传播到作物体上才能发生初侵染；在最初发病植株上繁殖出来的病原物，也必须传播到其他部位其他植株上才能引起再侵染；此后的再侵染也是靠不断的传播才能发生；最后，有些病原物也要经过传播才能到达越冬、越夏的场所。

传播是联系病害循环中各个环节的纽带。作物病害的传播方式主要有气流传播、雨水传播、昆虫等动物传播和人为传播四种。不同的病原物因它们的生物学特性不同，其传播方式和途径也不一样。真菌以气流传播为主、病原细菌以雨水传播为主、作物病毒和菌原体则主要由昆虫介体传播，人类的运输活动、生产活动均可能引起病原物的传播。

五、作物病害防治方法

防治病害的途径很多，有植物检疫、农业防治、抗病性利用、生物防治、物理防治和化学防治等。各种病害防治途径和方法均通过减少初始菌量、降低流行速度或者同时作用于两者以阻滞病害的流行。

（一）植物检疫

植物检疫是通过贯彻预防为主、综合防治、杜绝危险性病原物的输入和输出的一项重要防治措施；根据病害危险性、发生局部性、人为传播这三个条件制定国内和国外的检疫对象名单以实行检疫。

（二）农业防治

农业防治是利用和改进耕作栽培技术，调节病原物、寄主及环境之间的关系，创造有利于作物生长，不利于病害发生的环境条件，以控制病害的发生与发展。

1. 使用无病繁殖材料

建立无病留种田或无病繁殖区，并与一般生产田隔离；对种子进行检验，处理带病种子，去除混杂的菌核、菌瘿、虫瘿、病原作物残体等。如热力消毒（如温汤浸种）或杀菌剂处理等。

2. 建立合理的种植制度

合理的轮作、间作、套作，在改善土壤肥力和土壤的理化性质的同时，可减少病原物的存活率，切断病害循环。如稻棉、稻麦等水旱轮作可以减少多种有害生物的危害，同时也是进行小麦吸浆虫、地下害虫和棉花枯萎病防治的有效措施之一。

3. 加强栽培管理

通过合理播种（播种期、播种深度和种植密度），优化肥水管理和调节温度、湿度、光照和气体组成等要素，创造适合于寄主生长发育而不利于病原菌侵染和发病的环境条件，可减少病害发生。如早稻过早播种，易引起烂秧；水稻过度密植，易发生水稻纹枯病；施用氮肥过多，往往会加重稻瘟病和稻白叶枯病发生，而氨肥过少，则易发生稻胡麻斑病。此外，通过深耕灭茬、拔除病株、铲除发病中心和清除田间病残体等措施，可减少病原物接种体数量，有效地减轻或控制病害。

4. 选育和利用抗病品种

选育和利用抗病品种防治作物病害，是一项经济、有效和安全的措施。如我国小麦秆锈病和条锈病、玉米大斑病和小斑病及马铃薯晚疫病等，均是通过大面积推广种植抗病品种而得到控制的。对许多难于运用其他措施防治的病害，特别是土壤传播的病害和病毒病等，选育和利用抗病品种可能是唯一可行的控病途径。

（三）生物防治

生物防治主要是指利用微生物间的拮抗作用、寄生作用、交互保护作用等防治病害的方法。

1. 拮抗作用

一种生物产生某种特殊的代谢产物或改变环境条件，从而抑制或杀死另一种生物的现象，称为拮抗作用。将人工培养的具有抗生作用的抗生菌施入土壤（如 5406 抗生菌），改变土壤微生物的群落组成，增强抗生菌的优势，则有防病增产的功效。

2. 重寄生作用和捕食作用

重寄生是指一种寄生微生物被另一种微生物寄生的现象。对植物病原物有重寄生作用的微生物很多，如噬菌体对细菌的寄生，病毒、细菌对真菌的寄生，真菌对线虫的寄生，真菌间的重复寄生等。一些原生动物和线虫可捕食真菌的菌丝和孢子以及细菌，有的真菌能捕食线虫，也是生物防治的途径之一。

3. 交互保护作用

在寄主上接种亲缘相近而致病力弱的菌株，以保护寄主不受致病力强的病原物的侵害，主要用于植物病毒病的防治。

（四）物理防治

物理防治主要利用热力、冷冻、干燥、电磁波、超声波、核辐射、激光等手段抑制，钝化或杀死病原物，以达到防治病害的目的。常用于处理种子、无性繁殖材料和土壤。

1. 汰除法

汰除是将有病的种子和与种子混杂在一起的病原物清除掉。汰除的方法中，比重法是最常用的，如盐水选种或泥水选种，把密度较轻的病种和秕粒汰除干净。

2. 热力处理

利用热力（热水或热气）消毒来防治病害，如利用一定温度的热水杀死病原物，可获得无病毒的繁殖材料。土壤的蒸气消毒常用 80~95℃蒸气处理 30~60 min，绝大部分的病原物可被杀死。

3. 地面覆盖

在地面覆盖杂草、沙土或塑料薄膜等，可阻止病原物传播和侵染，控制作物病害。

4. 高脂膜防病

将高脂膜兑水稀释后喷到作物体表，其表面形成一层很薄的膜层，该膜允许 O_2 和 CO2 通过，真菌芽管可以穿过和侵入作物体，但病原物在作物组织内不能扩展，从而控制病害。高脂膜稀释后还可喷洒在土壤表面，从而达到控制土壤中的病原物、减少发病概率的效果。

（五）化学防治

用于防治作物病害的农药通称为杀菌剂，主要包括杀真菌剂、杀细菌剂、杀病毒剂和杀线虫剂。杀菌剂是一类能够杀死病原生物，抑制其侵染、生长和繁殖，或提高作物抗病性的农药，主要包括无机杀菌剂（如铜制剂、硫制剂等），有机杀菌剂（如有机硫杀菌剂有机砷杀菌剂、有机磷杀菌剂、取代苯类杀菌剂、有机杂环类杀菌剂、抗生素类杀菌剂等）。农药具有高效、速效、使用方便、经济效益高等优点，但需恰当选择农药种类和剂型，在恰当的时间采用适宜的喷药方法，才能正确发挥农药的作用，防止造成环境污染和农药残留。

此外，将化学药剂或某些微量元素引入健康作物体内，可以增加作物对病原物的抵抗力，从而限制或消除病原物侵染。有些金属盐、植物生长素、氨基酸、维生素和抗生素等进入作物体内以后，能影响病毒的生物学习性，起到钝化病毒的作用，降低其繁殖和侵染力，从而减轻其危害。

第二节　作物虫害及其防治

一、昆虫的生物学特性

（一）昆虫的发育和变态

昆虫的个体生长发育主要分为三个连续阶段，由于长期适应其生活环境，逐渐形成了各自相对稳定的生长发育特点。第一个阶段为胚前发育，生殖细胞在亲体内的发生与形成过程；第二阶段为胚胎发育，从受精卵开始卵裂到发育成幼虫为止的过程；第三阶段为胚后发育，从幼体孵化开始发育到成虫性成熟为止的过程。昆虫在胚后发育过程中体形、外部和内部构造发生一系列变化，从而形成不同的发育期，这种现象称为变态。

根据变态的特征和特性，昆虫的变态分为两种类型：一种是昆虫的一生经过卵、幼虫、蛹、成虫四个阶段，称全变态昆虫，如水稻螟虫、棉铃虫等；另一种是昆虫的一生经过卵、若虫、成虫三个阶段，称为不全变态昆虫，如蝗虫等。

（二）昆虫的个体发育阶段

1. 卵期

通常把卵作为昆虫生命活动的开始。卵至产下后到孵出幼虫或若虫所经历的时间称为卵期，是个体发育的第一阶段。

2. 幼虫期

幼虫或若虫从卵内孵出，发育成蛹（全变态昆虫）或成虫（不全变态昆虫）之前的整个发育阶段，称为幼虫期或若虫期，其特征是大量取食、迅速生长、增大体积、积累营养、完成胚后发育。

3. 蛹期

全变态昆虫由老熟幼虫到成虫，经过一个不食不动、幼虫组织破坏和成虫组织重新形成的时期，是一些昆虫从幼虫转变为成虫的过渡时期。蛹的生命活动虽然是相对静止的，但其内部却进行着将幼虫器官改造为成虫器官的剧烈变化。

4. 成虫期

成虫期是昆虫个体发育的最高级阶段，指成虫出现到死亡所经历的时间，是昆虫生命的最后阶段，但也是昆虫交配、产卵、繁殖后代的生殖时期。

（三）昆虫的习性和行为

习性是指昆虫种或种群所具有的生物学特性，亲缘关系相近的类群往往具有相似的习性。行为是指昆虫的感觉器官接受刺激后，通过神经系统的综合而使效应器官产生相应的反应。

1. 休眠

昆虫由于不适宜的环境条件，常引起生长发育停止；不良环境条件一旦消除，则生长发育迅速恢复为正常状态的现象，称为休眠。温度常常是引起休眠的主要原因。

2. 滞育

昆虫在一定的季节和发育阶段，不论环境条件适合与否，都会出现生长发育停止、不食不动的现象，称为滞育。重新恢复生长发育，需有一定的刺激因素和较长的滞育期。

3. 食性

昆虫在生长发育过程中，由于自然选择的结果，每种昆虫便逐渐形成了特有的取食范围。通常划分为植食性昆虫、肉食性昆虫、腐食性昆虫和杂食性昆虫四类。

4. 假死性

昆虫在外界因子突然的触动或振动或刺激时，会立即收缩附肢，停止不动，或吐丝下垂或掉落到地面上呈"死亡"状态，稍停片刻便恢复正常活动的现象，称为假死性。

5. 趋性

昆虫对外界刺激所产生的趋向或背向行为活动成为趋性，有趋光性、趋化性、趋温性、趋湿性等。如灯光诱杀是以趋光性为依据的，食物诱饵是以趋化性为依据的。

6. 群集性

群集性是指同种昆虫个体高密度地聚集在一起生活的习性。有仅在某一虫态或一段时间群聚生活，过段时间就分散的昆虫；也有在整个生育期群聚后趋向于群居生活的。

7. 迁移性

指某种昆虫成群地从一个发生地转移到另一个发生地的现象，如东亚飞蝗等。一些瓢虫和椿象等，有季节性迁移的习性；甘蓝夜蛾幼虫有成群向邻田迁移取食的习性。

8. 拟态

拟态是一种生物模拟另一种生物或环境中其他物体的姿态，得以保护自己的现象。如生活于草地上的绿色蚱蜢等，具备有利于躲避天敌的视线且可以保护自己的保护色。

9. 伪装

伪装是一些昆虫利用环境中的物体把自己乔装掩护起来的现象。如毛翅目幼虫水生，多数种类都藏身于用小石粒、沙粒、叶片和枝条等结成的可移动巢内，以保护其纤薄的体壁。

二、害虫危害症状及特点

（一）作物害虫的主要类群

1. 直翅目

直翅目全世界已知有23000种，中国已知700余种，如蝗虫、蟋蟀、蝼蛄等。形态特征为：体中到大形；咀嚼式口器，复眼发达，触角多为丝状；前胸发达，多数具翅；前翅狭长，后翅膜质；后足发达为跳跃足，或前足为开掘足；腹部末端具尾须一对。

2. 同翅目

同翅目主要包括常见的蚜虫、粉虱、介壳虫、飞虱、叶蝉等，全世界已知45 000种，中国已知3 500种。形体特征为：多数为小型昆虫；刺吸式口器，具复眼、单眼或无；体壁光滑无毛，翅两对，前翅膜质或革质，亦有很多无翅的。

3. 膜翅目

膜翅目常见各种蜂类、蚂蚁等，全世界已知约120 000种，中国已知约6200种。其形体特征为：体小至中型；咀嚼式口器或咀吸式口器；触角有丝状、念珠状等多种；复眼大；翅膜质；腹部第一节并入后胸；雌虫有发达的产卵器，有的特化为蜇刺。

4. 双翅目

双翅目主要包括蚊、蝇、虻等多种昆虫，全世界已知 90000 种，中国已知约 4000 种。其形体特征为：成虫小至中型，体短宽、纤细，或椭圆形；头下口式，复眼发达；触角有丝状、念珠状、具芒状等；刺吸式或涨吸式口器；仅有一对膜质的前翅；有爪一对，爪下有爪垫。

5. 鞘翅目

通称甲虫，全世界已知约 330000 种，中国已知约 7000 种，是昆虫纲乃至动物界中种类最多、分布最广的第一大目。其形体特征为：体小至大型、体壁坚硬、咀嚼式口器；成虫复眼显著，前胸发达、前翅质地坚硬、形成鞘翅、后翅膜质；腹部节数较少；无尾须。

6. 鳞翅目

鳞翅目包括所有的蝶类和蛾类，全世界已知约 200 000 种，中国已知约 8 000 种。其形态特征为：体小至大型；虹吸式口器或退化；复眼一对；触角有丝状、球杆状、羽毛状等；一般具翅一对；幼虫形体圆锥形、柔软；体线；咀嚼式口器、多足型；腹足末端有钩毛。

（二）害虫的危害症状

1. 咀嚼式害虫

重要的农业害虫绝大多数是咀嚼式害虫，其危害的共同特点是可造成明显的机械损伤，在作物的被害部位常可以见到各种残缺和破损，使组织或器官的完整性受到破坏。

（1）田间缺苗断垄。这是地下害虫的典型危害状，如蛴螬、蝼蛄、叩头虫、地老虎等咬食作物地下的种子、种芽和根部，常常造成种子不能发芽，幼苗大量死亡。

（2）顶芽停止生长。有些害虫喜欢取食作物幼嫩的生长点，使顶尖停止生长或造成断头，甚至死亡。如烟夜蛾幼虫喜欢集中危害烟草的顶部心芽和嫩叶。

（3）叶片残缺不全。①叶片的两层表皮间叶肉被取食后形成的各种透明虫道；②叶肉被取食，而留下完整透明的上表皮，形成的箩底状凹洞；③叶片被咬成不同形状和大小的孔洞，严重危害时将叶肉吃光，仅留叶脉和大叶脉；④叶片被吃成各种形状，严重时整片叶或植株被吃光。

（4）茎叶枯死折断。这是蛀茎类害虫的典型危害状，如水稻螟虫、亚洲玉米螟等。螟虫早期危害常常造成心叶枯死或在叶片上形成大量穿孔，后期危害造成茎秆折断。

（5）花蕾、果实受害。大豆食心虫和豆荚斑螟可蛀入豆荚内取食豆粒，使果实或籽粒受害脱落或品质下降。棉铃虫等害虫还取食花蕾，造成落蕾。

2. 吸收式害虫

（1）直接伤害。吸收式害虫的口针刺入作物组织，首先对作物造成机械伤害，同时分泌唾液和吸取作物汁液，使作物细胞和组织的化学成分发生明显的变化，造成病理或生理伤害。被害部位常出现褪色斑点。初期受害，被害部位叶绿素减少，常出现黄色斑点，以后逐渐变成褐色或银白色，严重时细胞枯死，甚至出现部分器官或整株枯死的情况。从内部变化看，生理伤害使作物营养失调；同时因唾液的作用，积累的养分被分解，或造成被害组织不均衡生长，出现芽或叶片卷曲、皱缩等危害症状。

（2）间接危害。刺吸式害虫是作物病害，特别是病毒病的重要传播媒介。可能这些昆虫的发生数量不足以给作物造成直接危害，但传毒带来的间接危害却十分严重。如黑尾叶蝉可以传播水稻矮缩病、黄矮病和黄萎病，灰飞虱能传播水稻黑条矮缩病和条纹叶枯病、小麦丛矮病、玉米矮缩病等，麦二叉蚜是麦类黄矮病的传播媒介。吸收式害虫的危害还可以为某些病原菌的侵入提供通道，如稻摇蚊危害水稻幼芽可招致绵腐病的发生。

三、主要防治方法

（一）植物检疫

由国家颁布法令，对局部地区非普遍性发生的、能给农业生产造成巨大损失的、可通过人为因素进行远距离传播的病、虫，草实行植物检疫制度，特别是对种子、苗木、接穗等繁殖材料进行管理和控制，有效防止危险性病、虫随着植物及其产品由国外输入和由国内输出，对国内局部地区已经发生的危险性病、虫、杂草进行封锁，防止蔓延，就地彻底消灭。

（二）农业防治

农业防治是指结合整个农事操作过程中的各种具体措施，有目的地创造有利于农作物的生长发育而不利于害虫发生的农田环境，抑制害虫繁殖或使其生存率下降。

1. 选用抗虫或耐虫品种

利用作物的耐虫性和抗虫性等防御特性，培育和推广抗虫品种，发挥其自身因素对害虫的调控作用。如一些玉米品种由于含有抗螟素，故能抗玉米螟的危害。

2. 建立合理的耕作制度

农作物合理布局可以切断食物链，使某一世代缺少寄主或营养条件不适而使害虫的发生受到抑制。轮作、间作、套作等对单食性或寡食性害虫可起到恶化营养条件的作用，如稻麦轮作可起到抑制地下害虫、小麦吸浆虫的危害；同时，可制造天敌繁衍的生态条件，造成作物和害虫的多样性，可以起到以害（虫）繁益（虫）、以益控害的作用。

3. 加强栽培管理

合理播种（播种期、种植密度）、合理修剪、科学管理肥水、中耕等栽培管理措施可直接杀灭或抑制害虫危害。如三化螟在水稻分蘖期和孕穗期最易入侵，拔节期和抽穗期是相对安全期，通过调节播栽期，使蚁螟孵化盛期与危害的生育期错开，可以达到避开螟害和减轻受害的作用；利用棉铃虫的产卵习性，结合棉花整枝打去顶心和边心，可消灭虫卵和初孵幼虫；采用早春灌水，可淹死在稻桩中越冬的三化螟老熟幼虫；利用冬耕或中耕可以压低在土中化蛹或越冬害虫的虫源基数等。此外，清洁田园，及时将枯枝、落叶、落果等清除，可消灭潜藏的多种害虫。

4. 改变害虫生态环境

改变害虫生态环境是控制和消灭害虫的有效措施。我国东亚飞蝗发生严重的地区，通过兴修水利、稳定水位、开垦荒地、扩种水稻等措施，改变了蝗虫发生的环境条件，使蝗患得到有效控制。在稻飞虱发生期，结合水稻栽培技术要求，进行排水晒田，降低田间湿度，在一定程度上可减轻发生量。

（三）化学防治

化学防治是当前国内外最广泛采用的防治手段，在今后相当长的一段时间内，化学防治在害虫综合防治中仍将占有重要的地位。化学防治杀虫快、效果好、使用方便、不受地区和季节性限制，适于大面积机械化防治。

常用的无机杀虫剂有砷酸钙、砷酸铝、亚砷酸和氟化钠等；有机杀虫剂包括植物性（鱼藤、除虫菊、烟草等）和矿物性（如矿物油等）两类，它们分别来源于天然植物和矿物。

目前人工合成的有机杀虫剂种类繁多，按作用方式可以将杀虫剂分为触杀剂、胃毒剂、内吸剂、熏蒸剂、忌避剂、拒食剂、引诱剂、不育剂和生长调节剂等。

1. 触杀剂

触杀剂是指药剂与虫体接触后，通过穿透作用经体壁进入或封闭昆虫的气门，使昆虫中毒或窒息死亡的一种杀虫剂。触杀剂是接触到昆虫后便可起到毒杀作用的一种杀虫剂，如拟除虫菊酯、氨基甲酸酯等。现在生产的有机合成杀虫剂大多数是触杀剂或兼胃毒杀作用。

2. 胃毒剂

胃毒剂是指药剂随昆虫取食后经肠道吸收进入体内，到达靶标引起虫体中毒死亡的一种杀虫剂。如砷酸铅及砷酸钙是典型的胃毒剂。

3. 内吸剂

内吸剂是指农药施到作物上或施于土壤里，被作物体（包括根、茎、叶及种、苗等）吸收后，并可传导运输到其他部位，害虫（主要是刺吸式口器害虫）取食后引起中毒死亡的一种杀虫剂。实际上内吸性杀虫剂的作用方式也是胃毒作用，但内吸作用强调该类药剂具有被作物吸收并在体内传导的性能，因而在使用方法上，明显不同于其他药剂，如根施、涂茎等。

4. 熏蒸剂

熏蒸剂是指药剂由液体或固体汽化为气体，以气体状态通过害虫呼吸系统进入体内而引起昆虫中毒死亡的一种杀虫剂。如氯化苦、溴甲烷等。

5. 忌避剂

忌避剂是指一些农药依靠其物理、化学作用（如颜色、气味等）使害虫忌避或发生转移、潜逃现象的一种非杀死保护药剂。如苯甲酸苄酯对恙螨、苯甲醛对蜜蜂有忌避作用。

6. 拒食剂

拒食剂是指农药被取食后，可影响昆虫的味觉器官，使其厌食、拒食，最后因饥饿、失水而逐渐死亡，或因摄取不足营养而不能正常发育的一种杀虫剂。如杀虫脒和拒食胺等。

7. 引诱剂

引诱剂是指依靠其物理、化学作用（如光、颜色、气味等）将害虫诱聚而利于歼灭的一种杀虫剂。具有引诱作用的化合物一般与毒剂或其他物理性捕获措施配合使用，杀灭害虫，最常用的取食引诱剂是蔗糖液。

8. 不育剂

不育剂是指化合物通过破坏生殖循环系统，形成雄性、雌性或雌雄两性不育，使害虫失去正常繁育能力的一种杀虫剂。如六磷胺等。

9. 生长调节剂

生长调节剂是指化合物可阻碍或抑制害虫的正常生长发育，使之失去危害能力，甚至死亡的一种杀虫剂。如灭幼脲等。

为了充分地发挥药剂的效能，必须合理选用药剂与剂型，做到对"症"下药。合理用药还必须与其他综合防治措施配套，充分地发挥其他措施的作用，以便有效地控制农药的使用量。

（四）生物防治

1. 以虫治虫

以虫治虫就是利用害虫的各种天敌进行防治。我国幅员辽阔，害虫的种类繁多，各种害虫的天敌也很多。常见的如蜻蜓、螳螂、瓢虫、步甲、草蛉、食蚜蝇幼虫、寄生蝇、赤眼蜂等。以虫治虫的基本内容应是增加天敌昆虫数量和提高天敌昆虫控制效能，大量饲养和释放天敌昆虫以及从外地或国外引入有效天敌昆虫。

2. 以微生物治虫

许多微生物都能引起昆虫疾病的流行，使有害昆虫种群的数量得到控制。昆虫的致病微生物中多数对人畜无害，不污染环境，制成一定制剂后，可像化学农药一样喷洒，称为微生物农药。在生产上应用较多的昆虫病原微生物主要有细菌、真菌、病毒三大类。如已作为微生物杀虫剂大量应用的主要是芽孢杆菌属的苏金杆菌，已用于防治害虫的真菌有白僵菌、绿僵菌、拟青霉菌、多毛菌和虫霉菌等。

3. 以激素治虫

该种方法利用昆虫的内外激素杀虫，既安全可靠，又无毒副作用，具有广阔的发展前景。利用性外激素控制害虫，一般有诱杀法、迷向法和引诱绝育法。利用内激素防治害虫包括利用蜕皮激素和保幼激素两种，蜕皮激素可使昆虫发生反常现象而引起死亡；保幼激素可以破坏昆虫的正常变态，打破滞育，使雌性不育等。

（五）物理机械防治

应用各种物理因子如光、电、色、温湿度等及机械设备来防治害虫的方法，称为物理机械防治法。常见的有捕杀、诱杀、阻杀和高温杀虫。

1. 捕杀

利用人力或简单器械，捕杀有群集性、假死性等习性的害虫。

2. 诱杀

利用害虫的趋性，设置灯光、潜所、毒饵等诱杀害虫。如利用波长为 365 nm 的黑光灯、双色灯、高压汞灯进行灯光诱杀，利用杨柳树枝诱杀棉铃虫蛾子等。

3. 阻杀

人为设置障碍，构成防止幼虫或不善飞行的成虫迁移扩散。如在树干上涂胶，可以防止树木害虫下树越冬或上树危害。

4. 高温杀虫

用热水浸种、烈日暴晒、红外线辐射、高频电流等，都可杀死种子中隐蔽危害的害虫。如食用小麦暴晒后，在水分不超过 12% 的情况下，趁热进仓库密闭储存，这种方法对于杀虫防虫效果极好。

第三节　作物草害及其防治

一、杂草危害

杂草的危害表现在许多方面，其中最主要的是与作物争夺养分、水分和阳光，影响作物生长，降低作物产量与品质。杂草的危害可分为直接危害和间接危害两方面。

1. 直接危害

直接危害主要指农田杂草对作物生长发育的妨碍，并造成农作物的产量和品质的下降。杂草与作物一样都需要从土壤中吸收大量的营养物质，并能迅速形成地上组织。杂草有顽强的生命力，在地上和地下与作物进行竞争。地上部主要表现为对光和空间的竞争，地下部主要表现为对水分和营养的竞争，直接影响作物的生长发育。具有发达根系的杂草还掠夺了土壤中的大量水分。在作物幼苗期，一些早出土的杂草严重遮挡着阳光，使作物幼苗黄化、矮小等。

2. 间接危害

间接危害主要指农田杂草中的许多种类是病虫的中间寄主和越冬场所，有助于病虫的发生与蔓延，从而造成损失，如夏枯草、通泉草和紫花地丁是蚜虫等的越冬寄主。许多杂草是作物病虫害的传播媒介，如棉蚜先在夏枯草、小蓟、紫花地丁上栖息越冬，待春天棉花出苗后，再转移到棉花上进行危害。有些杂草植株或某些器官有毒，如毒麦籽实混入粮食或饲料中能引起人畜中毒，冰草分泌的化学物质能抑制小麦和其他作物发芽生长；禾本科杂草感染麦角病、大麦黄矮病毒和小麦丛矮病毒，再通过昆虫传播给麦类作物使其发病，如小麦田生长的猪殃殃、大豆田生长的菟丝子等，都严重影响着作物的管理和收获。

二、农田杂草的生物学特性

1. 抗逆性

杂草具有强的生态适应性和抗逆性，表现在对盐碱、人工干扰、旱涝、极端高温、极端低温等有很强的耐受能力，因气候、土壤、水分、季节与作物的不同而不同。长江以南高温多雨，主要杂草种类属于喜温、喜湿植物，如香附子等。

2. 可塑性

杂草的可塑性是指杂草在不同的生境下，对自身个体大小、种群数量和生长量的自我调节能力。多数杂草都具有不同程度的可塑性，可在多变的人工环境条件下持续繁衍。

3. 生长性

杂草中的 C_4 植物比例明显较高，常见的恶性杂草狗尾草和马唐等都是 C_4 植物，能够充分地吸收光能，CO_2 和水进行有机物的生产。如田间杂草稗草是 C_4 植物，其净光合速率高，生长迅速，严重抑制了 C_3 植物水稻的正常生长。

4. 杂合性

一般杂草基因型都具有杂合性，这也是保证杂草具有较强适应性的重要因素。杂合性增加了杂草的变异性，从而大大地增强了抗逆性能，特别是在遭遇恶劣环境条件时，可以有效地避免整个种群的覆灭，使物种得以延续。

5. 拟态性

有些杂草与作物具有较强的拟态性，属伴生杂草，如稗草与水稻、谷子与狗尾草等，它们在形态、生长发育规律以及对生态环境的要求上都有许多相似之处。

6. 多产性

杂草具有强大的繁殖能力，其繁殖方式分为种子繁殖和营养繁殖两种类型。一株杂草的种子数少则 1 000 粒，多则数十万粒，通常可达 3~4 万粒。具有营养繁殖能力的多年生杂草，如匍匐茎、根茎球、茎块、鳞茎等的繁殖能力也很强。

7. 多途径传播

杂草种子可借风力、水流等自然因素进行传播，也可通过动物和人的活动进行传播，如引种、播种、灌水、施肥、耕作、移土和包装运输等。

三、农田草害的防除

1. 农业防除

农业措施包括轮作、土壤耕作整地、精选种子、施用腐熟的肥料、清除田边和沟边杂草以及合理密植等。

合理轮作特别是水旱轮作是改变农田生态环境、抑制某些杂草传播和危害的重要措施。如水田的眼子菜、牛毛草在水改旱后就受到抑制；土壤耕作整地，如春耕、秋耕和中耕等，可翻埋杂草种子，扯断杂草的根系和营养体，减轻杂草的危害。播前对作物种子进行精选（如风选、筛选、水选等）是减少杂草来源的重要措施，如稗草种子随稻谷传播、菟丝子种子随大豆传播、狗尾草种子随谷粒传播，通过精选种子，可防止杂草种子传播。施用有机肥料，如家畜粪便、杂草堆肥、饲料残渣、粮油加工废料等含有大量的杂草种子，若不经过高温腐熟，这些杂草种子仍具有发芽能力。因此，施用腐熟的有机肥，可抑制其传播。此外，清除田边、沟边、路旁杂草也是防止杂草蔓延的重要措施。

2. 植物检疫

杂草种子传播的一条重要途径就是混入作物和牧草种子中进行传播。因此，加强植物检疫是杜绝杂草种子在大范围内传播、蔓延的重要措施。

3. 生物防除

生物防除是利用动物、昆虫、病菌等方法来防除杂草。生物防除主要包括以昆虫、病原菌和养殖动物灭草等。

早期的生物防除主要是利用动物来防除杂草，如在果园放养食草家畜家禽、在稻田养殖草鱼等，后期在以虫灭草上也获得了很好的效果。

许多昆虫都是杂草的天敌，如尖翅小卷蛾是香附子、碎末莎草、荆三棱和水莎草的天敌，盾负泥虫是鸭趾草的天敌等。在以菌灭草上，同样也取得了成功，如用锈病病菌防除多年生菊科杂草。而利用植物病原微生物防除杂草的技术和制剂即微生物除草剂，现已进入应用阶段，如用炭疽病菌制剂防除美国南部水稻和大豆的豆科杂草美国合萌。我国在利用微生物病菌防除杂草上同样也取得了很大的进展，如防除大豆菟丝子的菌药鲁保 1 号已研制成功。

4. 化学防除

化学防除是指使用除草剂来防除杂草的技术措施。化学防除具有效果好效率高、省工省力的优点。但除草剂的作用机理复杂，目前，主要是基于以下几种机理进行化学防除：抑制杂草的光合作用；抑制脂肪酸合成；干扰杂草的蛋白质代谢；破坏杂草体内生长素平衡；抑制植物微管和组织发育。使用除草剂灭除农田杂草时，需找出作物对除草剂的"耐药期或安全期"和杂草对药剂的"敏感期"施用防除，才能达到只杀草而不伤苗的效果。

（1）利用有些除草剂药效迅速而残效短的特性，在作物播种前喷施除草剂于土表层以迅速杀死杂草，待药效过后再播种。利用时间差，既灭除了杂草又不伤害作物。如利用灭生性除草剂草甘膦处理土壤，施药后 2~3 天即可播种和移栽。

（2）利用作物根系在土层中分布深浅的不同和植株高度的不同进行选择性地除草。一般情况下，作物的根系在土壤中分布较深，而大多数杂草的根系在土层中分布较浅，将除草剂施于土壤表层可防除杂草而不伤作物。如移栽稻田使用丁草胺。

（3）作物形态不同对除草剂的反应不同。如稻麦等禾谷类作物叶片狭长，表面的角质层和蜡质层较厚，除草剂药液不易黏附，且具有较大的抗性；苋、藜等双子叶杂草的叶片宽大平展，表面的角质层与蜡质层薄，药液容易黏附，因而容易受害被毒杀。

（4）生理生化选择，即利用不同作物的生理功能差异及其对除草剂反应的不同。如水稻与稗同属禾本科，形态和习性相似，但水稻体内有一种特殊的水解酶能将除草剂敌稗水解为无毒性的 3，4- 二氯胺苯及丙酸；稗草则因没有这种功能而被毒杀。

总而言之，根据作物和杂草之间的差异，选用除草剂品种要准确，喷施要均匀，剂量要精确；同时还要看苗情、草情、土质、天气等灵活用药，方能达到高效、安全、经济的灭除杂草的目的。

第四节　农业鼠害及其防治

害鼠种类多、数量大、繁殖快、分布广，对农业危害极大，几乎所有农作物都受到害鼠的危害。

一、鼠类概述

鼠类通常是指哺乳纲、啮齿目的动物。鼠类在哺乳动物中种类和数量最多，在全世界已知的 4200 多种哺乳动物中，鼠类就有 1700 余种，约占总数的 40%。我国已知哺乳动物约 460 种，其中鼠类 150 多种，约占 33%。

（一）鼠类的形态构造

鼠类中大多数种类体形较小，全身被毛，体躯分为头、颈、躯干、四肢和尾五部分。其典型特征是：上、下颌各有一对非常强大的门齿，无齿根，能终生不断地生长，常借咬噬杂物而磨损牙齿；缺犬齿；性成熟早，生殖力强；分布几乎遍及全球，在各种生境中都有它们的踪迹。

（二）鼠类的生物学特性

1. 栖息地

鼠类的栖息地是指鼠类种群和个体筑窝居住、寻找食物、交配繁殖以及蛰眠越冬等活动的场所。鼠类选择栖居的环境主要满足两个条件：食物充足、取食方便；便于隐蔽，避免敌害。因此，鼠类的栖息地以农田为最佳栖息地的种类居多。除了少数种类如松鼠、花鼠等营树栖、半地栖或半水栖外，绝大多数鼠类都营造洞穴生活。

2. 活动与取食

鼠的活动包括觅食、打洞，筑巢、求偶、避敌、迁移、蛰眠等。多数鼠类在出生后 3 个月到 2~3 年内活动量最大。气候和季节的变化对鼠的活动有一定的影响。春秋季节，气温较低，一般在中午活动较多；在夏季高温季节，则在早晨和午后活动较多。鼠类的活动大多是为了取食。随季节的变化、作物生育期的不同以及栖息地的差异，鼠类取食食性常会有很大的变化。大多数鼠类的食性为广食性，如大仓鼠除取食花生等及各种杂草种子外，还取食多种昆虫等小动物。

大部分鼠类无冬眠习性，为了抗御严寒，延续生命，有贮粮越冬习惯；也有些鼠种为了度过严寒和食物匮乏的冬季，具有冬眠的习性，如黄鼠、花鼠、旱獭等。

3. 生长发育和繁殖

鼠类的生长发育一般可分为幼鼠、亚成体鼠、成鼠和老体鼠四个年龄阶段。大多数鼠种在春秋季节达到繁殖高峰期；不同鼠种间的寿命差别很大，常与其性成熟年龄、个体大小有关；同时也受食物、季节、气候和自然环境的影响。性成熟早、个体小的种类平均寿命为1~2年，如小家鼠1年左右，布氏田鼠2年左右。

二、主要农作物鼠害及其危害特点

1. 小麦鼠害

危害小麦的害鼠主要有大仓鼠、黑线姬鼠、褐家鼠、小家鼠和东方田鼠等。在小麦的播种至幼苗期，害鼠扒食种子或取食刚出土的幼苗，造成苗死、苗伤或缺苗；在孕穗至乳熟期，害鼠常咬断麦秆，取食嫩穗，造成断茎或枯穗；地下活动的田鼠常咬断根系，把茎秆、麦穗拖入洞内，并且穿穴打洞造成植株根系悬空，引起植株发黄甚至枯死；在成熟期，害鼠咬食麦穗或践踏落地的麦穗，其危害极大。

2. 玉米鼠害

危害玉米的害鼠主要有黑线姬鼠、大仓鼠、黑线仓鼠、小家鼠和褐家鼠等。在玉米的播种期，害鼠主要盗食播下的种子，造成缺种，受害重者需补种或重播；至幼苗期，害鼠在幼苗基部扒洞，盗食种子使幼苗缺少营养和水分而枯死，造成缺苗断垄；灌浆期，喜食果穗的害鼠，撕开苞叶，啃食籽粒，将果穗的上半部啃掉，有时会将整个果穗全部啃光，地面上常留有苞叶碎片和籽粒的皮壳；成熟期，害鼠可取食成熟籽粒，特别是倒伏的玉米，受害更重。

3. 水稻鼠害

危害水稻的害鼠主要有黑线姬鼠、褐家鼠、小家鼠、黄毛鼠和黄胸鼠、板齿鼠等。在水稻苗期，以三叶期前的秧苗受害较重，常造成缺苗，严重时全田秧苗被吃掉；三叶期后到分蘖阶段，害鼠咬断主茎和分蘖，形成枯苗；孕穗期，害鼠主要咬啮稻茎基部，影响灌浆结实，重者形成枯孕穗，或将孕穗咬断，造成缺穗；抽穗至成熟期，害鼠常将稻株压倒，咬断茎穗，或将稻穗堆在地上，取食米粒，田间留下一堆堆枝梗、谷壳、粪便及散落的稻谷。

4. 棉花鼠害

棉田的害鼠主要有黑线姬鼠、褐家鼠、黑线仓鼠和长尾仓鼠等，低酚棉田鼠害尤为严重。棉花自播种至出苗期，害鼠常顺播种行将棉种刨出，嗑破棉籽，取食籽仁，使棉种失去生活力，造成缺苗断垄；棉花苗期，害鼠于早春常咬破地膜，钻入苗床筑巢为害，抛土形成的小土丘压盖棉苗或穿穴打洞使棉苗根部松动，引起失水死亡；棉花铃期，害鼠主要危害 20 天以上的棉铃（一般不危害幼龄和将吐絮的老铃），夜间爬到棉株中下部的果枝，将棉铃一个个咬落，然后下地取食，啃破铃壳，拉出棉瓣，撕去棉絮，嗑开棉籽壳，取食棉仁；棉花吐絮期，害鼠将一瓢瓢籽棉拖至地面、沟边或洞旁，集中堆放，取食棉籽，有时还利用棉絮做窝。

三、鼠害的防治

（一）生态防治

生态防治主要通过破坏鼠类的生活环境，使其生长繁殖受到抑制，增加其死亡率，从而控制害鼠种群数量。具体措施有以下几种：

1. 翻耕土地、清除杂草

清除杂草、减少荒地，使害鼠难以隐蔽和栖居。翻耕、灌溉和平整土地，如在华北北部的旱作区，秋季耕翻农田即可破坏田间洞穴，迫使长爪沙鼠迁居到田埂、荒地等不良的栖息地，从而引起大量死亡；秋耕、秋灌及冬闲整地，对黑线仓鼠的越冬也有很大的破坏作用。

2. 兴修水利、整治农田周边环境

很多害鼠栖息于田埂、沟渠边、河塘边、土堆或草堆等地，如黑线姬鼠、褐家鼠等。结合冬季兴修水利、冬季积肥、田埂整修、开垦荒地等农田基本建设活动，就可以破坏害鼠的栖境。

3. 搭配种植、合理布局农作物

品种搭配和合理布局农作物，也可以起到降低鼠害的作用。如实行不同作物交错种植，形成复杂的生态环境，可引起鼠类种间竞争激烈，促使天敌数量增加，从而能起到抑制鼠害的作用。实践研究证明，多种作物交错种植比单一种植鼠害轻，此外，水 - 旱轮作较旱 - 旱轮作的鼠害发生也轻。

4. 及时收获、颗粒归仓

食物是害鼠赖以生存和繁衍的重要条件，减少或切断食物来源，能抑制鼠类生长发育、繁殖及存活，从而达到控制鼠害的目的。例如，在作物收获季节，特别是秋收时，做到及时收获、快打快运、颗粒归仓，就可切断害鼠的食物来源，减少害鼠取食和贮粮越冬的机会。如在秋后能及时耕翻、清洁田园，就会取得更好的效果。

（二）生物防治

对害鼠的生物防治，主要是利用天敌动物，病原微生物和外激素等杀灭或抑制鼠类种群数量的上升。鼠类的天敌主要有猫头鹰、鹰隼类等鸟类和黄鼬、豹猫、狐、獾等哺乳动物及蛇类等，应积极保护这些天敌。微生物灭鼠是指利用鼠类的致病微生物进行灭鼠，致病微生物有鼠伤寒菌、沙门氏菌等；但考虑对人畜的选择性问题，利用病原微生物灭鼠应持谨慎态度。外激素防治主要是利用其驱避作用、引诱作用，不孕作用等，直接控制和减少害鼠数量；或利用报警信息干扰某些鼠类种群的正常活动。

（三）物理防治

物理防治主要是使用捕鼠器械捕杀鼠类。捕鼠器械多数是利用杠杆及平衡原理设计制作而成的；此外，也有利用电学原理制成的。在野外常用的捕鼠器有捕鼠夹、捕鼠笼、捕鼠箭、电子捕鼠器、超声波灭鼠器等，但各自造价和使用范围均有所不同。

（四）化学防治

针对当地主要害鼠种类、分布和数量动态以及作物的受害程度和面积，根据耕作制度、气候条件和自然资源等因素制定出鼠害防治方案。在害鼠的繁殖前期或开始繁殖期进行大面积连片防治和大面积连片灭鼠，最好以市、县为单位统一部署，以乡镇为单位统一投药时间，同时做到农田灭鼠与农家或城镇居民灭鼠同步进行。同时，要注意人畜安全、防止二次中毒，严禁使用国家明文禁用的杀鼠剂品种。

1. 毒饵灭鼠

毒饵由诱饵、添加剂和杀鼠剂三部分组成。诱饵引诱鼠类前来取食毒饵；好的诱饵应具有适口性好、害鼠喜食而非目标动物不取食，不影响灭鼠效果，来源广、价格低，便于加工、贮运和使用等特点。添加剂主要用于改善诱饵的理化性质，增加毒饵的警示作用，以提高人畜的安全性，缺点是有很多副作用且不够安全。

2. 熏蒸灭鼠

在密闭的环境中，使用熏蒸药剂释放毒气，使害鼠呼吸中毒而死，该方法的优点是具有强制性，不受鼠类取食行为的影响，灭效高、作用快、使用安全、无二次中毒现象，仓库内使用可鼠虫兼治。缺点是用药量大，需密闭环境。

3. 化学驱鼠

化学驱鼠是用驱鼠剂涂抹保护对象，当害鼠的唇、舌接触到药剂后感到不适，不愿再次危害的防鼠方法。化学驱鼠并非灭鼠，只是一种预防性措施。

4. 化学绝育

化学绝育是使害鼠取食绝育剂，导致其终生不育，从而达到控制害鼠种群的目的。

5. 化学杀鼠

化学杀鼠剂根据害鼠摄食后中毒死亡的速度可分为急性杀鼠剂（如敌溴灵等）和慢性杀鼠剂（主要指抗凝血杀鼠剂），两者适用范围和施用方式有所差异。

第十二章　作物生产现代化

第一节　作物生产现代化的概念和特征

一、作物生产现代化的概念

作物生产现代化是指从传统作物生产向现代作物生产转化的过程和手段，是农业现代化的重要组成部分其主要包括四个方面：一是作物生产手段现代化。运用先进设备代替人的手工劳动，特别是在产前、产中和产后各个环节中大面积采用机械化作业，大大降低农业劳动者的体力劳动强度，提高劳动生产率；二是作物生产技术科学化。提高农业生产的科技水平和农产品的科技含量，提升农产品品质和国际竞争力，降低生产成本，保证食品安全；三是作物生产经营方式产业化。转变农业增长方式，主要是大力发展农业产业化经营，使农产品生产、加工、流通诸环节有机结合，形成种养加、产供销、贸工农一体化的经营格局，提高农业的经营效益，增强农业抵御自然风险和市场风险的能力；四是作物生产服务社会化。形成多种形式的农业社会化服务组织，在整个农业生产经营过程的各个环节中都有社会化服务组织提供专门服务。

二、作物生产现代化的特点

作物生产现代化是一个相对的概念，其内涵随着技术、经济和社会的进步而变化，即不同时期有不同的内涵，从这个意义上讲，农业现代化只有阶段性目标，而没有终极目标，即在不同时期应当选择不同的阶段目标和在不同的国民经济水平层面上有不同的表现形式和特征。当前，中国农业发展环境正发生深刻变化，老问题不断积累，新矛盾不断涌现。农业的主要矛盾已由总量不足转变为结构性矛盾，主要表现为阶段性、结构性的供过于求与供给不足并存，还面临着品种结构不平衡、资源环境约束压力加大、消费结构升级、产业融合程度加深、国内外市场联动增强等困难和挑战。推进农业供给侧结构性改革，提高农业供给体系质量和效率，是当前和今后一个时期农业农村经济的重要任务。随着信息技术、生物技术等现代高科技成果在社会各领域的广泛运用，作物生产这一传统产业也正成为社会经济新的增长点，在新形势下焕发出新的生机。中国现代作物生产主要具有以下特点或趋势。

1. 多目标

现代作物生产多目标性表现为：①全面提升粮食等重要农产品的供给水平，把粮食生产重点放在巩固和提升产能上，实施"藏粮于地"和"藏粮于技"的战略；②提升农业经营效益的水平，实现农业增产、农民增收；③切实解决"三农"问题，提高农民的社会和经济地位、缩小城乡差距；④提升农业的可持续发展水平，打造现代农业产业体系、生产体系、经营体系。

2. 产业化

作物生产产业化是指生产单位或生产地区，根据自然条件和社会经济条件的特点，以市场为导向，以农户为基础，以龙头企业或合作经济组织为依托，以经济效益为中心，以系列化服务为手段，通过实现种养加、产供销、农工商一条龙综合经营，将作物再生产过程的产前产中、产后诸环节联结为一个完整的产业系统的过程。

3. 标准化

作物生产标准化是指通过标准化手段来规范作物生产活动，从而获得最佳的秩序和效益，为高质量农产品生产提供依据，通过与国际标准接轨提升农产品国际竞争力，是加强农业执法监督，实施品牌战略的保证。

4. 信息化

就是在作物生产领域全面地发展和应用现代信息技术，使之渗透到作物生产、市场、消费以及农村社会、经济、技术等各个具体环节，加速传统农业改造，大幅度地提高农业生产效率和农业生产力水平，以促进农业持续、稳定、高效发展的过程。

5. 安全化

作物生产安全是一个系统性的问题，是包括与农业生产密切相关的各要素安全在内的有机整体，其主要包括粮食数量、农产品质量安全，农业自然资源的永续利用和农业生态环境的良好维护以及农村社会环境的良性发展。

6. 社会服务组织化

形成多种形式的作物生产社会化服务组织，在整个农业生产经营过程的各个环节中都有社会化服务组织提供专门服务。

7. 可持续发展

坚持生态良性循环的指导思想、维持良好的农业生态环境、不滥用自然资源、兼顾目前利益和长远利益、合理地利用和保护自然环境，实现资源永续利用。这是落实科学发展观，建立资源节约型社会的要求，同时也是统筹人与自然和谐发展的前提。

第二节　作物生产机械化

一、作物生产机械化的意义

现代社会，衡量一个国家农业发展水平的一个重要标志为农业机械化的程度。1999年秋，由美国工程院牵头，《国家工程师周刊》美国工程学会联合会协同评选出20世纪20项最具代表性的工程技术成就，其中农业机械化名列第7位。农业机械化在提高劳动生产率和推进经济社会发展中发挥了巨大的作用。美国是最先实现农业机械化的国家，它以占世界0.3%的农业劳动者生产了占世界17.6%的谷物、46.5%的大豆、20%的棉花、16%的肉类和15.7%的牛奶，成为世界上最大的农产品出口国。因此，要改造传统农业生产方式进行扩大再生产，要提高农业的生产效率，就必须要加快农业机械化的速度。

二、发达国家作物生产机械化发展历史和现状

20世纪60年代，世界上大多数发达国家先后实现了农业机械化，继而相继实现农业现代化。美国在农业上使用机械的历史已有100多年。从19世纪中叶到20世纪初为半机械化时期。这一时期，由于工业革命的兴起和发展，钢铁开始应用于农具制造，农具制造业也引进了蒸汽动力。1910年到第二次世界大战为农业基本机械化时期，内燃机、电动机在农业机械上普遍应用。第二次世界大战后，美国进入了全面机械化时期，现在是农业机械化程度最高的国家之一。目前，美国在谷物联合收割机、喷雾机、播种机等农业装备上已经开始采用卫星全球定位系统监控作业等高新技术，向精准农业方向发展已成趋势。

西欧国家在小麦、玉米的整地、播种、收获、运输等生产环节已全面实现机械化。不少农业机械还装备了GPS进行精确农业作业。20世纪70年代德国实现了农业机械化。法国农业在欧盟中占有十分重要的地位，其农业产量占欧盟总产量的20%。法国早在19世纪60年代就开始生产农业机械，第二次世界大战后几乎全部实现了机械化。日本的国土面积小，且70%是山地，粮食自给率仅为40%，而日本的农业生产每一个环节几乎已实现机械化作业，对农业机械化的促进措施以经济和法律手段为主。在1995年开始的农业机械发展计划和实用促进计划中，其中包括发展农业机器人和农田自动导航。

三、中国作物生产机械化历史、现状和发展趋势

1949年前，中国基本上没有农业机械，农机行业起步较晚，但发展很快。中华人民共和国成立初期农机行业总产值300万元，职工4000余人，只能生产一些简单的农业机械，而且主要是依靠进口。中国农机业的发展经历了几个历史性阶段：1949～1959年的恢

复生产阶段。主要采用了增补旧式农机具，推广新式农具，创办农机工业，成立科研院所等主要措施，1958 年中国生产的第一台拖拉机诞生在洛阳第一拖拉机厂。从此，中国农机工业跨上了一个新的台阶，中国农业机械化的序曲在洛阳正式奏响。1959—1969 年的探索与调整时期。采用了大搞农机改革运动，发展与调整农机工业，建立农机修配网等多种举措。这一时期探索并形成了一整套指导农业机械发展的方针政策，为早日实现农业机械化起到了助推作用。1969—1979 年的行政推动阶段。国家通过行政命令和各种优惠政策，推动农业机械事业的发展。1979—1989 年的机制转换阶段。市场在农业机械化发展中的作用逐渐增强，国家对农机工业的计划管制日益放松，农业机械多种经营形式并存。1989—1999 年的市场导向阶段。在国家相应法规和政策措施的保护和引导下，农业机械化的市场化进程加速，农业机械化事业发展加快。1999—2009 年的高速发展时期。经过 50 年的发展，中国已成为农机制造大国，建成了包括农机化科研、技术鉴定、推广培训、修理、安全监理、销售等在内的农机服务支持体系。2012 年中国农机行业的工业总产值首次突破 3 000 亿元，超越欧盟和美国，同时成为全球第一农机制造大国。

但是，中国农业机械化水平仍比较低，全国耕种收割综合机械化水平只有 36.5%。同时，由于各地的地理环境、经济发展和劳动力素质等存在差异，综合机械化水平发展极不平衡。第一，产品技术水平低，品种结构不能适应农业结构调整需要；第二，生产设备陈旧，制造技术落后，产品质量难以控制；第三，农机推广服务机制不够健全，农机工作得不到很好的开展和落实；第四，田间作业机械化发展不平衡，大豆、水稻等机械化收获水平低。

智能化以及自动化将是中国农业机械化发展的必然趋势，也是中国发展高效节约农业的最重要措施。

1. 应用农业传感器技术

要想真正地实现农业机械的自动化控制，首先我们必须能够实时地监测农业装备的工作状态，发现问题及时改善；其次就是要能够准确地评价农产品的生物学性状。所以应用农业专用的传感器技术尤为关键。现阶段，农业传感器的应用效果还是比较理想的，采用谷物湿度传感器可以对谷物的湿度进行实时监控；采用温度传感器能够准确测量粮食烘干和储存过程中的实时温度等。

2. 计算机技术和电子技术的应用

在农业机械装备中应用计算机技术和电子技术，将进一步促进中国农业机械化技术的发展，小型化微型化芯片的出现也为农机产品实现完全的智能化和自动化提供了可能，比如，在农机装备上安装电子监控装置，这样农民就可以实时掌握装备的工作状态，出现故障时可以及时地进行调整，提高作业的质量。中国电子设备的性能越来越完善，农业装备也能够更好地适应灰尘、潮湿以及噪声等不利的环境，其可靠性和耐久性也得到了显著提升。

3. 农用机器人技术

作为机电一体化的实例，农用机器人集合了人工智能自动控制以及机械电子计算机等多种高新技术，农业的作业对象和环境的复杂多变性对农用机器人提出了很高的要求，虽然现阶段农用机器人技术还存在着一定的问题，但是随着计算机智能技术的不断发展，这项技术也将越来越完善。

4. 建立更加精确的农业体系核心思想

要及时地获取农作物的产品并掌握影响生物生长的环境因素的有关信息，分析研究其原因，从而制定出经济上有效且技术上可行的改善措施，根据实际的需要进行调控，主要的支持技术有智能化农业机械技术、决策支持系统、信息采集和处理技术等。

第三节　作物生产设施化

作物生产设施化是借助现代工业装备，依靠生物科技、农艺科技、信息科技来实现人为调节和控制生物生产的环境条件；是改善生物制品的生产方式和工艺流程的新型农业生产；是农业摆脱自然制约和低效率初级生产方式的有效手段和革命性发展；是劳动技术密集，资源集约型高效农业；也可以说是物化科技与活化科技最有效结合的农业。

一、作物生产设施化的意义

1. 是改造传统农业的依赖性、弱质性和低值性的需要

传统农业既对自然环境和土地依赖，又受农作物本身生长发育规律的限制。其产品的形成时期具有明显的季节性，这些产品又都是活体，植物类活体产品如不及时加工处理，产品则会大量聚积，自身呼吸产生高温、高湿，极易腐烂变质。即使是易贮藏的粮食，贮藏后由于自身的消耗也会使品质下降，因而生产经营者不得不降价倾销自己的产品。加之市场上对各种农产品的需求是有一定限度的，当供大于求时，廉价也很难销售出去：当供不应求时，社会又会出现不安定因素。因此，客观因素决定了传统农业生产的地位，怎么说它的重要性都不过分。历朝历代政府都讲农业是基础，但事实上历代农业都是弱势产业，因此必须用现代工业武装来改变这个态势。

2. 是安排中国农业冗余劳动力就业的需要

中国约有近 14 亿人口，其中 70% 的人口在农村，约有 4.5 亿的农村劳动力。农业生产最基本的要素是土地，但近年人口增长快，土地缩减得也快，现在人均只有 0.067 hm² 左右的耕地。

再加上中国近年大力推进大田农业生产机械化作业，在减轻农业生产劳动强度的同时，节约了大量的劳动力。按照中国农村现有的耕作与经济发展水平要求，还有 1.5 亿农业劳动力需安排就业，即农业中沉淀了大量的"零值劳动力"。因此，发展设施农业集约化经营，扩大农业内部就业容度是一个出路。

3. 是减缓资源短缺与社会发展矛盾的需要

中国用占世界 7% 的土地养育着世界 22% 的人口，是一个了不起的成就。但中国北方干旱缺水地区占国土面积的 72%。单位面积耕地水资源占有量仅为世界平均水平的 1/2，降雨时空分布不均，常年干旱和季节性干旱越来越频繁，有效灌溉面积只占耕地面积的 38%。近年来，春旱加剧，导致播期推迟，靠传统农业发展生产的潜力是非常有限的。用塑料或混凝土等管道代替土渠道输水，一般可节水 30%，微喷和滴灌则可使水的利用率提高到 90%，即自然资源有限，技术挖潜无限。

4. 是建设现代农业、促进社会和谐的需要

设施农业的核心是人为调节和控制生物生产的环境条件，改进生产工艺，提高效率。喜温作物地膜覆盖可增产 20% 左右，实施机械化耕耙、播收可提高产量 15% 左右，如果是温室生产，不受自然气候和土地的限制，可进行周年生产和空间延伸，单位面积产量可提高 5~10 倍，一家农户种 1hm² 温室，相当于 10~20hm² 大田的效益，生产资源得到有效利用的同时也扩大了农业内部就业容度，并保证他们有稳定的经济收入，这既是建设现代农业的需要，同时也是构建和谐社会的需要。

5. 是推动农业科技进步，集成创新的需要

从蔬菜拓展到花卉、果树、中药材等高附加值的经济作物，设施的功能从冬季的保温、增温拓展到夏季的遮阳降温和防雹、防雨、防虫；从植物性生产拓展到动物、微生物以及产后加贮运；计算机信息技术的导入，温室高端技术日新月异，全天候环境自动控制，直到农用机器人操作的植物工厂、宇宙农业等高级环控农业跨入了实用时代，生物单产超过常规农业数倍乃至数十倍的梦想开始实现，以其惊人的生产力水平展现于世人面前。设施农业已成为一门由现代园艺学、环境工程科学、农业经济科学和现代信息技术科学等多学科交叉渗透的新兴的边缘学科，但还远未建立起一个完整的科学体系。

二、作物生产设施化发展概况

早在 15~16 世纪，英格兰、荷兰、法国、中国和日本等国家就开始建造简易的温室，栽培时令蔬菜或小水果。17 世纪开始采用火炉和热气加热玻璃温室，19 世纪在英格兰、荷兰、法国等国家出现了双面玻璃温室。这个时期，温室中主要栽培黄瓜、草莓、葡萄等。19 世纪后期，温室栽培技术从欧洲传入美洲及世界各地，中国、日本、朝鲜开始建造单面温室。1860 年美国建立了世界上第一个温室栽培试验站，到 20 世纪初，美国已有 1 000 多个温室用于冬季栽培蔬菜。欧洲的荷兰，德国的温室工业化生产业已兴起。20 世纪 60 年代，美国研制成功无土栽培技术，使温室栽培技术产生一次大变革。到 70 年代，美国已有 400 hm² 无土栽培温室用于生产黄瓜、番茄等。1980 年，全世界用于蔬菜生产的温室面积达 16.5 万 hm²，年总产值达 300 亿美元；用于花卉生产的温室 5.5 万 hm²，年总产值达 160 亿美元。20 世纪 80 年代，亚洲和地中海地区温室数量迅速增加。欧洲南部的温室主要生产蔬菜，而北欧的温室则主要生产附加值高的鲜花和观赏植物。同期，中国的塑料大棚面积

达到 290 万 hm²，主要生产蔬菜和鲜花。

目前，世界上设施栽培中使用最多的一种类型是地膜覆盖，这在中国、日本、韩国和地中海地区应用最广泛。温室主要集中在荷兰及欧洲一些国家，中国、日本、美国、意大利等国家广泛应用塑料大棚。设施栽培的园艺作物主要是蔬菜（黄瓜、番茄等），中国、日本和地中海国家主要种植草莓和葡萄，鲜花、盆景及观赏植物也是设施栽培的主要园艺作物，美国 90% 的温室用于生产鲜花和观赏植物。英国、日本、丹麦、中国等国家设施栽培的园艺作物也由单一的蔬菜转向花卉和观赏植物。塑料大棚作为一种简便有效的设施栽培手段在世界许多国家蓬勃兴起。世界上玻璃温室主要集中在北欧国家。玻璃温室因其造价高、更新困难而限制了它的发展。近年来，采用高强塑料膜（PVC）取代玻璃，用于温室生产已成为世界设施农业发展的一个趋势。塑料温室以其成本低、更新容易等特点得以迅速发展。日本是当今世界上温室面积最大，而又最集中发展塑料温室的国家，塑料温室面积占温室总面积的 96%。除日本外，西班牙、法国、意大利等地中海沿岸国家塑料温室发展速度也很快。这些国家选择在光热资源较为充足的地区，建立起大面积的温室群。例如，西班牙的阿尔梅利亚地区有面积 1.3 万 hm² 的塑料温室群，占西班牙全国温室面积的 60%，意大利西西里岛上建造的塑料温室群，面积达 7000hm²。世界各国的塑料温室的选型常常依据各自地区的气候条件和种植习惯等统筹考虑。例如，日本多采用小巧玲珑的管架塑料温室，这种轻型管架温室用材省、拆装方便，有利于解决土壤连作障碍问题。美国、加拿大塑料温室大多是采用圆拱形结构，骨架用异型钢材。塑料温室的覆盖材料大多是农用薄膜，主要品种是聚乙烯（PE）、聚氯乙烯（PVC）和醋酸乙烯（EVA）3 种类型，还有一部分温室选用玻璃纤维树脂板（FRA 或 FRP）作为覆盖材料。

近年来，温室燃料费用大幅度提高。面对这一现实，温室生产大国都在积极地寻求节能对策来降低温室的生产成本。主要是开发温室生产新能源，对温室生产提出了栽培技术、建造结构、环境管理三位一体的发展方针，以尽量减少能源消耗。一些国家在温室生产中十分注重废热利用，主要是利用工业余热和地热资源。

在设施农业发展进程中，无土栽培正在改变着设施栽培的传统种植方法，成为当今世界栽培学领域里飞速发展的一项新技术。无土栽培具有节水、节能、省工、省肥，减轻土壤污染防止连作障碍、减轻土壤传播病虫害等多方面优点，已引起世界各国关注。无土栽培有多种形式，但以简便、实用、投资少。效益高的岩棉培、袋培、浅层营养液培（NET）这三种形式应用面积大。

国外的设施农业大体上经历了阳畦、小棚、中棚、塑料大棚、普通温室、现代化温室、植物工厂，即由低水平到高科技含量、自动化控制的发展阶段。现代化的植物工厂能在全封闭、智能化控制条件下，按设计流程实施全天候生产，真正实现了农业生产的工业化。

三、作物生产设施化发展方向

目前国内外在发展现代设施农业方面呈现出以下新特点和新趋势：

1. 生产速度快，供应周年化。设施农业打破了传统农业地域和时季的"自然限制"，具有高投入、高产出、高效益、无污染和可持续农业等特征，实现了蔬菜、瓜果和肉、奶、蛋的周年化供应。

2. 单产水平高。荷兰温室番茄年产量达 $60~70$ kg/m²，辣椒年产量达 30 kg/m²，420hm² 的蔬菜温室，以生产番茄、黄瓜、甜椒为主，产值高达 $12~14$ 亿美元。

3. 温室日趋大型化。大型温室设施具有投资省、土地利用率高，室内环境相对稳定节能便于作业和产业化生产等优点，经营农户减少，面积增加，设施日趋大型化、规模化、连片产业化生产成为趋势。

4. 无土栽培发展迅速。无土栽培技术是随着温室生产发展而研究采用的一种最新栽培方式，目前，世界上已有 100 多个国家将无土栽培技术应用于温室生产。生产实践证明，无土栽培不仅高产，而且可向人们提供健康、营养、安全无公害、无污染的有机食品。营养液的循环利用节省投资，保护生态环境。

5. 工厂化农业崭露头角。工厂化农业是继温室栽培之后发展的一种高专业化、高技术密集型现代化的设施农业。它是指在人工控制或创造的环境（设备场所）条件下，不依赖太阳和土壤，而利用水体（藻类等），使农作物、蔬菜、花卉、苗木、牧草、药草等不受大自然因素的制约，进行有计划的，程序化的如同工业品一样连续生产。在国外一些发达国家把上述这种靠电气化、自动化实行现代化科学管理培育植物生长的设施称为"植物工厂"。

6. 使用机器人服务于农业。目前世界上用来除草，收获番茄、蘑菇、洋葱、花生、枣等，装运农产品，以及形形色色的可栽植辣椒苗与保护农作物不受鸟、田鼠危害的农用机器人不断涌现。日本是机器人普及最广泛的国家，目前已有数千台机器人应用于农业领域，包括耕种、施肥、收获、畜牧喂养、农田管理及各种辅助操作等。

7. 计算机智能化温室综合环境控制系统广泛采用。计算机智能化调控装置系统采用不同功能的传感器控测头，准确采集设施内室温、叶温、地温、室内湿度、土壤含水量等参数，并根据作物生长所需求的最佳条件，由计算机智能系统发出指令，将室内诸因素综合协调到最佳状态。

8. 管理机械化、自动化程度高。日本、韩国为提高管理水平，研究开发出了多种设施园艺耕作机具，播种育苗装置，灌水施肥装置，通风窗自动开闭温湿度调节装置、自动嫁接装置等。日本 1996 年就有 30 多个农庄已普及喷灌、施农肥机器人，后者在电脑控制下可以视作物生长情况和不同气候进行自动化操作。实践证明可以节省农肥、水源的 $20\%~30\%$。

9. 栽培产品多样化与特色化。20 世纪 80 年代前，用设施栽培方法生产的产品主要是蔬菜、花卉和水果。90年代开始向多样化和特色化方面发展并开始栽培高附加值的植物，如香料、特种植物、工业原料植物、药用植物、名贵观赏植物等。各国都十分注重发展自己的特色栽培，走特色化和规模化道路。

10.设施农业将向节省能源、低成本的地区转移。近年来，由于世界范围内不断爆发能源危机，致使温室的能源成本不断增加，产品的生产成本提高，经济效益下降，削弱了与露地生产的竞争力。为此，各国在发展设施农业的布局上逐渐将重心向节省能源的地区转移，从较寒冷多阴雨的地区向较温暖日光充足的地区转移。在较寒冷地区只保留冬季不加温的塑料大棚。20世纪90年代前，世界设施农业主要集中在欧、美洲一些农业发达的国家和地区，近年来逐渐转移到气候条件优越、土地资源丰富及劳动力廉价的国家和地区，特别是在一些发展中国家，设施农业也开始起步发展。

第四节　作物生产智能化

作物生产的智能化就是指将数据库、人工智能、模拟模型、决策支持、遥感技术等现代信息技术与作物生产理论和技术相结合，实现作物生产和管理的自动化、科学化。目的是优化决策，科学管理，提高作物生产的科技水平，以达到高产、优质、高效效果，进而实现可持续发展。

一、智能化农业主要发展趋势

1. 农作物信息采集智能化、资源利用数字化

充分利用现代地球空间与地理信息技术、传感技术、信息识别等技术获取与作物生产有关的各种生产信息和环境参数，对耕作、播种、施肥、灌溉、喷药和除草等田间作业进行数字化控制，使农业投入品的资源利用精准化，效率最大化。

2. 农业信息网络全球化扩展

目前，信息技术已经深刻地渗透到世界的每一个角落。农业信息资源的获取和服务也正打破国界的限制，加速走向国际化和全球化。通过信息网络和各类媒体，农业信息在全世界的流量呈几何级数式扩张，流速也正以前所未有的方式进入高速时代。农业信息化深刻地影响着世界农业资源配制，助推农产品贸易的国际竞争日趋加剧；同时，农业信息资源数据库正向专业化、集成化、共享化和知识化管理方向发展。

3. 农产品电子商务分工专业化

网络和通信技术的发展、电子商务交易的普及和成熟，使得通过网络销售农产品，可在瞬间完成信息流、资金流和实物流的交易，农产品电子商务已不再单是产品供求交易的操作，而是前延至产前订单、后续至流通配送等综合性的服务，即紧紧围绕产业链环节，

在信息化管理的平台上实现信息共享、管理对接和功能配套。

4. 农业信息传播多媒体化

视频制作与压缩技术、数字动漫技术、虚拟仿真技术，手机网络传媒技术等多媒体技术，具有传播快、覆盖广、形象生动、丰富多彩、易于操作等特点，为农业复杂问题的简化表达与传播提供了空前的便利。计算机网、电信网、广电网三网融合，将使主流信息媒体实现高层业务应用的融合，网络层上可以实现互联互通，形成无缝覆盖，业务层上互相渗透和交叉，应用层上趋向使用统一的 IP 协议，朝着向人类提供多样化、多媒体化、个性化服务的同一目标逐渐交汇在一起，三大网络通过技术改造，能够提供包括语音、数据、图像等综合多媒体的通信业务。通过信息网络与多媒体技术，将为农业技术推广应用，对农民开展远程教育和培训等提供形式多样化、渠道多元化、内容多媒体化的手段。

5. 农业信息应用全程化

随着农业产业化的发展，对产前、产中、产后各个环节的关联度要求越来越高。预测预警、咨询决策、生产管理、政策调控、市场分析，推广营销等信息系统有机连接、相互关联，对农业生产实行全程服务与监控，都离不开灵敏、准确、可靠和系统化的信息服务。农业信息化和互联网＋农业，又成为促进农业现代化的新亮点和大趋势。

6. 农业生产管理智能化

伴随着信息通信技术普适化、集成化和智能化的发展新趋势，以及感知识别技术，无线传感技术产业化的快速发展，农业智能技术将广泛渗透于农业生产管理过程的各个环节。借助云计算和智能化数据库系统，分析海量数据，进行信息加工、预测和建模，最大化地利用信息资源，可对生产过程和市场动态进行深刻地洞察和准确判断，从而更快、更好地做出决策。

二、作物生产智能化的技术体系

1. 数据库技术

数据库是指在计算机系统中，按照一定的方式组织存储和使用的相关数据集合。数据库技术是一种有组织地、动态地存储有密切联系的数据集合，并对其进行统一管理和重复利用的计算机技术。随着计算机技术、通信技术和网络技术的迅猛发展，人类社会已经进入了信息化时代。数据库技术是计算机技术的重要分支，同时也是数据库管理的实用技术。如今，信息资源成为最重要、最宝贵的资源之一，数据库技术已经成为信息社会中对大量数据进行组织与管理的信息系统的核心技术和网络信息化管理系统的重要基础。目前，作物生产数据库系统包括农业资源环境信息数据库、作物生产资料信息数据库、作物生产技术信息数据库和农产品市场信息数据库等。

2. 空间信息技术

空间信息技术主要包括全球定位系统（GPS）、遥感技术（RS）与地理信息系统技术（GIS），组成 3S 技术。GIS 与作物生产结合可以实现空间（田块的经纬度）信息技术和属性（气象、土壤、品种、苗情）数据的管理，属性数据的空间差异分析、多要素综合分析和动态预测等。RS 广泛应用于农业资源、环境与作物生产过程的监测，主要包括作物面积、长势、估产和病虫害监测等农情信息的监测，特别是耕地面积估算、作物长势监测和产量预测方面已达到较高的可靠性和准确性。GPS 确定农业作业者或农业机器在田间的瞬时位置，通过传感器及监测系统随时随地采集田间数据，这些数据输入 GIS，结合事先贮存在 GIS 中定期输入的或持久性数据、专家系统及其他决策支持系统对信息进行加工、处理，做出适当的农业作业决策，再通过作业者或农业机器携带的计算机控制器控制变量执行设备，最终实现对作物的变量投入或操作调整。

3. 多媒体技术

多媒体技术是计算机技术、影像技术和通信技术高度结合的产物，它可以做到图、文、声、像一体化。多媒体技术已在农业信息领域得到大量应用，如多媒体小麦管理系统、棉花病虫害诊断与防治专家系统、多媒体农业信息咨询系统等。图、文、声、像并茂，易为农技人员及农民所接受。在设施农业生产中，为了使作物在最经济的生长空间内，获得最高产量、品质和经济效益，达到优质高产的目的，必须提高环境调控技术。利用计算机视觉技术对植物生长进行监测，具有无损、快速、实时等特点，不仅可以检测设施内植物的叶片面积、叶片周长、茎秆直径、叶柄夹角等外部生长参数，还可以根据果实表面颜色及果实大小判别其成熟度，测量结果准确、迅速，可以节省大量的人力、物力并为设施环境的调控提供可靠依据。

4. 人工智能技术

人工智能（AI）是研究人类智能规律，构造具有一定智能行为，以实现用电脑部分取代人脑劳动的综合性科学。人工智能是计算机科学的一个分支，该领域的研究包括机器人、语言识别、图像识别、自然语言处理和专家系统等。在农业方面，多以农业专家系统的研究为代表。

农业专家系统是把专家系统知识应用于农业领域的一项计算机技术。农业专家系统可以保存、传播各类农业信息和农业知识，而且能把分散的、局部的单项农业技术综合集成起来，经过智能化的信息处理，针对不同的土壤和气候、作物生理特性、生长特性等条件，给出系统性和应变性强的各类农业问题的智能化综合解决方案，为农业生产全过程提供高水平的服务，从而促进农业数字化或智能化生产。农业专家系统已广泛地应用于农业生产管理、灌溉施肥、品种选择、病虫害控制、温室管理、水土保持等不同领域。如智能化监控系统在设施农业中得以广泛应用，与传统的生产方式相比，在温室中采用智能化监控系统能够实时准确地监控温室内的各种环境参数，可以通过数据的分析，自动控制给养设施，随时补给，保证作物生长环境的稳定性，同时可以获得各种作物能够良好生长的全部指标，为远程调控作物的生长提供技术支持。

5. 系统模拟技术

作物生长环境模拟系统是一种智能化的多层次作物生长栽培集成系统。作物生长环境模拟系统是指在温室或者其他密闭环境内通过环境控制技术模拟作物生长自然环境的自动化或半自动化的控制系统。温室、植物培养箱、植物生长柜、家庭版的植物工厂等都是作物生长环境模拟系统的宏观体现。作物生长环境模型是作物生产信息技术中的一个重要组成部分，综合了大量的作物生理学、生态学、农学、农业气象学、土壤学、环境工程学等学科的理论和研究成果，具有其他研究手段不可替代的描述、理解、预测、调控等功能。作物生长环境模型能够帮助人们理解和认识作物生育过程中依赖环境的基本规律和量化关系，并对作物生长系统的动态行为和最后产量进行预测，从而对作物生长环境和生产系统进行适时合理的调控，实现高产、优质、高效和可持续发展的目标。

6. 物联网技术

物联网是指通过各种信息传感设备，实时采集任何需要监控、连接、互动的物体或过程等各种需要的信息，与互联网结合形成的一个巨大网络。其目的是实现物与物、物与人，所有的物品与网络的连接、方便识别、管理和控制。目前，中国农业建设正面临着一个从传统农业向现代农业的转型时期，物联网及云计算技术的应用是实现农业信息化的基础。近十年来，美国和欧洲的一些发达国家相继开展了农业领域的物联网应用示范研究，实现了物联网在农业生产、资源利用、农产品流通领域，物—人—物之间的信息交互与精细农业的实践与推广，形成了一批良好的产业化应用模式，建立了很多规模化的，存储量大的涉农信息数据库，还把遥感技术、全球定位技术、农田地理信息系统技术进行集成，应用于农业生产，销售、管理方面。尽管中国物联网在农业方面的应用有所突破，但与国外很多发达国家的农业信息化相比较，整体发展水平还比较落后，许多问题尚待解决。第一，一些农业物联网核心技术相对发展滞后，如传感网和通信网融合技术、农业专家系统、农业自动化控制技术、云计算技术等；第二，农业信息化相关技术的集成化程度比较低，精准农业，设施农业等集成化技术应用都还处于试验阶段，有的从技术层面上还不够成熟；第三，尽管遥感监测技术。网络设备的研发和应用不断成熟，但作为应用层的上层软件短缺，或软件缺乏很好的用户使用体验，造成终端用户无法很好地融入系统之中；第四，中国还没有形成统一的农业信息标准，如各地开发的数据库都是利用自身的标准，这就造成数据库与数据库之间的兼容性不强，不能满足数据共享的需求。

第五节　作物生产标准化

一、作物生产标准化及其意义

1. 标准及标准化的概念

标准即衡量事物的准则或规范，是为了在一定范围内获得最佳秩序，经协商一致制定并由公认机构批准，共同使用和重复使用的一种规范性文件。标准具有如下特性：①标准是一种规范性文件；②具有共同使用和重复使用的性质；③由公认的机构发布；④制定标准的目的，是为了获得最佳秩序。标准化是指为了在一定范围内获得最佳秩序，对现实问题或潜在问题制定共同使用和重复使用的条款的活动。它包括制定、发布及实施标准的过程。农业标准化是指运用"统一、简化、协调、优选"的标准化原则，对农业生产的产前、产中、产后全过程，通过制定标准和实施标准，促进先进的农业科技成果和经验迅速推广，确保农产品的质量和安全，促进农产品的流通，规范农产品市场秩序，指导生产，引导消费，从而产生良好的经济、社会和生态效益，以达到提高农业生产水平和竞争力为目的一系列活动过程。

2. 作物生产标准化的意义

农业标准化是用先进的技术、科学的管理通过标准化手段来规范农业生产活动，从而获得最佳的秩序和效益，有力地促进农业经济增长方式的转变，提高农产品的产量和质量，不断满足市场需求。从一定意义上来说，标准化是衡量和反映企业，乃至一个国家现代化水平的重要标志。在中国实现作物生产标准化具有重要的现实意义和深远的历史意义。

（1）有利于提高农产品质量和增加效益

标准是质量监督的依据，农业质量标准是农产品品质方面的具体化、定量化和必须达到的目标，高质量的产品必须以高水平的技术标准为依据。若产品标准水平低即使全部符合标准也是落后的产品，没有标准的产品，质量便无法保证，因此，产品质量的竞争，实质上是标准水平的竞争。农业发展新阶段，消费结构和市场需求变化对农产品质量提出了越来越高的要求。

农产品质量层次也日益丰富，具体表现为物理、化学、营养、卫生以及消费者心理等多方面特征。为了防止不合格产品进入市场，保护消费者利益，以具有法律效力的标准化手段进行产品质量监督是必要的。按统一的标准划分农产品的质量等级和规范农产品标记、广告，是改善市场透明度、开拓和规范市场的前提条件之一。统一标准有利于对同种产品的价格进行比较，便于价格通报，方便信息的传递和商品交易活动。农产品以包装形式与消费者见面，消费者不能再凭感官直接判断产品的质量状况，应该通过标准化对农产品各种包装做出统一规定，使消费者了解产品，且避免不法经营者浑水摸鱼，搞假冒伪劣产品。

（2）有利于发展规模生产和农业产业化经营

农业产业化经营的特点是贸工农一体化经营，龙头企业根据市场需求确定自己的加工要求，又依据加工要求来确定所需的种植和养殖。如何解决种植和养殖的产品质量满足加工和市场的需求，用标准化来统一规范是简便易行的办法。所以，农业产业化经营的龙头企业既需要有一套标准来规范企业的产品加工，又需要一套与之相配套的标准来规范生产基地的种植业和养殖业。这样才能保证产品的质量要求和规格统一，形成一定规模，使农产品真正成为具有竞争能力的商品。

（3）有利于规范农产品市场经济秩序

农业标准不仅仅是组织农业生产的依据，而且是规范市场的需要。农业标准对于建立一个统一、规范和竞争有序的交易市场，起着十分重要的作用。首先，农业标准化是农业执法的依据，农产品有了生产、加工及产品标准，在检测时就会有依据可循，也就有了防治假冒的武器；其次，农业标准化是加强农业执法监督，实施品牌战略的保证。买方市场条件下的农产品竞争的实质是品牌竞争，农业标准化是农产品创名牌的必由之路。一个农产品品牌的形成，必然建立在对资源、科技、生产经营、配套服务体系充分论证的基础上，克服传统农业经济的盲目性、随意性，在品种、技术、产品加工、卫生安全、包装贮运等各环节上，都要实现标准化的生产和管理。

（4）有利于增强农产品国际竞争力和促进农产品贸易

农业标准化建设是对中国农业经营理念、运行机制、生产手段、经营模式等进行的一次重大变革，是实现中国农业由追求量变转向质变的跨越。应对入世挑战、提升农产品国际竞争力的重要举措，是中国农业的又一场革命。中国加入WTO后，价格优势在国际市场上受到了安全标准的挑战。2005年中国90%的农产品出口企业，不同程度地受到国外技术壁垒的影响。

同时，由于中国标准"门槛"低，加之检测能力弱，客观上为国外农产品大量进入中国市场提供了便利。在此形势下，加快建立符合国际规范和食品安全的农业标准化体系，使其承担起扩大出口、调节进口的作用，目前已成为当务之急。

3. 农业标准化体系的基本内容

农业标准化过程涉及的环节众多，覆盖面广，要想完成标准的制定、组织实施和对标准的实施进行监督，就必须建立起一个功能完善的农业标准化体系。在众多的体系中，最重要的标准化体系有以下。

（1）农业标准体系

农业标准体系是整个农业标准化工作的基础和依据。农业标准体系是在一定范围内相互联系、相互制约的一系列农业标准的集合体，它是指按照"统一、简化、协调、优选"的原理，以国际先进标准为参照，通过制定标准和实施标准，把农业生产的产前、产中、产后全过程纳入标准化生产和标准化管理轨道。农业标准体系的层级，则由农业国家标准，行业标准、地方标准和企业标准四级组成。

（2）农业标准化检验检测体系

农业标准化检验检测体系是农业标准化的重要监督手段，为保证市场上销售的农产品符合标准的要求，必须对农产品进行经常性的检验检测，对农产品的质量安全特性进行观察、测量、试验，并将结果与规定标准进行比较，判断产品的质量安全状况。

（3）农业标准化质量认证体系

产品质量认证是依据产品标准和相应技术要求，经认证机构确认并通过颁发认证证书和认证标志来证明某一产品符合相应标准和技术要求的活动。

农业标准化质量认证体系是推行农业标准化的重要依托。通过质量认证的农产品，可以获得无公害农产品、绿色食品、有机食品或地理标志保护产品的证书或标志，将这些标志标注于产品包装上就可以将优势产品的信息迅速传递给消费者，相当于获得了进入市场的优质农产品身份证明。

（4）农业标准化的技术推广体系

农业标准化技术推广体系是农业标准化的关键环节。农业标准体系建立并完善，只是为农业标准化提供了基础，农业标准只有应用于实际生产经营过程中，才会发挥标准的效力，才能提高社会和经济效益。因此，农业标准的实施应同农业技术推广的实际紧密结合，通过技术推广体系宣传贯彻农业标准。

（5）农业标准化的信息服务体系

随着中国市场经济的不断发展以及经济全球化的趋势愈加明显，企业面临的市场竞争越来越激烈，要想在竞争中生存发展，获得竞争优势，必须在占有大量最新信息的基础上开展技术革新，不断开发适销对路的新产品。同时要了解与产品相关的国内和国际的标准信息。因此，企业和农户都迫切需要快速、准确、有效的农业标准化信息服务。政府部门应当承担起这项社会服务性工作，利用多种媒介、手段，在企业、农户和标准化信息机构之间建立一座桥梁，充分、有效、及时地向企业及社会提供农业标准化信息。

（6）农业标准化的监督管理体系

农业标准化监督管理体系是农业标准化工作的保障。建立监督管理体系，首先要加快制定相应法律法规的步伐，要进一步明确农业标准化的监管主体，推行多部门联合的监管体制。要把禁用限用的农业投入品、农业环境质量、产品合格证等列为监管的重点。要严格执行农产品质量安全追溯制度，建立必要的标准许可制度，确保农业标准得以正确地贯彻执行。要依法对农业投入品进行重点监管，不定期地向社会公布禁用限用投入品名录。监管和执法机关对农产品要实行定期和不定期监测，并及时地追溯问题农产品和投入品的环节和责任，为农产品的质量安全保驾护航。

二、中国农业标准化的现状与存在问题

（一）现状

1.农业标准化体系基本形成

到目前为止，中国已累计完成农业方面的国家标准1 056项，农业行业标准1 600项，农业地方标准超过15000项，标准范围从原来的少数农作物种子、个别的种畜标准，发展到了种植业、畜牧业、渔业、林业、农垦业、饲料、乡镇企业、农机、农村能源和农村环保等方面，基本上涵盖了大农业的各个领域，贯穿了农业产前产中、产后全过程。

2.农业标准化法规逐步健全

根据《中华人民共和国产品质量法》《标准化法》《计量法》及相关的法律法规，并结合农业的特点，制定了相应的法规和部门规章。这些法律法规和规章，既指导中国的农业标准工作，同时又规范了农业标准体系和质检体系的建设和发展，把农业标准化纳入了法制管理的轨道，为依法行政、依法治农奠定了基础。

3.农业质量监督体系从无到有

到目前为止，已经组建国家级质检中心13个，规划筹建部级质检中心179个，范围涉及农产品、种子、农药、肥料、饲料、兽药、农机以及生态环境、药残、安全等方面。这些机构中已有120家通过了国家认证。

4.产品质量认证开始起步

已经组建了中国农机产品质量认证中心和中国水产品质量认证中心，并参照国际先进模式，建立起水产品认证的危害分析与关键控制点（HACCP）体系，同时在种子、饲料、兽药等一些产品方面也开始认证前的试点，逐步摸索经验，扩大认证领域。

5.农业标准化成效显著

标准化的运用，大大加快了科学技术成果转化和先进技术推广的速度，规范了生产经营活动，节约了生产成本，增加了农产品的科技含量，有效地促进了农村经济效益、社会效益和生态效益的提高。据有关调查资料显示，标准化每年使农民的净收益增加约40亿元。

（二）存在的主要问题

1.农业标准体系建设不健全且滞后

中国农业标准化法律法规体系、农业标准化实施推广体系和监督、监测体系及认证体系与国际存在较大差距。部分农业标准缺乏可操作性，同时现有的农业标准体系与国际标准对接度差，从而给中国农产品贸易出口带来不良影响。中国现有的标准数量太少，不能适应和满足新形势的需要，在中国上市销售的1000多个农产品中，有近60%农产品无国家规定的标准，而且现有的标准更新慢。中国农业标准多集中在农产品的产前和产中的环节，产后标准和系列标准较少，而中国农产品已经处于买方市场态势，产后的分级、加工、包装等不够标准的问题已经成为中国农产品上档次、创名牌、提高竞争力的重要制约因素。

2.标准贯彻实施力度不够，农户标准化意识淡薄

长期以来，中国标准工作重制定、轻落实，对标准的宣传贯彻力度不够，造成标准制定与实际生产的脱节。中国制定的农业标准大多没有得到贯彻实施，很多农业标准都只是局限在较大规模的农产品生产单位，没有推广到普通农民和其他小规模生产者之中。

3.农产品安全检测手段落后且检测体系不完善

中国现有的质检机构数量与社会的实际需求存在较大差距，从事高精尖端检测和综合检测的机构较少，检测单位力量小而分散。由于受管理体制等因素的影响，中国的检测机构都是由各主管部门归口管理，普遍存在着资源分散、配置不合理、重复建设、检测能力和检测手段不强、检测权威性不够等问题。

4.中国农村现行的生产经营模式制约了农业标准化的发展

中国传统的小规模、小范围的农业生产经营方式，缺乏农业生产专业化，使得各种农业标准和操作规程不能得到有效地贯彻，很难制定并推广实施统一的农业标准，制约了农业标准化的发展。

第六节　作物生产安全化

随着现代科技的发展，农药、化肥的施用量大幅度增加，土地中的农药、化肥残留量也在不断上升，土壤中有毒元素不断积累，同时由于施用的有机肥含量减少，导致土壤板结，营养元素严重失衡，久而久之必然导致农产品质量下降、安全系数减小，并威胁到人们的身体健康。农产品质量安全涉及生产、加工、储藏、销售的各个环节，而生产是源头，也是决定农产品质量安全的关键环节。因此，探讨如何保障生产环节的农产品质量安全对全面提升农产品质量安全水平有着极其重要的现实意义。

一、作物生产安全化的概念

农产品质量安全是指农产品质量符合保障人的健康、安全的要求。作物生产安全化则是指在农产品生产过程中，生产者所采取的一切农事操作应符合法律法规要求和国家或相关行业标准，以确保农产品质量的安全、生产者的安全和生产环境的安全。在宏观领域作物生产安全还包括农产品的数量安全、市场安全、质量安全和生态安全。作物生产可分为产前、产中和产后三个阶段，影响农产品质量安全的主要有产地环境质量、农业投入品使用和加工储运过程等。目前，一个国家或地区农产品生产安全的内涵至少应包括以下几个方面：一是长期稳定地提供充足的粮食，无粮食紧缺现象，更不允许出现因粮食短缺而引起饥饿，这是粮食安全的最基本要求；二是能提供品种多样的农产品，即五谷杂粮齐全，畜、禽、鱼、蛋、奶、果、蔬俱全，可以满足不同生活方式，不同生活习俗和不同生活水平的居民的需求。这是较高层次的安全，它要求品种的多样性和营养的科学合理性；三是能提供品质优良、无污染、无毒害作用的安全的农产品，要求这些产品出自良好的生态环境，在其生产储运和加工过程中没有受到污染，不含有毒有害物质，同时具有优良的口感且营养丰富。这是农产品生产安全的高层次要求，同时也是对居民身心健康的重要保证；四是在农产品生产、贮运、加工和消费过程中，既不会对生态环境产生破坏和污染，也不会对居民健康产生影响和危害，即农产品在其生产、贮运、加工和消费过程中对人体健康和生态环境具有环境安全性和生态合理性。这是作物生产安全的最高层次，也是现代生态理论和环境保护所要求的目标。

二、作物生产安全化的紧迫性

作物生产已有几千年的历史，在满足社会对农产品需求，促进社会进步方面发挥着重要作用，但是随着人口增加、社会发展，目前作物生产的安全正面临着严峻的挑战。加强作物生产的安全化工作，对于促进作物生产的健康持续发展和国计民生具有重要意义。

（一）农业生产不稳定和农产品结构性失衡的问题严峻

当前中国农业生产的内外部环境更加错综复杂，农业主要矛盾已经由总量不足转变为结构性矛盾，农业供给侧改革任务艰巨，表现为部分大宗农产品多而不优、库存过多，确保供给总量与结构平衡的难度加大。究其原因主要是农业发展方式粗放，耕地数量减少、质量下降，地下水超采，投入品过量使用，农业面源污染问题严重，农产品质量安全风险增多，推动绿色发展和资源永续利用迫在眉睫。

（二）严重的环境污染，使农产品品质令人担忧

1. 农药的大量使用和滥用，对环境和人类生活构成严重威胁

农药的滥用，一是使农业生态系统生物多样性指数大大下降，破坏了生态平衡，天敌等自然控害因子作用的削弱，致使害虫猖獗，大发生频率增加；二是害虫抗药性日趋严重，目前已有 500 多种害虫对一种或数种化学农药产生抗药性，而且抗药性还在不断上升，不仅增加了防治难度，还缩短了农药的使用寿命；三是农药在生物圈中的生物富集作用，主要是指生物体从生活环境中不断吸收低剂量的农药，并在体内逐渐积累的能力，营养级越高的生物所积累的农药浓度也越高，从而导致农副产品中的农药残留量增加，危害了人畜健康。

2. 化肥的滥用，对环境和人类生活构成严重威胁

过量使用化肥，会造成土壤酸化，物理性状恶化，特别是氮肥的使用还会导致交换态铝和锰数量的增加，对作物产生毒害作用，影响农产品的产量和品质。化肥是水体和大气的重要污染物。过量使用氮肥会引起土壤中硝态氮积累，灌溉或降雨量较大时，造成硝态氮的淋失，导致地下水和饮用水被硝酸盐污染，而土壤中氮素反硝化损失和氮挥发损失形成的大量含氮氧化物又污染了大气。氮肥使用量与农产品器官硝态氮积累密切相关，氮肥的使用量越高，农产品中硝酸盐积累越多，品质越差。

3. 土壤重金属污染，对环境和人类生活构成严重威胁

工业"三废"和城市生活垃圾的不合理排放造成了耕地土壤、农业用水和大气中有机污染物及重金属超标，对农产品质量安全的影响具有持久性、复杂性、隐蔽性和滞后性等特点。据相关数据统计，中国受重金属污染的耕地面积已达 2000 万 hm²，占全国总耕地面积的 1/6，全国每年因重金属污染的粮食高达 1 200 万 t，造成的直接经济损失超过 200 亿元。

（三）转基因生物的应用，使作物生产安全化面临新的挑战

农业转基因生物是指利用基因工程技术改变基因组构成，用于农业生产或者农产品加工的动植物、微生物及其产品。这样得到的生物被称为"转基因生物"。由于转基因技术与传统育种技术的本质都是通过获得优良基因进行遗传改良，因此，将转基因技术与常规育种技术紧密结合，能培育多抗、优质、高产、高效新品种，大大提高品种改良效率，并可降低农药、肥料投入，在缓解资源约束、保障食物安全、保护生态环境、拓展农业功能

等方面潜力巨大。尽管转基因生物能解决当前农业面临的许多实际问题，但人们对其安全性知之不多，还不能对它的潜在危险性做出正确的评价，转基因生物的风险主要体现在以下两方面：①转基因生物可能会产生非靶标效应，即转基因生物释放后可能会对于目标害虫或病原菌以外的其他生物产生各种直接或间接的不利影响。②转基因动植物可能通过与近缘野生种杂交将转基因特性扩散给其他动植物，从而扰乱原有的生态平衡。例如，抗除草剂基因若漂移到杂草和野生种上，就可能会使后者变为"超级杂草"。

三、作物生产安全化的措施

（一）水资源优化利用

1. 高效节水技术精细化

喷灌、微灌溉技术是当今世界上节水效果最明显的技术，目前已成为节水灌溉技术发展的主流，其发展的趋势正朝着低压、节能、多目标利用和产品标准化、系列化及运行管理自动化方向发展。

2. 农业高效用水工程规模化

按流域对地表水、地下水资源进行统一规划、统一管理、统一调配，并根据作物的需求规律控制、调节水源，构建从水资源的开发、调度、蓄存、输运、田间灌溉到作物吸收利用的综合的完整的系统，显著降低农业用水成本，适应现代农业发展需求。

3. 农业高效用水管理制度化

节水灌溉是一个系统工程，只有科学地管理才能使节水措施得以顺利实施。制定农业节水工作的实施条例、管理办法，逐步完善农业节水技术标准和指标评价体系，实施最严格的农业用水与节水管理制度，力争将总量控制、定额管理制度落实到省、市、县直至大型灌溉区。

（二）农药、化肥的合理利用及科学管理

农药和化肥的使用是不可避免的，重点应该放在如何科学地使用上面。因此，要注意加强以下工作：①加强综合防治，充分发挥农药以外的其他防治手段在有害生物治理中的作用，减少农药用量；②贯彻落实农药法律、法规，确保安全用药；③加强农药新品种研制和开发，大力发展生物防治药剂；④推广农药使用的新技术和新方法；⑤确定农田施肥限量指标，建立新的肥料管理与服务体制，根据精确农业施肥原则，量化施肥，推广使用长效肥料。

（三）农业病虫草害的综合防治

病虫草害综合防治技术的发展趋势主要表现在以下三个方面：①利用害虫暴发的生态学机理作为害虫管理基础；②充分发挥农田生态系统中自然因素的生态调控作用；③发展高新技术和生物制剂，尽可能少用化学农药。

（四）大力推行农业标准化

按标准组织生产是规范生产经营行为的重要措施，是工业化理念指导农业的重要手段，还是确保农产品质量安全的根本之策。一是加快完善标准体系。加快农业标准制修订速度，尽快完成空白标准的制定。对已有国际、国家、行业和地方质量标准的农产品，加快制定标准化生产技术操作规程；二是加快标准的组织实施。加快农业标准化示范区、标准化生产基地的建设，制定切实可行的基地建设规划和实施方案，逐步实现中国主要农产品生产的基地化、规模化、标准化、品牌化。

（五）推进农产品质量认证和产地认定

加快农产品商标注册，对生产管理比较规范、质量保障体系比较完善的生产（养殖）基地和生产加工企业，鼓励推行实施种养殖良好农业规范（GAP）认证、加工领域危害分析与关键控制点（HACCP）认证和无公害农产品、绿色食品和有机农产品认证。特别是鲜活农产品，要鼓励进行产地认定和产品认证，逐步形成以无公害农产品、绿色食品认证为主体，有机农产品、农业投入品认证为补充的认证体系。在加快农产品质量认证的基础上，还要加快品牌、名牌的培育和发展，加大品牌整合、市场开拓和诚信体系建设力度，支持做大做强优势产业。

（六）加强农业的清洁生产

农业清洁生产是指在农业生产的全过程中，通过技术、管理与监控体系的调控，避免或减少面源污染，生产出卫生合格的食品，达到环境健康和食品安全的目的。其实质是在农业生产全过程中，通过生产和使用对环境友好的"绿色"农用化学品（化肥、农药、地膜等），改善农业产品的安全性，减少农业污染以及农业生产及其产品和服务对环境和人类的风险。它并不完全排除农用化学品，而是在使用时考虑农用化学品的生态安全性，实现社会、经济、生态效益的持续统一。农业清洁生产的目标与内容主要包括：①建立农业清洁生产的关键技术体系，包括环境技术体系、生产技术体系及质量标准技术体系，其中以品种、化肥、农药、农膜为主的生产技术体系为重点；②建立生产基地环境质量技术体系，包括以水、土、气、生为主的无公害与无污染集成技术体系等；③新的生产技术体系的研究及开发，包括新品种的培育与开发，高效化肥（可控释肥料）的平衡施用技术，低毒、低残留农药及生物农药的开发与合理使用技术等；④建立农业清洁生产的管理体系，包括建立农产品安全质量监控体系，农产品质量法规体系等；⑤建立农业清洁生产的服务体系，由为农业生产服务转向为农业产品的服务体系，将农业效益与经济效益密切结合起来；⑥建立以企业为主体的，农民、公司、科技（示范基地）与市场（超市）相结合的经营体制，保证农业清洁生产体系的全面建立。

（七）发展生态农业，实现作物生产的可持续发展

生态农业是因地制宜地将现代科学技术与传统农业精华相结合，充分发挥区域资源优

势，依据经济发展水平及"整体，协调、循环，再生"的原则，运用系统工程方法，全面规划、合理组织农业生产，建设合理的生态经济系统，实现生态经济的良性循环。

通过生态农业建设，一是可以改善农业生态环境，创造农产品安全生产的环境条件；二是推广生态农业建设技术，使农业废弃物得到循环利用，降低能源消耗，减少废弃物的排放以及有毒有害物质的积累，同时也可降低农药、化肥的使用量，实现农产品清洁生产；三是使农产品生产实现规模化、集约化、标准化，使农产品质量安全全过程得到有效控制，实现农产品的营养、优质和安全生产。农业生产既要注重环境，同时还应该重视农业的发展，提高农民收入，把农业高产高效发展与可持续发展紧密结合起来，走集约化可持续发展农业的道路。

结　语

　　随着我国经济的迅速发展和农业生产技术的变革，农村社会经济、政治、文化都有了翻天覆地的变化。而这些变化都与农业推广息息相关。在新型城镇化建设的关键时期，有效地进行农业推广，就成了增加农业生产效率、提升农产品质量、促进农村新型产业发展的关键。

　　随着农村城镇化的脚步不断加快，农村经济实力的不断加强，在未来 50 年，农业推广将主要以先进的农业科技为传播目标。农业推广的后续发展将是：推广工作的目标要不仅停留在增加农产品产量而要实现经济目标、社会效益和生态效益为中心转移。伴随着今年国家对农业人口户籍制度政策的调整，农村人口向城市转移的速度将大大加快，这对未来的农业推广是十分有利的。新型城镇化建设不会以牺牲农业为代价，而是将单一的农业生产规划成有规模的农业产业链条，这个转型过程则要求后续的农业推广模式创新。创新不能仅仅停留在推广人员的创新，还应包括其他生产、生活、经济、政治、文化等多个方面。推广对象也不仅限于农民，而是面向所有城镇化建设中的参与者。将农业推广由自上而下的命令式指向过渡成自下而上的参与式模式。推广的组织体系进一步多元化，向综合型方向发展，这样才能切合实际的解决农村问题，使农业推广达到最佳效果。

　　总而言之，农业推广的成功进行需要多方配合才能达到最佳效果，从而解决农业问题。这其中包括农业科技人员前期研发，农业推广人员的多渠道推广及农业生产者吸收转化先进农业技术的一个过程。在农村转型这个关键的时期，农业推广定将成为新型城镇化建设发展进程中不可或缺的一部分，必须引起社会的普遍关注及支持。

参考文献

[1] 胡晓红.深化农业技术推广体系改革与创新的思考[J].种子科技,2020,38(23):105-106.

[2] 王狄.农业技术推广体系建设中政府的重要性[J].种子科技,2020,38(23):121-122.

[3] 陈颖民,刘莹莹.农业科技成果转化存在的问题与对策分析[J].现代农村科技,2020(12):108-109.

[4] 王正方,王育红,周新.基层农业技术推广工作存在的问题及对策[J].现代农村科技,2020(12):113-114.

[5] 李晓玲.现代农业中农业机械技术的推广作用分析[J].南方农机,2020,51(23):94-95.

[6] 闫军.农机技术推广与现代农业发展的思考[J].河北农机,2020(12):16-17.

[7] 杨济美.农业推广中种子管理服务现状及对策初探[J].种子科技,2020,38(21):33-34.

[8] 张晓敏.我国农业推广教学存在的问题及完善对策[J].河南农业,2020(32):55-56.

[9] 丁季丹.农机技术推广与现代农业发展关系探析[J].广东蚕业,2020,54(11):91-92.

[10] 曹万安.新时期下农业推广的有效措施探究[J].南方农业,2020,14(32):116-117.

[11] 黄瑜婷.现代农业机械技术推广的困境与对策浅析[J].南方农业,2020,14(32):147-148.

[12] 李莹.新形势下农业技术推广体系创新问题思考[J].农村实用技术,2020(11):49-50.

[13] 张传振.现代农业机械管理与新技术推广应用研究[J].农机使用与维修,2020(11):53-54.

[14] 刘会青.农业技术推广工作的作用及发展策略[J].世界热带农业信息,2020(10):39-40.

[15] 毕业莉,吴攸,刘洋,关长彤,刘慧涛,高玉山.现代农业生产"科技创新—示范推广—生产服务"一体化模式探索与实践[J].农业科技管理,2020,39(05):5-8.

[16] 王志龙.基层农机技术推广适应现代农业发展的路径探究[J].南方农业,2020,14(30):91-92.

[17] 王芳.农机技术推广与现代农业的融合发展[J].农家参谋,2020(20):93.

[18] 张群,吴大涌,李红梓.浅议农业机械技术的推广[J].广东蚕业,2020,54(10):92-93.

[19] 陈国波.小农户和现代农业融合发展探索[J].扬州职业大学学报,2020,24(03):26-29+42.

[20] 徐华,杨娜.农业机械技术推广在现代农业中的作用[J].河北农机,2020(09):40.

[21] 许莉莉 . 现代农业技术推广投资对农业经济增长的影响 [J]. 农业开发与装备 ,2020(08):1+4.

[22] 李丹 , 陈国华 . 新型农业技术助推农业经济发展 [J]. 现代农业研究 ,2020,26(08):23-24.

[23] 杨树龙 . 提高农业推广技术创新能力策略探究 [J]. 广东蚕业 ,2020,54(08):17-18.

[24] 冷研 , 胡昊 , 王敏 , 孙长宝 . "互联网 +"背景下现代农业技术基层推广策略研究 [J]. 现代农业科技 ,2020(16):212+214.

[25] 党永栋 , 殷宏元 . 农业技术推广支撑现代农业发展的建议 [J]. 农业科技与信息 ,2020(14):60-63.

[26] 汤永平 , 赵南萍 , 吴正飞 . 农机技术推广的问题和对策 [J]. 南方农机 ,2020,51(14):62-63.

[27] 张河山 , 罗星霞 . 农机技术推广与现代农业发展的关系探究 [J]. 南方农业 ,2020,14(21):105-106.

[28] 周裕升 . 农业机械技术推广在现代农业中的作用 [J]. 时代农机 ,2020,47(06):7-8.

[29] 张华伟 . 现代农业中推广节水农业技术的策略研究 [J]. 农业技术与装备 ,2020(06):83-84.

[30] 冯秀俊 . 基层现代农业技术推广内容与措施 [J]. 农业工程技术 ,2020,40(17):96.

[31] 李琼 . 农机技术推广与现代农业发展的协调路径 [J]. 农机使用与维修 ,2020(06):70.

[32] 叶尔太·马力肯 . 农机技术推广与现代农业发展的思考 [J]. 农机使用与维修 ,2020(06):57.

[33] 郭玉珍 . 基于精准农业绿色小麦栽培技术推广与田间管理方法探析 [J]. 农业工程技术 ,2020,40(15):55-56.

[34] 吕平 . 精准农业节水灌溉技术推广与应用 [J]. 山西水利科技 ,2020(02):60-64.

[35] 李虎 . 农机技术推广与现代农业发展的协调路径 [J]. 农家参谋 ,2020(12):106.

[36] 孙传尧 . 加强农业技术推广体系建设的对策研究 [J]. 农家参谋 ,2020(11):7.

[37] 刘宝红 . 现代农业经济中农业技术推广的作用及有效发挥 [J]. 农家参谋 ,2020(09):23.

[38] 吕建刚 . 现代农业技术推广应用初探 [J]. 农业技术与装备 ,2020(04):79+81.

[39] 张佰虎 . 现代农业中推广节水技术的策略 [J]. 新农业 ,2020(07):73-74.

[40] 赵文才 . 农机技术推广与现代农业发展的思考 [J]. 农机使用与维修 ,2020(04):42.